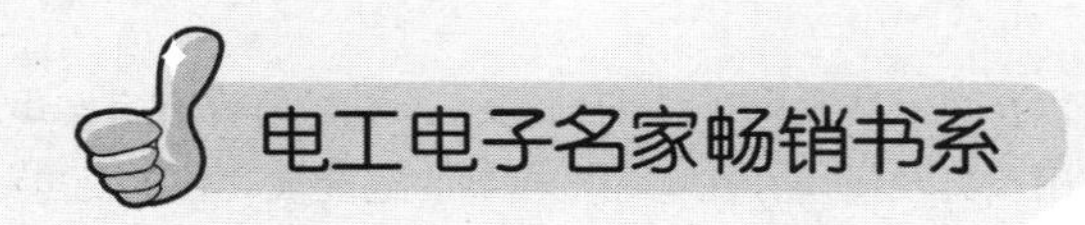

家装水电工咱得这么学

蔡杏山　主编

机 械 工 业 出 版 社

本书是一本介绍家装水电工技能的图书，主要内容有家装电气基础，家装水电工常用工具及使用，住宅配电电器与电能表，住宅配电线路的设计规划，明装方式敷设电气线路，暗装方式敷设电气线路，开关、插座的接线与安装，灯具、浴霸的接线与安装，住宅给水管道的安装，住宅排水管道的安装，水阀、水表和水龙头的结构与拆卸安装，洗菜盆、浴室柜和马桶的安装，淋浴花洒、浴缸和热水器的安装。

本书基础起点低、内容由浅入深、语言通俗易懂，只要具有初中文化程度，就能通过阅读本书快速掌握家装水电工技能。本书适合的读者主要有：①希望掌握家装水电工技能、迈入家装行业的读者；②希望了解家装水电知识，以便在家装时可进行合理水电安装规划、能正确选材并能与装修工人良好沟通的读者；③动手能力强、希望对自己房屋水电安装进行DIY（自己动手做）的读者。

图书在版编目（CIP）数据

家装水电工咱得这么学/蔡杏山主编．—北京：机械工业出版社，2017.4（2018.5 重印）
（电工电子名家畅销书系）
ISBN 978-7-111-56267-2

Ⅰ．①家…　Ⅱ．①蔡…　Ⅲ．①住宅－室内装修－给排水系统－建筑施工②住宅－室内装修－电气设备－建筑施工
Ⅳ．①TU767②TU821③TU85

中国版本图书馆 CIP 数据核字（2017）第 046905 号

机械工业出版社（北京市百万庄大街 22 号　邮政编码 100037）
策划编辑：任　鑫　责任编辑：任　鑫
责任校对：张　薇　封面设计：马精明
责任印制：李　昂
北京中兴印刷有限公司印刷
2018 年 5 月第 1 版第 2 次印刷
184mm×260mm · 15.5 印张 · 374 千字
标准书号：ISBN 978-7-111-56267-2
定价：49.00 元

凡购本书，如有缺页、倒页、脱页，由本社发行部调换

电话服务	网络服务
服务咨询热线：010-88361066	机 工 官 网：www. cmpbook. com
读者购书热线：010-68326294	机 工 官 博：weibo. com/cmp1952
010-88379203	金 书 网：www. golden- book. com
封面无防伪标均为盗版	教育服务网：www. cmpedu. com

出版说明

我国经济与科技的飞速发展，国家战略性新兴产业的稳步推进，对我国科技的创新发展和人才素质提出了更高的要求。同时，我国目前正处在工业转型升级的重要战略机遇期，推进我国工业转型升级，促进工业化与信息化的深度融合，是我们应对国际金融危机、确保工业经济平稳较快发展的重要组成部分，而这同样对我们的人才素质与数量提出了更高的要求。

目前，人们日常生产生活的电气化、自动化、信息化程度越来越高，电工电子技术正广泛而深入地渗透到经济社会的各个行业，促进了众多的人口就业。但不可否认的客观现实是，很多初入行业的电工电子技术人员，基础知识相对薄弱，实践经验不够丰富，操作技能有待提高。党的十八大报告中明确提出“加强职业技能培训，提升劳动者就业创业能力，增强就业稳定性”。人力资源和社会保障部近期的统计监测却表明，目前我国很多地方的技术工人都处于严重短缺的状态，其中仅制造业高级技工的人才缺口就高达 400 多万人。

秉承机械工业出版社“服务国家经济社会和科技全面进步”的出版宗旨，60 多年来我们在电工电子技术领域积累了大量的优秀作者资源，出版了大量的优秀畅销图书，受到广大读者的一致认可与欢迎。本着“提技能、促就业、惠民生”的出版理念，经过与领域内知名的优秀作者充分研讨，我们于 2013 年打造了“电工电子名家畅销书系”，涉及内容包括电工电子基础知识、电工技能入门与提高、电子技术入门与提高、自动化技术入门与提高、常用仪器仪表的使用以及家电维修实用技能等。本丛书出版至今，得到广大读者的一致好评，取得了良好社会效益，为读者技能的提高提供了有力的支持。

随着时间的推移和技术的不断进步，加之年轻一代走向工作岗位，读者对于知识的需求、获取方式和阅读习惯等发生了很大的改变，这也给我们提出了更高的要求。为此我们再次整合了强大的策划团队和作者团队资源，对本丛书进行了全新的升级改造。升级后的本丛书具有以下特点：①名师把关品质最优；②以就业为导向，以就业为目标，内容选取基础实用，做到知识够用、技术到位；③真实图解详解操作过程，直观具体，重点突出；④学、思、行有机地融合，可帮助读者更为快速、牢固地掌握所学知识和技能，减轻学习负担；⑤由资深策划团队精心打磨并集中出版，通过多种方式宣传推广，便于读者及时了解图书信息，方便读者选购。

本丛书的出版得益于业内顶尖的优秀作者的大力支持，大家经常为了图书的内容、表达等反复深入地沟通，并系统地查阅了大量的最新资料和标准，更新制作了大量的操作现场实景素材，在此也对各位电工电子名家的辛勤的劳动付出和卓有成效的工作表示感谢。同时，我们衷心希望本丛书的出版，能为广大电工电子技术领域的读者学习知识、开阔视野、提高技能、促进就业，提供切实有益的帮助。

作为电工电子图书出版领域的领跑者，我们深知对社会、对读者的重大责任，所以我们一直在努力。同时，我们衷心欢迎广大读者提出您的宝贵意见和建议，及时与我们联系沟通，以便为大家提供更多高品质的好书，联系信箱为 balance008@126. com。

机械工业出版社

Preface
前 言

每个人都希望有一套漂亮房子，不管是城市还是农村，存在着大量已建成或正在建设的房屋，这些房子的装修是一个庞大的市场。水电装修是住宅装修的重要组成部分，以前的水电气装修比较简单，随着人们生活水平的提高，对住宅装修要求也越来越高，因此出现了专门从事住宅水电装修的水电工。社会上存在的大量已建成的、正在建设的和即将建设的房屋，还有不少需要水电改造的旧房屋，为家装水电工提供了广阔的就业前景。有很多房屋的主人对房屋水电装修一无所知，或知之甚少，这样在房屋水电装修时很难做出好的规划，在选购材料时易做出不合理的选择，在与装修工人打交道时也容易吃亏。

本书除了适合作职业学校或社会培训机构的家装水电工技能教材外，还适合三类社会读者：第一类是希望掌握家装水电工技术、迈入家装行业的读者；第二类是希望了解家庭水电装修知识，以便在家庭水电装修时能合理规划线路、正确选材和与装修工人良好沟通的读者；第三类是动手能力强、希望对自己房屋进行 DIY（自己动手做）的读者。

本书主要有以下特点：

◆ 基础起点低。读者只需具有初中文化程度即可阅读本书。

◆ 语言通俗易懂。书中少用专业化的术语，遇到较难理解的内容用形象比喻说明，尽量避免复杂的理论分析和烦琐的公式推导，图书阅读起来感觉会十分顺畅。

◆ 内容解说详细。考虑到自学时一般无人指导，因此在编写过程中对书中的知识技能进行了详细解说，让读者能轻松理解所学内容。

◆ 采用大量图片与详细标注文字相结合的表现方式。书中采用了大量图片，并在图片上标注详细的说明文字，不但能让读者阅读时心情愉悦，还能轻松了解图片所表达的内容。

◆ 内容安排符合认识规律。图书按照循序渐进、由浅入深的原则来确定各章节内容的先后顺序，读者只需从前往后阅读图书，便会水到渠成。

◆ 突出显示知识要点。为了帮助读者掌握书中的知识要点，书中用阴影和文字加粗的方法突出显示知识要点，指示学习重点。

◆ 网络免费辅导。读者在阅读时遇到难理解的问题，可登录易天电学网（www. eTV100. com），观看有关辅导材料或向老师提问进行学习，读者也可以在该网站了解本书的新书信息。

本书由蔡杏山担任主编。本书在编写过程中得到了许多教师的支持，其中蔡玉山、詹春华、黄勇、何慧、黄晓玲、蔡春霞、邓艳姣、刘凌云、刘海峰、蔡理峰、邵永亮、朱球辉、蔡理刚、梁云、何丽、李清荣、王娟、刘元能、唐颖、万四香、何彬、蔡任英和邵永明等参与了部分章节的编写工作，在此一致表示感谢。由于我们水平有限，书中的错误和疏漏在所难免，望广大读者和同仁予以批评指正。

编　者

目录 Contents

Chapter 1
第1章

家装电气基础

1.1 基本电气常识

1.1.1 电路与电路图

图1-1a所示是一个简单的实物电路，该电路由电源（电池）、开关、导线和灯泡组成。电源的作用是**提供电能**；开关、导线的作用是**控制和传递电能**，称为中间环节；灯泡是**消耗电能的用电器**，它能将电能转变为光能，称为负载。因此，电路是由**电源、中间环节和负载组成的**。

图1-1a所示为实物电路图，使用实物图来绘制电路很不方便，为此人们就**采用一些简单的图形符号代替实物的方法来画电路，这样画出的图形就称为电路图**。图1-1b所示的图形就是图1-1a所示实物电路的电路图，不难看出，用电路图来表示实际的电路非常方便。

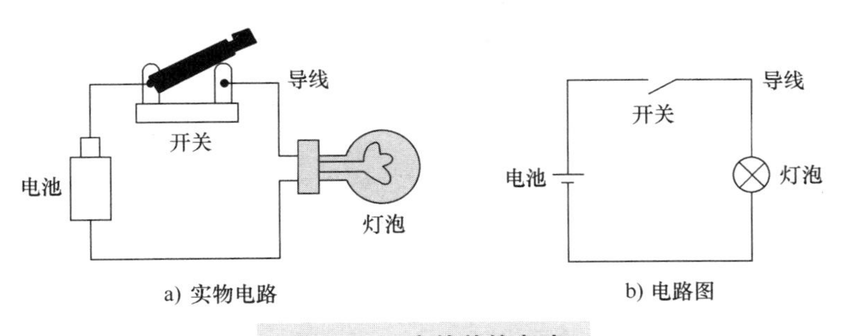

图1-1 一个简单的电路

1.1.2 电流与电阻

1. 电流

在图1-2所示电路中，将开关闭合，灯泡会发光，为什么会这样呢？原来当开关闭合时，带负电荷的电子源源不断地从电源负极经导线、灯泡、开关流向电源正极。这些电子在流经灯泡内的钨丝时，钨丝会发热，温度急剧上升而发光。

大量的电荷朝一个方向移动（也称定向移动）就形成了电流，这就像公路上有大量的汽车朝一个方向移动就形成“车流”一样。实际上，我们把**电子运动的反方向**作为电流方向，即把正电荷在电路中的移动方向规定为电流的方向。图中电路的电流方向是：电源正极→开关→灯泡→电源的负极。

电流用字母“I”表示，单位为安培（简称安），用“A”表示，比安培小的单位有毫安（mA）、微安（μA），它们之间的关系为

$$1\text{A} = 10^3\text{mA} = 10^6\mu\text{A}$$

图1-2　电流说明图

2. 电阻

在图1-3a所示电路中，给电路增加一个元器件——电阻器，发现灯光会变暗，该电路的电路图如图1-3b所示。为什么在电路中增加了电阻器后灯泡会变暗呢？原来电阻器对电流有一定的阻碍作用，从而使流过灯泡的电流减小，灯泡变暗。

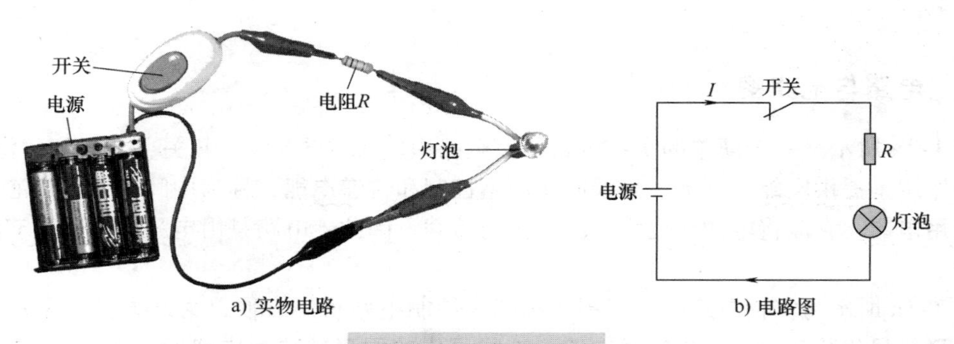

a) 实物电路　　b) 电路图

图1-3　电阻说明图

导体对电流的阻碍称为该导体的电阻，电阻用字母“R”表示，电阻的单位为欧姆（简称欧），用“Ω”表示，比欧姆大的单位有千欧（kΩ）、兆欧（MΩ），它们之间关系为

$$1\text{M}\Omega = 10^3\text{k}\Omega = 10^6\Omega$$

导体的电阻计算公式为

$$R = \rho\frac{L}{S}$$

式中，L为导体的长度（单位为m），S为导体的横截面积（单位为m^2），ρ为导体的电阻率（单位为Ω·m）。不同的导体，ρ值一般不同。表1-1列出了一些常见导体的电阻率（20℃时）。

表1-1　一些常见导体的电阻率（20℃时）

导　体	电阻率/Ω·m	导　体	电阻率/Ω·m
银	1.62×10^{-8}	锡	11.4×10^{-8}
铜	1.69×10^{-8}	铁	10.0×10^{-8}
铝	2.83×10^{-8}	铅	21.9×10^{-8}
金	2.4×10^{-8}	汞	95.8×10^{-8}
钨	5.51×10^{-8}	碳	3500×10^{-8}

在长度 L 和横截面积 S 相同的情况下，**电阻率越大的导体其电阻越大**，例如，L、S 相同的铁导线和铜导线，铁导线的电阻约是铜导线的5.9倍，由于铁导线的电阻率较铜导线大很多，为了减小电能在导线上的损耗，让负载得到较大电流，供电线路通常采用铜导线。

导体的电阻除了与材料有关外，还受温度影响。一般情况下，导体温度越高**电阻越大**，例如常温下灯泡（白炽灯）内部钨丝的电阻很小，通电后钨丝的温度上升到千度以上，其电阻急剧增大；导体温度下降**电阻减小**。某些导电材料在温度下降到某一值时（如-109℃），电阻会突然变为零，这种现象称为超导现象，具有这种性质的材料称为**超导材料**。

1.1.3 欧姆定律

欧姆定律是电工电子技术中的一个最基本的定律，它反映了电路中**电阻、电流和电压**之间的关系。欧姆定律分为部分电路欧姆定律和全电路欧姆定律。

1. 部分电路欧姆定律

部分电路欧姆定律内容是：**在电路中，流过导体的电流 I 的大小与导体两端的电压 U 成正比，与导体的电阻 R 成反比**，即

$$I=\frac{U}{R}$$

也可以表示为 $U=IR$ 或 $R=\frac{U}{I}$。

如图1-4a所示，已知电阻 $R=10\Omega$，电阻两端电压 $U_{AB}=5V$，那么流过电阻的电流 $I=\frac{U_{AB}}{R}=\frac{5}{10}A=0.5A$。

又如图1-4b所示，已知电阻 $R=5\Omega$，流过电阻的电流 $I=2A$，那么电阻两端的电压 $U_{AB}=IR=(2\times5)V=10V$。

在图1-4c所示电路中，流过电阻的电流 $I=2A$，电阻两端的电压 $U_{AB}=12V$，那么电阻的大小 $R=\frac{U}{I}=\frac{12}{2}\Omega=6\Omega$。

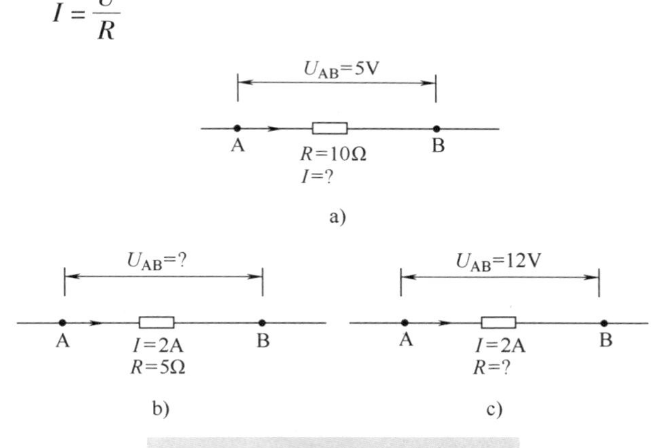

图1-4 欧姆定律的三种形式

2. 全电路欧姆定律

全电路是指含有电源和负载的闭合回路。全电路欧姆定律又称闭合电路欧姆定律，其内容是：**闭合电路中的电流与电源的电动势成正比，与电路的内、外电阻之和成反比**，即

$$I=\frac{E}{R+R_0}$$

下面以图1-5所示电路来说明全电路欧姆定律，图中点画线框内为电源，R_0 表示电源的内阻，E 表示电源的电动势。当开关S闭合后，电路中有电流 I 流过，根据全电路欧姆定律可求得 $I=\frac{E}{R+R_0}=\frac{12}{10+2}A=1A$。电源输出电压（也即电阻 R 两端的电压）$U=IR=1\times10V=10V$，内阻 R_0 两端的电压 $U_0=IR_0=1\times2V=2V$。如果将开关S断开，电路中的电流 $I=0A$，那么内阻 R_0 上消耗的电压 $U_0=0V$，电源输出电压 U 与电源电动势相等，即

$U=E=12V$。

根据全电路欧姆定律不难看出以下几点：

1）在电源未接负载时，不管电源内阻多大，**内阻消耗的电压始终为0V，电源两端电压与电动势相等**。

2）当电源与负载构成闭合电路后，由于有电流流过内阻，内阻会消耗电压，从而使电源输出电压降低。内阻越大，**内阻消耗的电压越大，电源输出电压越低**。

3）在电源内阻不变的情况下，如果外阻越小，**电路中的电流越大，内阻消耗的电压也越大，电源输出电压也会降低**。

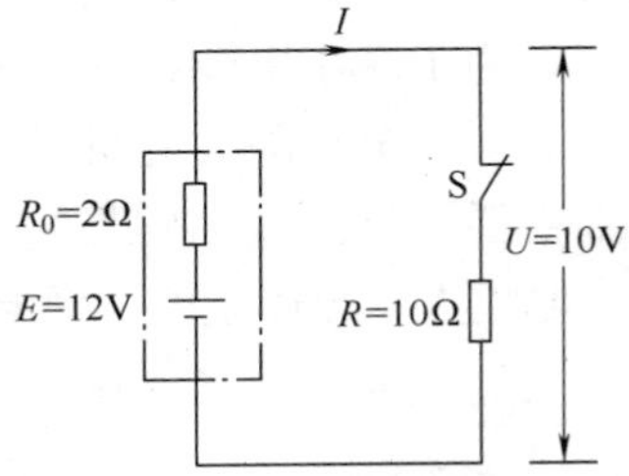

图1-5　全欧姆定律说明图

由于正常电源的内阻很小，内阻消耗的电压很低，故一般情况下可认为电源的输出电压与电源电动势相等。

利用全电路欧姆定律可以解释很多现象。比如用仪表测得旧电池两端电压与正常电压相同，但将旧电池与电路连接后除了输出电流很小外，电池的输出电压也会急剧下降，这是因为旧电池内阻变大的缘故；又如将电源正、负极直接短路时，电源会发热甚至烧坏，这是因为短路时流过电源内阻的电流很大，内阻消耗的电压与电源电动势相等，大量的电能在电源内阻上消耗并转换为热能。

1.1.4　电功、电功率和焦耳定律

1. 电功

电流流过灯泡，灯泡会发光；电流流过电炉丝，电炉丝会发热；电流流过电动机，电动机会运转。由此可以看出，**电流流过一些用电设备时是会做功的，电流做的功称为电功**。用电设备做功的大小不但与**加到用电设备两端的电压及流过的电流有关，还与通电时间长短有关**。电功可用下面的公式计算

$$W=UIt$$

式中，W表示电功，单位为J；U表示电压，单位为V；I表示电流，单位为A；t表示时间，单位为s。

电功的单位是焦耳（J），在电学中还常用到另一个单位：千瓦时（kW·h），俗称为度。1kW·h=1度。千瓦时与焦耳的换算关系是：

$$1kW\cdot h=1\times10^3W\times(60\times60)s=3.6\times10^6W\cdot s=3.6\times10^6J$$

1kW·h可以这样理解：一个电功率为100W的灯泡连续使用10h，消耗的电功为1kW·h（即消耗1度电）。

2. 电功率

电流需要通过一些用电设备才能做功。为了衡量这些设备做功能力的大小，引入一个电功率的概念。电流单位时间做的功称为电功率。电功率用P表示，单位是瓦（W）。此外，还有千瓦（kW）和毫瓦（mW），它们之间的换算关系是

$$1kW=10^3W=10^6mW$$

电功率的计算公式是

$$P=UI$$

根据欧姆定律可知$U=IR$，$I=U/R$，所以电功率还可以用公式$P=I^2R$和$P=U^2/R$来

求取。

电功率的计算举例：在图 1-6 所示电路中，白炽灯两端的电压为 220V（它与电源的电动势相等），流过白炽灯的电流为 0.5A，求白炽灯的功率、电阻和白炽灯在 10s 所做的功。

白炽灯的功率 $P = UI = 220\text{V} \times 0.5\text{A} = 110\text{V} \cdot \text{A} = 110\text{W}$

白炽灯的电阻 $R = U/I = 220\text{V}/0.5\text{A} = 440\text{V/A} = 440\Omega$

白炽灯在 10s 做的功为 $W = UIt = 220\text{V} \times 0.5\text{A} \times 10\text{s} = 1100\text{J}$。

3. 焦耳定律

电流流过导体时导体会发热，这种现象称为电流的热效应。电热锅、电饭煲和电热水器等都是利用电流的热效应来工作的。

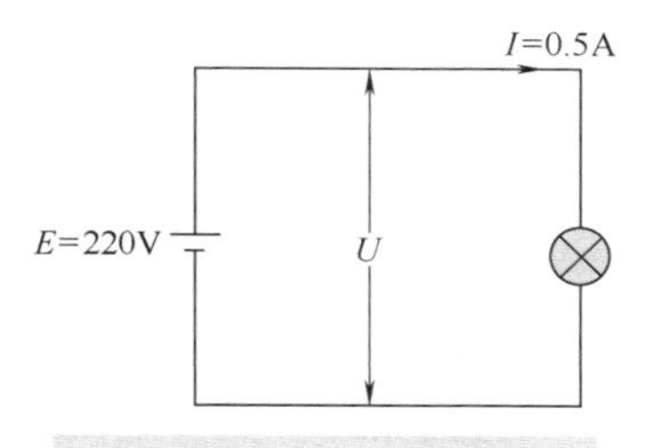

图 1-6　电功率计算例图

英国物理学家焦耳通过实验发现：电流流过导体，导体发出的热量与导体流过的电流、导体的电阻和通电的时间有关。焦耳定律具体内容是：**电流流过导体产生的热量，与电流的二次方及导体的电阻成正比，与通电时间也成正比**。由于这个定律除了由焦耳发现外，俄国科学家楞次也通过实验独立发现，故该定律又称焦耳-楞次定律。

焦耳定律可用下面的公式表示

$$Q = I^2Rt$$

式中，Q 表示热量，单位为 J；R 表示电阻，单位为 Ω；t 表示时间，单位为 s。

举例：某台电动机额定电压是 220V，线圈的电阻为 0.4Ω，当电动机接 220V 的电压时，流过的电流是 3A，求电动机的功率和线圈每秒发出的热量。

电动机的功率是　$P = UI = 220\text{V} \times 3\text{A} = 660\text{W}$

电动机线圈每秒发出的热量　$Q = I^2Rt = (3\text{A})^2 \times 0.4\Omega \times 1\text{s} = 3.6\text{J}$

1.2　直流电、单相交流电和三相交流电

1.2.1　直流电

直流电是指**方向始终固定不变的电压或电流**。能产生直流电的电源称为直流电源，常见的有干电池、蓄电池和直流发电机等。直流电源常用图 1-7a 所示的图形符号表示。直流电的电流方向总是由电源正极流出，再通过电路流到负极。在图 1-7b 所示的直流电路中，电流从直流电源正极流出，经电阻 R 和灯泡流到负极结束。

直流电又分为**稳定直流电和脉动直流电**。

稳定直流电是指**方向固定不变并且大小也不变的直流电**。稳定直流电可用图 1-8a 所示波形表示，稳定直流电的电流 I 的大小始终保持恒定（始终为 6mA），在图中用直线表示；直流电的电流方向保持不变，始终是从电源正极流向负极，图中的直线始终在 t 轴上方，表示电流的方向始终不变。

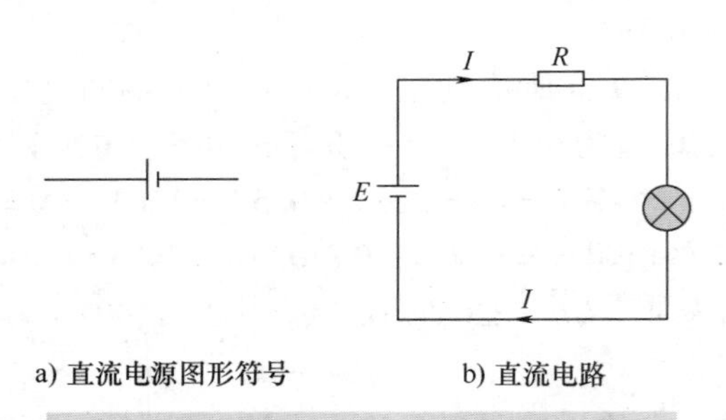

a) 直流电源图形符号　　b) 直流电路

图 1-7　直流电源图形符号与直流电路

脉动直流电是指**方向固定不变，但大小随时间变化的直流电**。脉动直流电可用图 1-8b 所示的波形表示，从图中可以看出，脉动直流电的电流 I 的大小随时间作波动变化（如在 t_1 时刻电流为 6mA，在 t_2 时刻电流变为 4mA），电流大小波动变化在图中用曲线表示；脉动直流电的方向始终不变（电流始终从电源正极流向负极），图中的曲线始终在 t 轴上方，表示电流的方向始终不变。

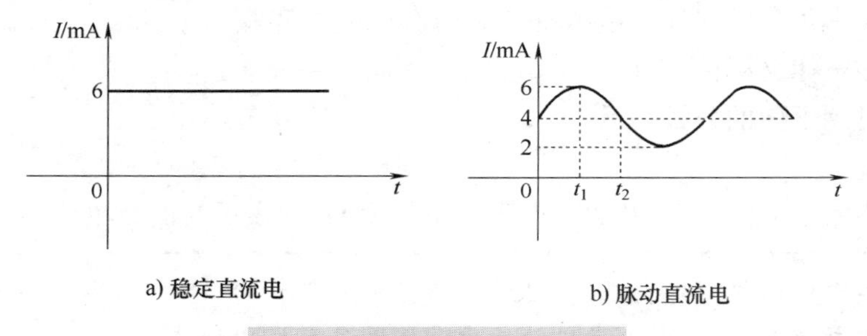

a) 稳定直流电　　b) 脉动直流电

图 1-8　两种类型的直流电

1.2.2　单相交流电

交流电是指**方向和大小都随时间作周期性变化的电压或电流**。交流电类型很多，其中最常见的是正弦交流电，因此这里就以正弦交流电为例来介绍交流电。

1. 正弦交流电

正弦交流电的符号、电路和波形如图 1-9 所示。

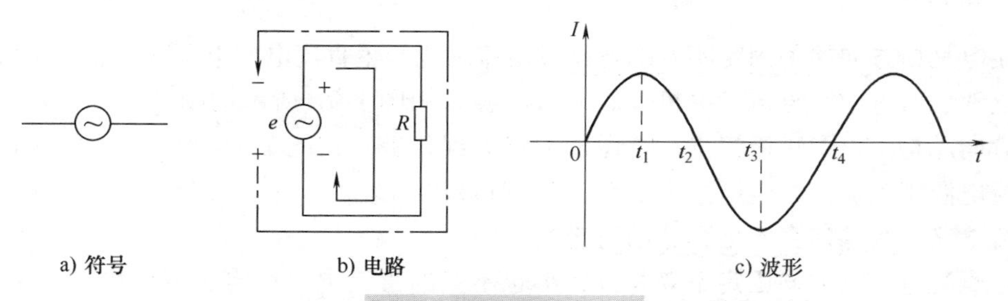

a) 符号　　b) 电路　　c) 波形

图 1-9　正弦交流电

下面以图 1-9b 所示的交流电路来说明图 1-9c 所示正弦交流电波形。

1）在 $0 \sim t_1$ 期间：交流电源 e 的电压极性是上正下负，电流 I 的方向是：**交流电源上正→电阻 R→交流电源下负**，并且电流 I 逐渐增大，电流逐渐增大在图 1-9c 中用波形逐渐上升表示，t_1 时刻电流达到最大值。

2）在 $t_1 \sim t_2$ 期间：交流电源 e 的电压极性仍是上正下负，电流 I 的方向仍是：**交流电源上正→电阻 R→交流电源下负**，但电流 I 逐渐减小，电流逐渐减小在图 1-9c 中用波形逐渐下降表示，t_2 时刻电流为 0。

3）在 $t_2 \sim t_3$ 期间：交流电源 e 的电压极性变为上负下正，电流 I 的方向也发生改变，图 1-9c中的交流电波形由 t 轴上方转到下方表示电流方向发生改变，电流 I 的方向是：**交流电源下正→电阻 R→交流电源上负**，电流反方向逐渐增大，t_3 时刻反方向的电流达到最大值。

4）在 $t_3 \sim t_4$ 期间：交流电源 e 的电压极性仍为上负下正，电流仍是反方向，电流的方向是：**交流电源下正→电阻 R→交流电源上负**，电流反方向逐渐减小，t_4 时刻电流减小到 0。

t_4 时刻以后，交流电源的电流大小和方向变化与 $0 \sim t_4$ 期间变化相同。实际上，交流电源不但电流大小和方向按正弦波变化，其**电压大小和方向变化也像电流一样按正弦波变化**。

2. 周期和频率

周期和频率是交流电最常用的两个概念，下面以图 1-10 所示的正弦交流电波形图来说明。

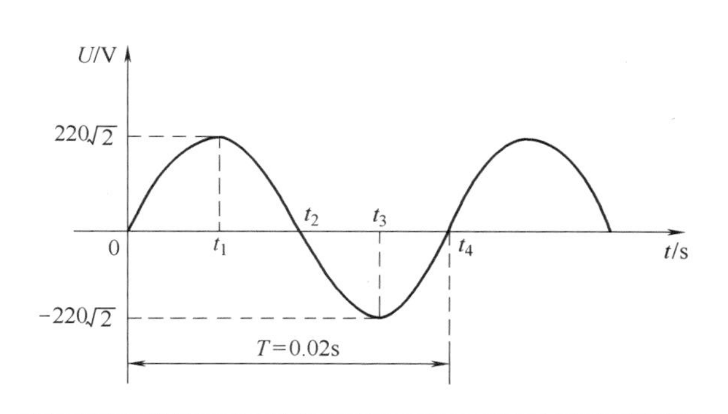

图 1-10　正弦交流电的周期、频率和瞬时值说明图

（1）周期

从图 1-10 可以看出，交流电变化过程是不断重复的，**交流电重复变化一次所需的时间称为周期**，周期用 T 表示，单位是秒（s）。图 1-10 所示交流电的周期为 $T = 0.02\text{s}$，说明该交流电每隔 0.02s 就会重复变化一次。

（2）频率

交流电在每秒钟内重复变化的次数称为频率，频率用 f 表示，它是周期的倒数，即

$$f = \frac{1}{T}$$

频率的单位是赫兹（Hz）。图 1-10 所示交流电的周期 $T = 0.02\text{s}$，那么它的频率 $f = 1/T = 1/0.02 = 50\text{Hz}$，该交流电的频率 $f = 50\text{Hz}$，说明在 1s 内交流电能重复 $0 \sim t_4$ 这个过程 50 次。

交流电变化越快，变化一次所需要时间越短，周期就越短，频率就越高。

3. 瞬时值和有效值

（1）瞬时值

交流电的大小和方向是不断变化的，交流电在某一时刻的值称为交流电在该时刻的瞬时值。以图 1-10 所示的交流电压为例，它在 t_1 时刻的瞬时值为 $220\sqrt{2}$V（约为 311V），该值为最大瞬时值，在 t_2 时刻瞬时值为 0V，该值为最小瞬时值。

（2）有效值

交流电的大小和方向是不断变化的，这给电路计算和测量带来不便，为此引入有效值的概念。下面以图 1-11 所示电路来说明有效值的含义。

图 1-11 所示两个电路中的电热丝完全一样，现分别给电热丝通交流电和直流电，如果两电路通电时间相同，并且电热丝发出热量也相同，对电热丝来说，这里的交流电和直流电是等效的，那么就将图 1-11b 中直流电的电压值或电流值称为图 1-11a 中交流电的有效电压值或有效电流值。

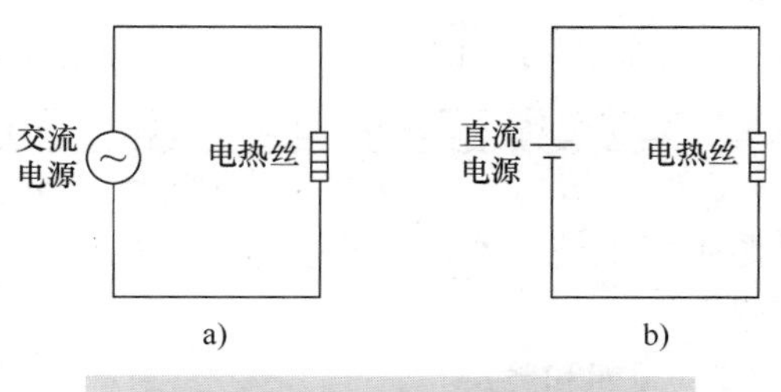

图 1-11　交流电有效值的说明图

交流市电电压 220V 指的就是有效值，其含义是虽然交流电压时刻变化，但它的效果与 220V 直流电是一样的。没特别说明，交流电的大小通常是指有效值，测量仪表的测量值一般也是指有效值。正弦交流电的有效值与瞬时最大值的关系是

$$最大瞬时值=\sqrt{2}\times有效值$$

例如交流市电的有效电压值为 220V，它的最大瞬时电压值 $=220\sqrt{2}\text{V}\approx311\text{V}$。

1.2.3　三相交流电

1. 三相交流电的产生

目前应用的电能绝大多数是由三相发电机产生的，三相发电机与单相发电机的区别在于：三相发电机可以同时产生并输出三组电源，而单相发电机只能输出一组电源，因此三相发电机效率较单相发电机更高。三相交流发电机的结构示意图如图 1-12 所示。

从图中可以看出，三相发电机主要由互成 120°且固定不动的 U、V、W 三组线圈和一块旋转磁铁组成。当磁铁旋转时，磁铁产生的磁场切割这三组线圈，这样就会在 U、V、W 三组线圈中分别产生交流电动势，各线圈两端就分别输出交流电压 U_U、U_V、U_W，这三组线圈输出的三组交流电压就称作三相交流电压。

不管磁铁旋转到哪个位置，穿过三组线圈的磁感线都会不同，所以三组线圈产生的交流电压波形也就不同。三相交流发电机产生的三相交流电波形如图 1-13 所示。

2. 三相交流电的供电方式

三相交流发电机能产生三相交流电压，将这三相交流电压供给用户可采用三种方式：直接连接供电、星形联结供电和三角形联结供电。

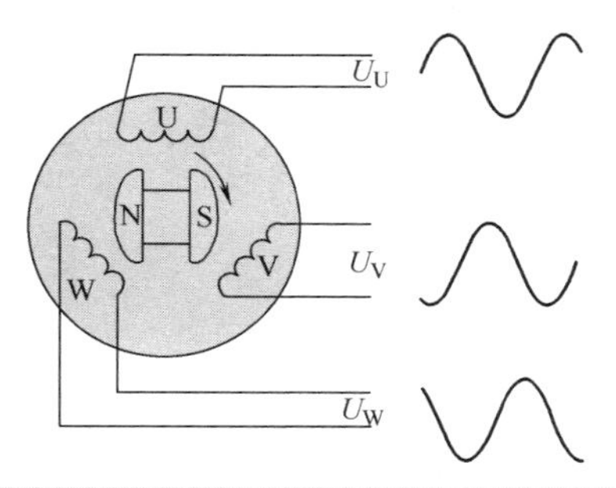

图1-12 三相交流发电机的结构示意图

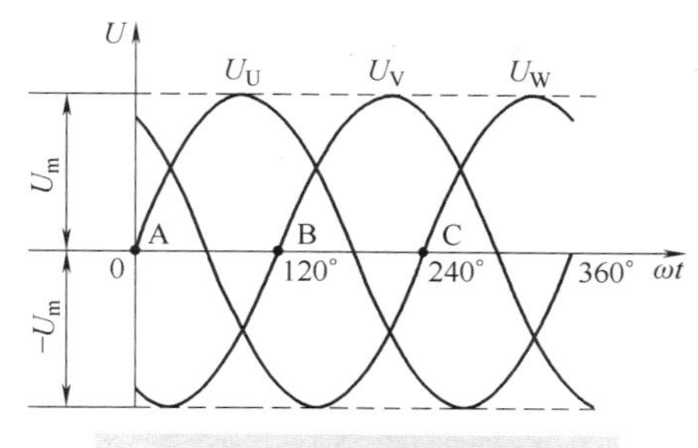

图1-13 三相交流电的波形

（1）直接连接供电方式

直接连接供电方式如图1-14所示。直接连接供电方式是**将发电机三组线圈输出的每相交流电压分别用两根导线向用户供电**，这种方式共要用到6根供电导线，如果在长距离供电时采用这种供电方式会使成本很高。

（2）星形联结供电方式

星形联结供电方式如图1-15所示。星形联结是将发电机的三组线圈末端都连接在一起，并接出一根线，称为中性线（N），三组线圈的首端各引出一根线，称为相线，这三根相线分别称作相线 L_1、相线 L_2 和相线 L_3。三根相线分别连接到单独的用户，而中性线则在用户端一分为三，同时连接三个用户，这样发电机三组线圈上的电压就分别提供给各自的用户。在这种供电方式中，发电机三组线圈连接成星形，并且采用四根线传送三相电压，故称作三相四线制星形连接供电方式。

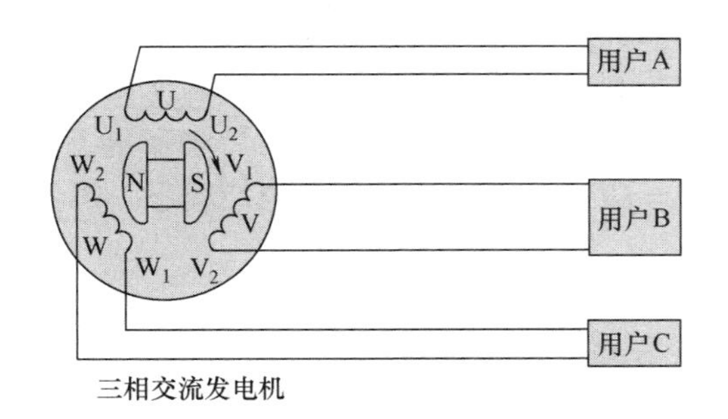

图1-14 直接连接供电方式

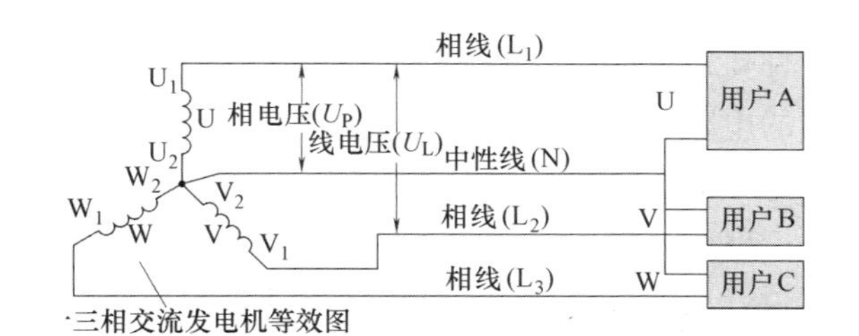

图1-15 星形联结供电方式

任意一根相线与中性线之间的电压都称为相电压 U_P，该电压实际上是任意一组线圈两端的电压。**任意两根相线之间的电压**称为线电压 U_L。从图1-15中可以看出，线电压实际上是两组线圈上的相电压叠加得到的，但线电压 U_L 的值并不是相电压 U_P 的2倍，因为任意两组线圈上的相电压的相位都不相同，不能进行简单地乘2求得。根据理论推导可知，在星形联结时，**线电压是相电压的$\sqrt{3}$倍**，即

$$U_L=\sqrt{3}U_P$$

如果相电压 $U_P=220V$，根据上式可计算出线电压 U_L 约为380V。

（3）三角形联结供电方式

三角形联结供电方式如图1-16所示。三角形联结是将发电机的三组线圈首末端依次连

接在一起，连接方式呈三角形，在三个连接点各接出一根线，分别称作相线 L_1、相线 L_2 和相线 L_3。将三根相线按图 1-16 所示的方式与用户连接，三组线圈上的电压就分别提供给各自的用户。在这种供电方式中，发电机三组线圈连接成三角形，并且采用三根线来传送三相电压，故称作三相三线制三角形连接供电方式。

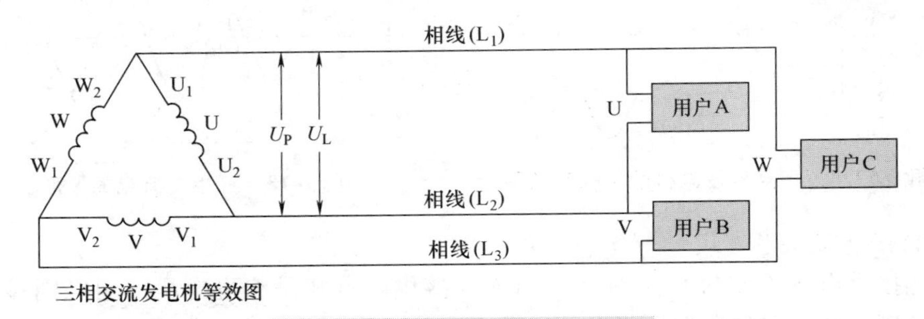

图 1-16　三角形联结供电方式

三角形连接方式中，**相电压 U_P（每组线圈上的电压）和线电压 U_L（两根相线之间的电压）是相等的**，即

$$U_L = U_P$$

3. 三相交流电的远距离传送

发电部门的发电机将其他形式的能（如水能、风能、热能和核能等）转换成电能，电能再通过导线传送给用户。由于用户与发电部门的距离往往很远，电能传送需要很长的导线，电能在传送的过程中，导线对电能有损耗，根据焦耳定律 $Q = I^2Rt$ 可知，导线对电能的损耗主要与流过导线的电流和导线本身的电阻有关，**电流、电阻越大，导线的损耗越大**。

为了降低电能在导线上传送产生的损耗，**可减小导线的电阻和降低流过导线的电流**。减小导线对电能损耗的具体方法有：①采用电阻率小的铝或铜材料制作成较粗的导线来减小导线的电阻；②提高传输电压来减小电流，这是根据 $P = UI$，在传输功率一定的情况下，**导线电压越高，流过导线的电流越小**。

电能从发电站传送到用户的过程如图 1-17 所示。发电机输出的电压先送到升压变电站进行升压，升压后得到 110～330kV 的高压，高压经导线进行远距离传送，到达目的地后，

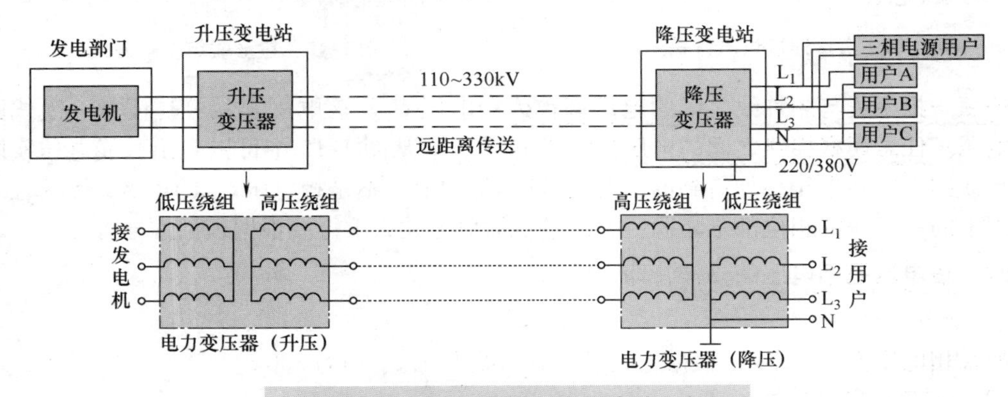

图 1-17　三相交流电的远距离传送示意图

再由降压变电站的降压变压器将高压降低成低压，再提供给用户。实际上，在提升电压时，往往不是依靠一个变压器将低压提升到很高的电压，而是经过多个升压变压器一级级进行升压的，在降压时，也需要经多个降压变压器进行逐级降压。

1.3 安全用电

1.3.1 电流对人体的伤害

1. 人体对不同电流呈现的症状

当人体不小心接触带电体时，就会有电流流过人体，这就是触电。人体在触电时表现出来的症状与流过人体的电流有关，表1-2所示是人体通过大小不同的交、直流电流时所表现出来的症状。

表1-2 人体通过大小不同的交、直流电流时的症状

电流/mA	人体表现出来的症状	
	交流（50～60Hz）	直流
0.6～1.5	开始有感觉——手轻微颤抖	没有感觉
2～3	手指强烈颤抖	没有感觉
5～7	手部痉挛	感觉痒和热
8～10	手已难于摆脱带电体，但还能摆脱；手指尖到手腕剧痛	热感觉增加
20～25	手迅速麻痹，不能摆脱带电体；剧痛，呼吸困难	热感觉大大加强，手部肌肉收缩
50～80	呼吸麻痹，心室开始颤动	强烈的热感受，手部肌肉收缩，痉挛，呼吸困难
90～100	呼吸麻痹，延续3s或更长时间，心脏停搏，心室颤动	呼吸麻痹

从上表可以看出，流过人体的电流越大，人体表现出来的症状越强烈，电流对人体的伤害越大。另外，对于相同大小的交流和直流来说，交流对人体伤害更大一些。

一般规定，**10mA以下的工频（50Hz或60Hz）交流电流或50mA以下的直流电流**对人体是安全的，故将该范围内的电流称为安全电流。

2. 与触电伤害程度有关的因素

有电流通过人体是触电对人体伤害的最根本原因，流过人体的电流越大，人体受到的伤害越严重。触电对人体伤害程度的具体相关因素如下：

1）人体电阻的大小。人体是一种有一定阻值的导电体，其电阻大小不是固定的，当人体皮肤干燥时阻值较大（10～100kΩ）；当皮肤出汗或破损时阻值较小（800～1000Ω）。另外，当接触带电体的面积大、接触紧密时，人体电阻也会减小。在接触大小相同的电压时，人体电阻越小，流过人体的电流就越大，触电对人体的伤害就越严重。

2）触电电压的大小。当人体触电时，接触的电压越高，流过人体的电流就越大，对人

体伤害就更严重。一般规定，在正常的环境下安全电压为36V，在潮湿场所的安全电压为24V和12V。

3）**触电的时间。**如果触电后长时间未能脱离带电体，电流长时间流过人体会造成严重的伤害。

此外，即使相同大小的电流，流过人体的部位不同，对人体造成的伤害也不同。电流流过心脏和大脑时，对人体危害最大，所以双手之间、头足之间和手脚之间的触电更为危险。

1.3.2 人体触电的几种方式

人体触电的方式主要有**单相触电、两相触电和跨步触电**。

1. 单相触电

单相触电是指**人体只接触一根相线时发生的触电**。单相触电又分为**电源中性点接地触电和电源中性点不接地触电**。

（1）电源中性点接地触电方式

电源中性点接地触电方式如图1-18所示。电源中性点接地触电是**在电力变压器低压侧中性点接地的情况下发生的**。

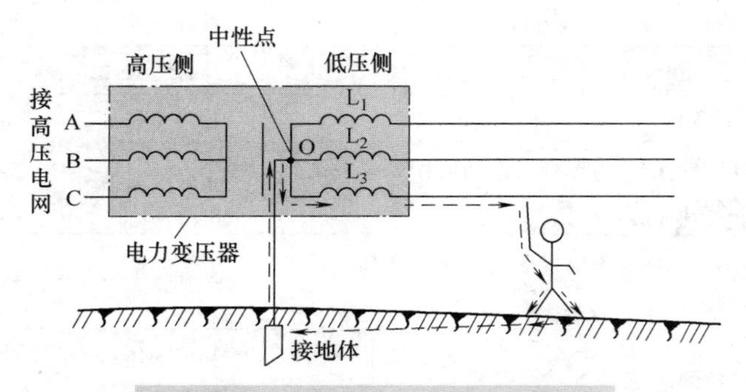

图1-18 电源中性点接地触电方式

电力变压器的低压侧有三个绕组，它们的一端接在一起并且与大地相连，这个连接点称为中性点。每个绕组上有220V电压，每个绕组在中性点另一端接出一根相线，每根相线与地面之间有220V的电压。当站在地面上的人体接触某一根相线时，就有电流流过人体，电流的途径是：变压器低压侧L_3相绕组的一端→相线→人体→大地→接地体→变压器中性点→L_3绕组的另一端，如图1-18中虚线所示。

该触电方式对人体的伤害程度与人体与地面的接触电阻有关。若赤脚站在地面上，人与地面的接触电阻小，流过人体的电流大，触电伤害大；若穿着胶底鞋，则伤害轻。

（2）电源中性点不接地触电方式

电源中性点不接地触电方式如图1-19所示。电源中性点不接地触电是**在电力变压器低压侧中性点不接地的情况下发生的**。

电力变压器低压侧的三个绕组中性点未接地，任意两根相线之间有380V的电压（该电压是由两个绕组上的电压串联叠加而得到的）。当站在地面上的人体接触某一根相线时，就有电流流过人体，电流的途径是：L_3相线→人体→大地，再分作两路，一路经电气设备与地之间的绝缘电阻R_2流到L_2相线，另一路经R_3流到L_1相线。该触电方式对人体的伤害程

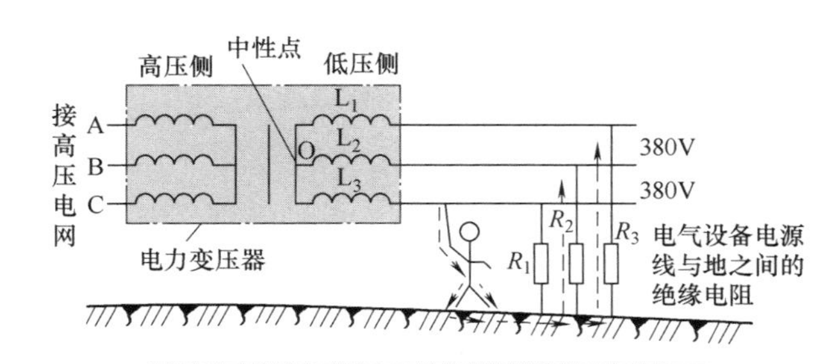

图 1-19　电源中性点不接地触电方式

度除了与人体和地面的接触电阻有关外，还与电气设备电源线和地之间的绝缘电阻有关。若电气设备绝缘性能良好，一般不会发生短路；若电气设备严重漏电或某相线与地短路，则加在人体上的电压将达到 380V，从而导致严重的触电事故。

2. 两相触电

两相触电是指**人体同时接触两根相线时发生的触电**。

两相触电如图 1-20 所示。当人体同时接触两根相线时，由于两根相线之间有 380V 的电压，有电流流过人体，电流途径是：一根相线→人体→另一根相线。由于加到人体的电压为 380V，故流过人体的电流很大。在这种情况下，即使触电者穿着绝缘鞋或站在绝缘台上，也起不了保护作用，因此两相触电对人体是很危险的。

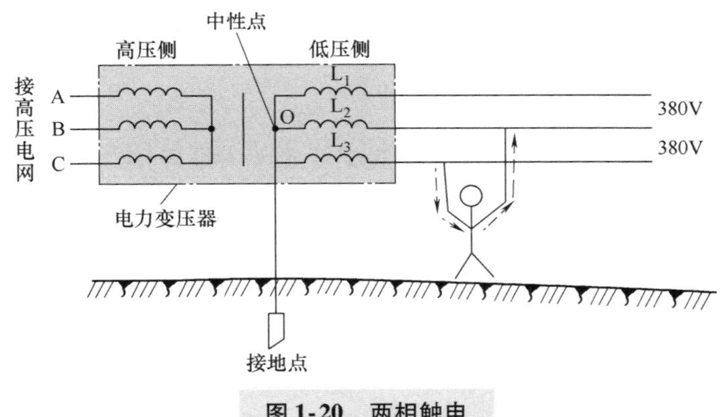

图 1-20　两相触电

3. 跨步触电

当电线或电气设备与地发生漏电或短路时，有电流向大地泄漏扩散，在电流泄漏点周围会产生电压降，当人体在该区域行走时会发生触电，这种触电称为跨步触电。绝大多数的这种情况，发生于交流高压（≥10kV）供电系统的接地故障。

跨步触电如图 1-21 所示。图中的一根相线掉到地面上，导线上的电压直接加到地面，以导线落地点为中心，导线上的电流向大地四周扩散，同时随着远离导线落地点，地面的电压也逐渐下降，距离落地点越远，电压越低。当人在导线落地点周围行走时，由于两只脚的着地点与导线落地点的距离不同，这两点电压也不同，图中 A 点与 B 点的电压不同，存在着电压差，比如 A 点电压为 110V，B 点电压为 60V，那么两只脚之间的电压差为 50V，该电压使电流流过两只脚，从而导致人体触电。

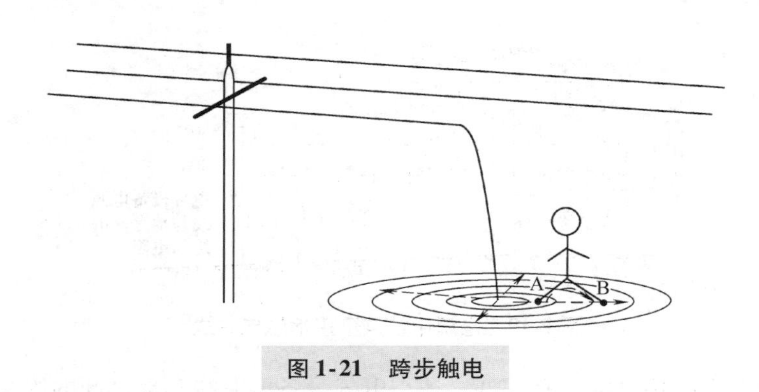

图 1-21　跨步触电

一般来说，在低压电路中，在距离电流泄漏点 1m 范围内，**电压约有 60% 的降低**；在 2 ~ 10m 范围内，**约有 24% 的降低**；在 11 ~ 20m 范围内，**约有 8% 的降低**；在 20m 以外电压会很低，**通常不会发生跨步触电**。

根据跨步触电原理可知，只有两只脚的距离小才能让两只脚之间的电压小，才能**减轻跨步触电的危害**，所以当不小心进入跨步触电区域时，不要**急于迈大步跑出来，而是迈小步或单足跳出**。

1.3.3　接地与接零

电气设备在使用过程中，可能会出现绝缘层损坏、老化或导线短路等现象，这样会使电气设备的外壳带电，如果人不小心接触外壳，就会发生触电事故。解决这个问题的方法就是将电气设备的外壳接地或接零。

1. 接地

接地是指将**电气设备的金属外壳或金属支架直接与大地连接**，如图 1-22 所示。为了防止电动机外壳带电而引起触电事故，应对电动机进行接地，即用一根接地线将电动机的外壳与埋入地下的接地装置连接起来。当电动机内部绕组与外壳漏电或短路时，外壳会带电，将电动机外壳进行接地后，外壳上的电会沿接地线、接地装置向大地泄放掉，在这种情况下，即使人体接触电动机外壳，也会由于人体电阻远大于接地线与接地装置的接地电阻（接地电阻通常小于 4Ω），外壳上电流绝大多数会从接地装置泄入大地，而沿人体进入大地的电

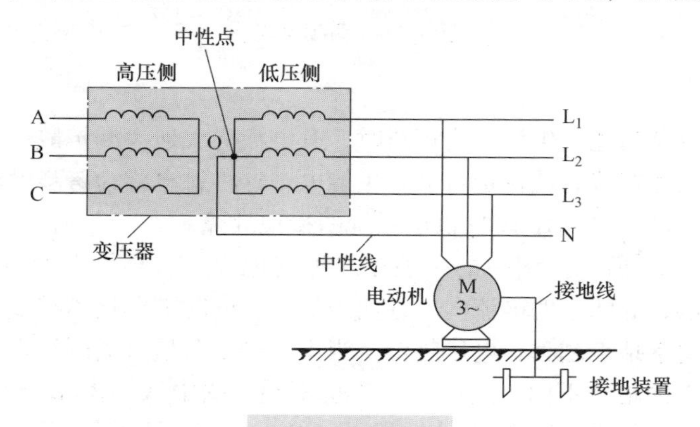

图 1-22　接地

流很小，不会对人体造成伤害。

2. 接零

接零是指将**电气设备的金属外壳或金属支架等与零线连接起来**。

接零如图 1-23 所示。变压器低压侧的中性点引出线称为零线，零线一方面与接地装置连接，另一方面和三根相线一起向用户供电。由于这种供电方式采用一根零线和三根相线，因此称为三相四线制供电。为了防止电动机外壳带电，除了可以将外壳直接与大地连接外，也可以将外壳与零线连接，当电动机某绕组与外壳短路或漏电时，外壳与绕组间的绝缘电阻下降，会有电流从变压器某相绕组→相线→漏电或短路的电动机绕组→外壳→零线→中性点，最后到相线的另一端。该电流使电动机串接的熔断器熔断，从而保护电动机内部绕组，防止故障范围扩大。在这种情况下，即使熔断器未能及时熔断，也会由于电动机外壳通过零线接地，外壳上的电压很低，人体接触外壳不会产生触电伤害。

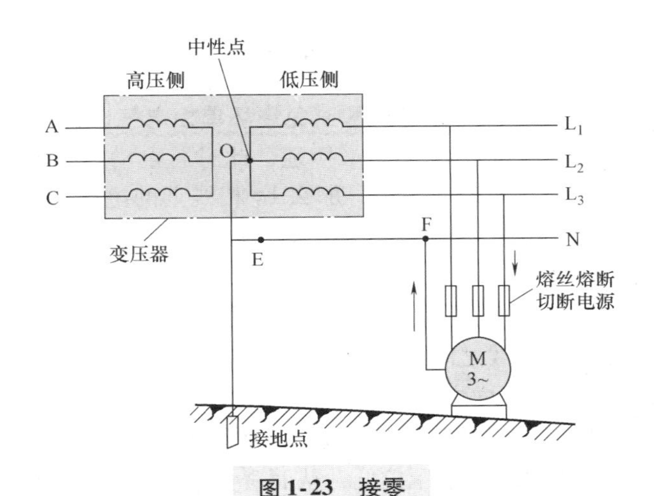

图 1-23　接零

对电气设备进行接零，在电气设备出现短路或漏电时，**会让电气设备呈现单相短路，可以让保护装置迅速动作而切断电源**。另外，通过将零线接地，可以拉低电气设备外壳的电压，从而避免人体接触外壳时造成触电伤害。

3. 重复接地

重复接地是指**在零线上多处进行接地**。重复接地如图 1-24 所示，从图中可以看出，零线除了将中性点接地外，还在 H 点进行了接地。

在零线上重复接地有以下的优点：

1）**有利于减小零线与地之间的电阻**。零线与地之间的电阻主要由零线自身的电阻决定，零线越长，电阻越大，这样距离接地点越远的位置，零线上的电压越高。图 1-24 中的 F 点距离接地点较远，如果未重复接地（H 点未接地）时，F 点与接地点之间的电阻较大，当电动机的绕组与外壳短路或漏电时，因为外壳与接地点之间的电阻大，所以电动机外壳上仍有较高的电压，人体接触外壳就有触电的危险。采用重复接地（在 H 点也接地）后，由于零线两处接地，可以减小零线与地之间的电阻，在电气设备漏电时，可以使电气设备外壳和零线的电压很低，不至于发生触电事故。

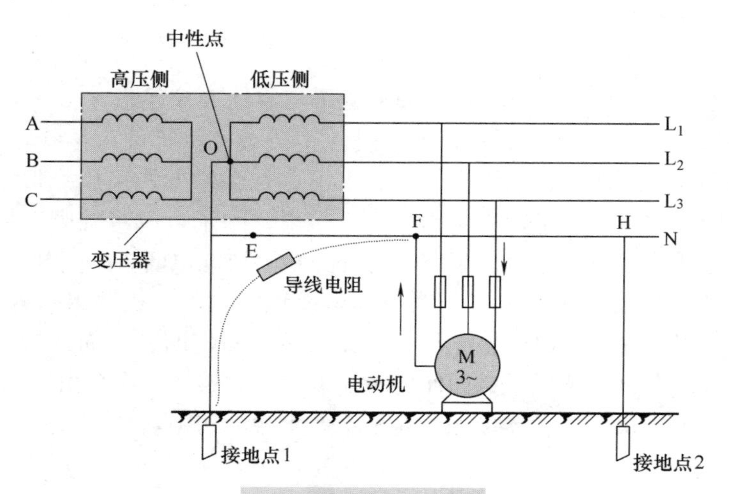

图 1-24　重复接地

2）当零线开路时，可以降低零线电压和避免烧坏单相电气设备。在图 1-25 所示的电气线路中，如果零线在 E 点开路，若 H 点又未接地，此时若电动机 A 的某绕组与外壳短路，这里假设与 L_3 相线连接的绕组与外壳短路，那么 L_3 相线上的电压通过电动机 A 上的绕组、外壳加到零线上，零线上的电压大小就与 L_3 相线上的电压一样。由于每根相线与地之间的电压为 220V，因而零线上也有 220V 的电压，而零线又与电动机 B 外壳相连，所以电动机 A 和电动机 B 的外壳都有 220V 的电压，人体接触电动机 A 或电动机 B 的外壳时都会发生触电。另外，并接在相线 L_2 与零线之间的灯泡两端有 380V 的电压（灯泡相当于接在相线 L_2、L_3 之间），由于正常工作时灯泡两端电压为 220V，而现在由于 L_3 与零线短路，灯泡两端电压变成 380V，灯泡就会烧坏。如果采用重复接地，在零线 H 点位置也接地，则即使 E 点开路，依靠 H 点的接地也可以将零线电压拉低，从而避免上述情况的发生。

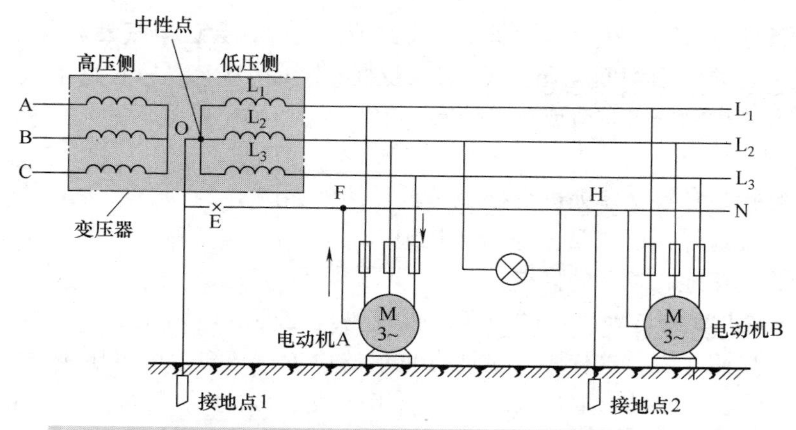

图 1-25　重复接地可以降低零线电压和避免烧坏单相电气设备

1.3.4　触电的急救方法

当发现人体触电后，第一步是让触电者迅速脱离电源，第二步是对触电者进行现场救护。

1. 让触电者迅速脱离电源

让触电者迅速脱离电源可采用以下方法：

1）**切断电源**。如断开电源开关、拔下电源插头或瓷插保险等，对于单极电源开关，断开一根导线不能确保一定切断了电源，故尽量切断双极开关（如刀开关、双极空气开关）。

2）**用带有绝缘柄的利器切断电源线**。如果触电现场无法直接切断电源，可用带有绝缘手柄的钢丝钳或带干燥木柄的斧头、铁锨等利器将电源线切断，切断时应防止带电导线断落触及周围的人体，不要同时切断两根线，以免两根线通过利器直接短路。

3）**用绝缘物使导线与触电者脱离**。常见的绝缘物有干燥的木棒、竹竿、塑料硬管和绝缘绳等，用绝缘物挑开或拉开触电者接触的导线。

4）**拉拽触电者衣服，使之与导线脱离**。拉拽时，可戴上手套或在手上包缠干燥的衣服、围巾、帽子等绝缘物品拖拽触电者，使之脱离电源。若触电者的衣裤是干燥的，又没有紧缠在身上，可直接用一只手抓住触电者不贴身的衣裤，将触电者拉脱电源。拖拽时切勿触及触电者的皮肤。还可以站在干燥的木板、木桌椅或橡胶垫等绝缘物品上，用一只手把触电者拉脱电源。

2. 现场救护

触电者脱离电源后，应先就地进行救护，同时通知医院并做好将触电者送往医院的准备工作。

在现场救护时，根据触电者受伤害的轻重程度，可采取以下救护措施：

1）对于未失去知觉的触电者。如果触电者所受的伤害不太严重，神志尚清醒，只是心悸、头晕、出冷汗、恶心、呕吐、四肢发麻、全身乏力，甚至一度昏迷，但未失去知觉，则应让触电者在通风暖和的地方静卧休息，并派人严密观察，同时请医生前来或送往医院诊治。

2）对于已失去知觉的触电者。如果触电者已失去知觉，但呼吸和心跳尚正常，则应将其舒适地平卧着，解开衣服以利呼吸，四周不要围人，保持空气流通，冷天应注意保暖，同时立即请医生前来或送往医院诊察。若发现触电者呼吸困难或心跳失常，应立即施行人工呼吸或胸外心脏按压。

3）对于“假死”的触电者。触电者“假死”可能有三种临床症状：一是心跳停止，但尚能呼吸；二是呼吸停止，但心跳尚存（脉搏很弱）；三是呼吸和心跳均已停止。

当判定触电者呼吸和心跳停止时，应按心肺复苏法就地抢救，并请医生前来。心肺复苏法就是支持生命的三项基本措施：**通畅气道；口对口（鼻）人工呼吸；胸外心脏按压（人工循环）**。

Chapter 2

第2章 家装水电工常用工具及使用

2.1 常用电工工具及使用

2.1.1 螺丝刀[⊖]

螺丝刀又称起子、改锥、螺丝批等，它是一种用来旋动螺钉的工具。

1. 分类和规格

根据头部形状不同，螺丝刀可分为一字形（又称平口形）和十字形（又称梅花形），如图2-1所示。根据手柄的材料和结构不同，可分为木柄和塑料柄。根据手柄以外的刀体长度不同，螺丝刀可分为100mm、150mm、200mm、300mm和400mm等多种规格。在转动螺钉时，应选用合适规格的螺丝刀，如果用小规格的螺丝刀旋转大号螺钉，容易旋坏螺丝刀。

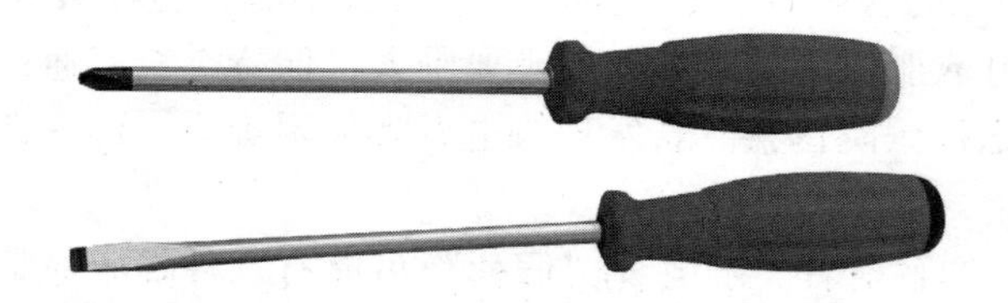

图2-1 十字形和一字形螺丝刀

2. 螺丝刀的使用方法与技巧

螺丝刀的使用方法与技巧如下：

1）在旋转大螺钉时使用大螺丝刀，用大拇指、食指和中指握住手柄，手掌要顶住手柄的末端，以防螺丝刀转动时滑脱，如图2-2a所示。

2）在旋转小螺钉时，用拇指和中指握住手柄，而用食指顶住手柄的末端，如图2-2b所示。

3）使用较长的螺丝刀时，可用右手顶住并转动手柄，左手握住螺丝刀中间部分，用来

⊖ 标准称为螺钉旋具。

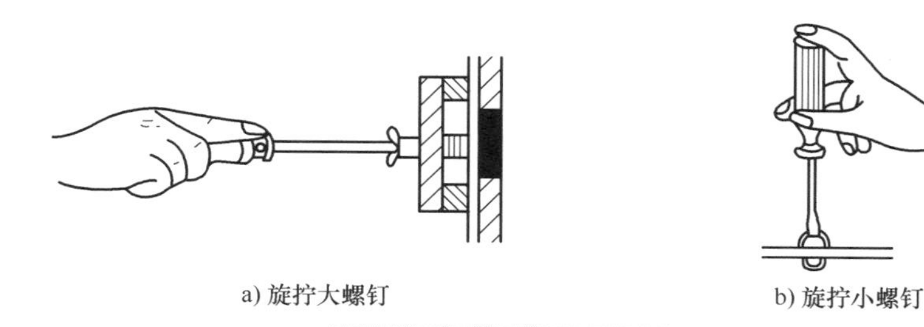

a) 旋拧大螺钉　　b) 旋拧小螺钉

图 2-2 螺丝刀的使用

稳定螺丝刀以防滑落。

4）在旋转螺钉时，**一般顺时针旋转螺丝刀可紧固螺钉，逆时针为旋松螺钉，少数螺钉恰好相反**。

5）在带电操作时，**应让手与螺丝刀的金属部位保持绝缘，避免发生触电事故**。

2.1.2 管钳

1. 外形与结构

管钳又称管子钳，是一种用来旋拧圆柱形管子或管件的管道安装与维修工具。管钳实物外形及结构说明如图 2-3 所示。

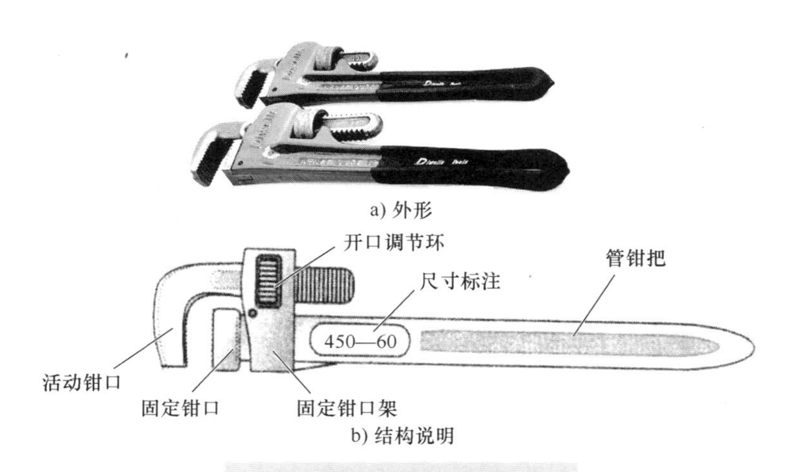

a) 外形

b) 结构说明

图 2-3 管钳外形及结构说明

2. 规格

管钳的主要参数有**长度和可夹持的最大管子外径**。管钳的常用规格如下：

长　度	in（英寸）	6	8	10	12	14	18	24	36	48
	mm	150	200	250	300	350	450	600	900	1200
可夹持的最大管子外径/mm		20	25	30	40	50	60	70	80	100

3. 使用（见图 2-4）

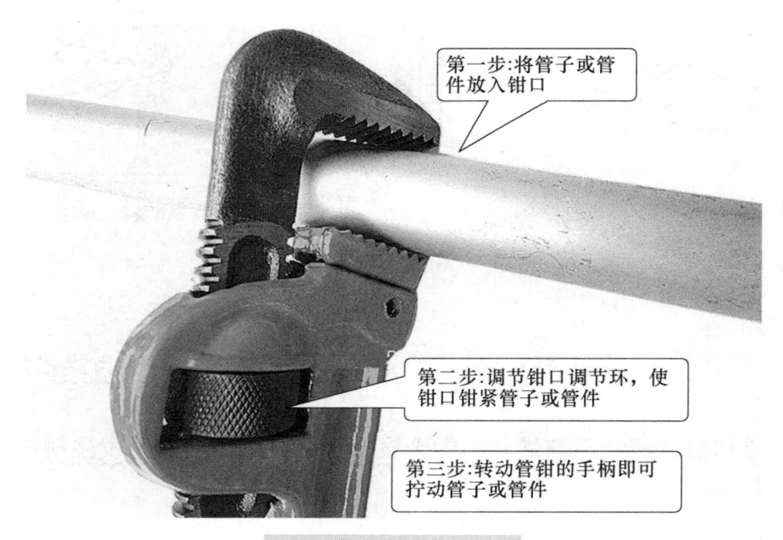

图 2-4　管钳的使用

4. 其他类型的管钳

水泵钳较管钳轻巧，也可以旋拧圆柱形管子或管件，特别适合住宅水电安装维修。水泵钳的使用如图 2-5 所示。

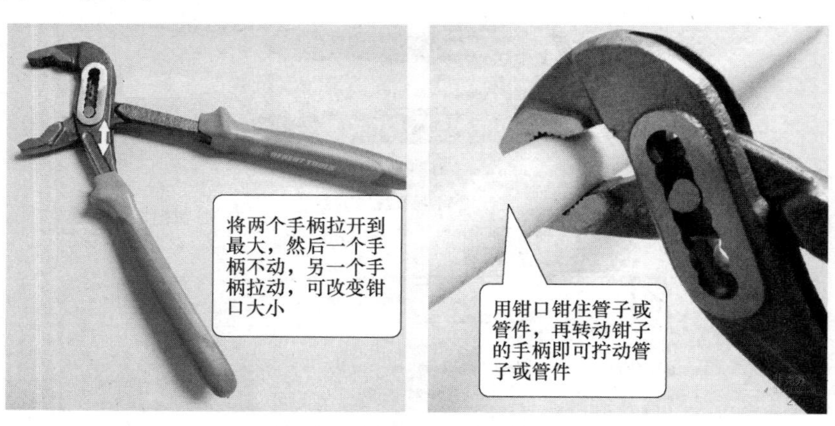

图 2-5　水泵钳的使用

2.1.3　玻璃胶及胶枪的使用

1. 玻璃胶

玻璃胶又称硅酮胶，简称硅胶，其状类似软膏，一旦接触空气中的水分就会固化成一种坚韧的橡胶类固体。玻璃胶主要用于**玻璃、陶瓷、金属和木材等材料的粘接和密封**，在家装领域广泛使用。玻璃胶一般灌装在密闭的圆筒内，如图 2-6 所示。在使用时先割胶筒前端的胶头，然后在胶头上安装长长的胶嘴，再将胶筒安装到胶枪上，胶枪从胶筒底部挤压，玻璃胶会从胶嘴流出。

图 2-6 玻璃胶

2. 玻璃胶枪的使用

玻璃胶枪的功能是将胶筒内的玻璃胶挤压出来。玻璃胶枪外形如图 2-7 所示。玻璃胶枪的使用如图 2-8 所示。

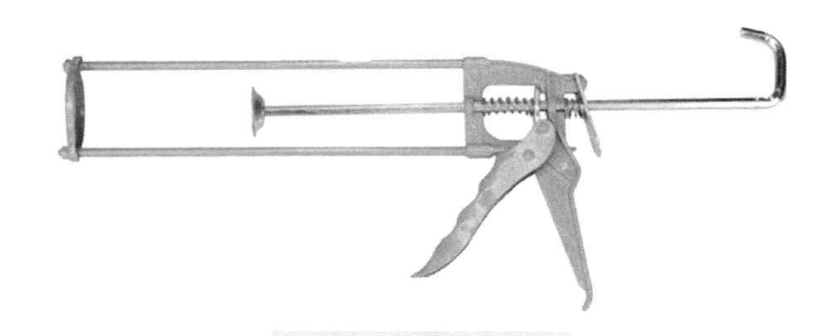

图 2-7 玻璃胶枪

图 2-8 玻璃胶枪的使用

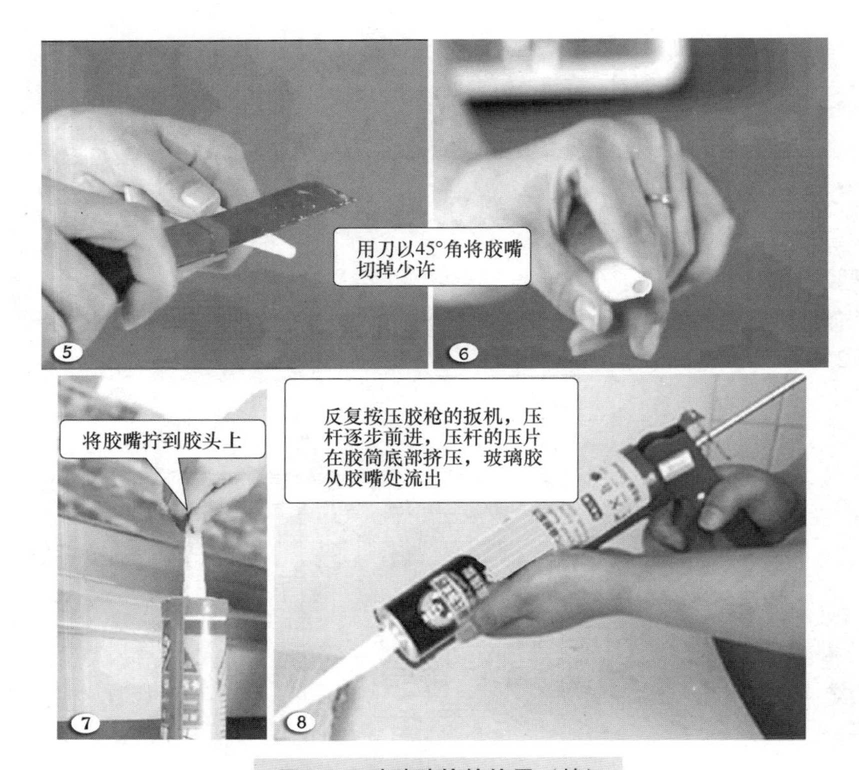

图 2-8　玻璃胶枪的使用（续）

2.2　常用电动工具及使用

2.2.1　冲击电钻

1. 外形及外部结构

冲击电钻简称电钻、冲击钻，是**一种用来在物体上钻孔的电动工具，可以在砖、砌块、混凝土等脆性材料上钻孔**。

冲击电钻是利用电机驱动各种钻头旋转来对物体进行钻孔。冲击电钻的各部分名称如图 2-9所示。

冲击电钻有**普通（平钻）和冲击**两种钻孔方式，用普通/冲击转换开关可进行两种方式转换；冲击电钻可以使用正/反转切换开关来控制钻头正、反向旋转，如果将钻头换成了螺丝批时，可以旋进或旋出螺钉；转速调节旋钮的功能是调节钻头的转速；钻/停开关用于开始和停止钻头的工作，按下时钻头旋转，松开时钻头停转；如果希望松开钻/停开关后钻夹头仍旋转，可在按下开关时再按下自锁按钮，将钻/停开关锁定；钻头夹的功能是安装并夹紧钻头；助力把手的功能是在钻孔时便于把持电钻和用力；深度尺用来确定钻孔深度，可防止钻孔过深。

2. 使用

在使用冲击电钻时，应先要做好以下工作：

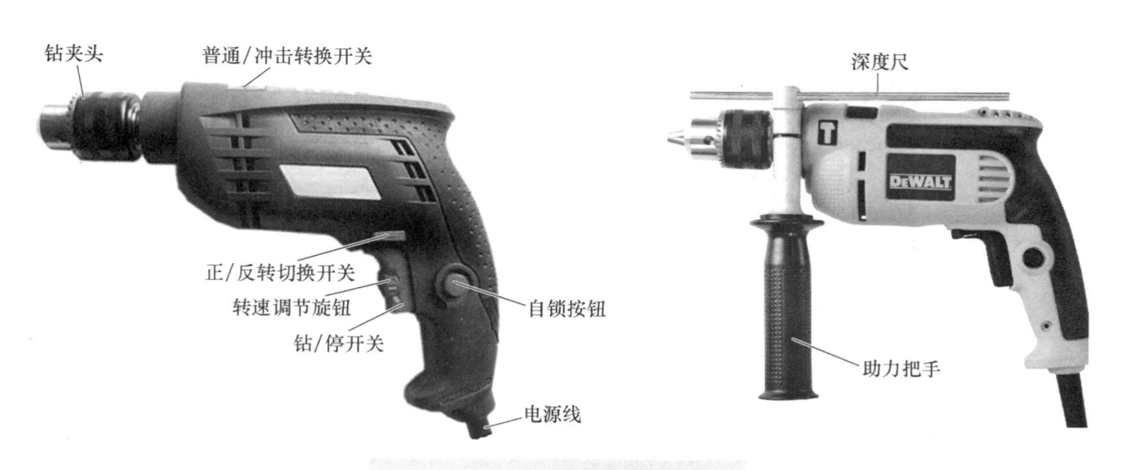

图2-9 冲击电钻的各部分名称

1）检查电钻使用的电源电压是否与供电电压一致，严禁**220V的电钻使用380V的电压**。

2）检查电钻空转是否正常。给电钻通电，使之空转一段时间，观察转动时是否有异常的情况（如声音不正常）。

（1）安装钻头、助力把手和深度尺（见图2-10）

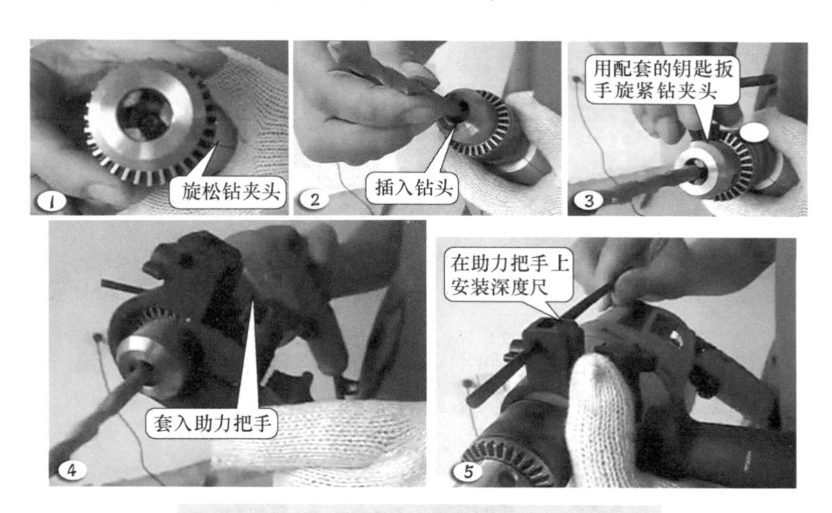

图2-10 钻头、助力把手和深度尺的安装

（2）用冲击钻头在墙壁上钻孔

在墙上钻孔要用到冲击钻头，其钻头部分主要由硬质合金（如钨钢合金）构成。用冲击钻头在墙壁上钻孔如图2-11所示。在钻孔时，冲击电钻要选择“冲击”方式，操作时手顺着冲击方向稍微用力即可，不要像使用电锤一样用力压，以免损坏钻头和电钻。

使用冲击钻头不但可以在墙壁上钻孔，还可以在混凝土地基、花岗石是进行钻孔，以便在孔中安装膨胀螺栓、膨胀管等紧固件。

（3）用批头在墙壁安装螺钉

在家装时经常需要在墙壁上安装螺钉，以便悬挂一些物件（如壁灯等）。在墙壁安装螺

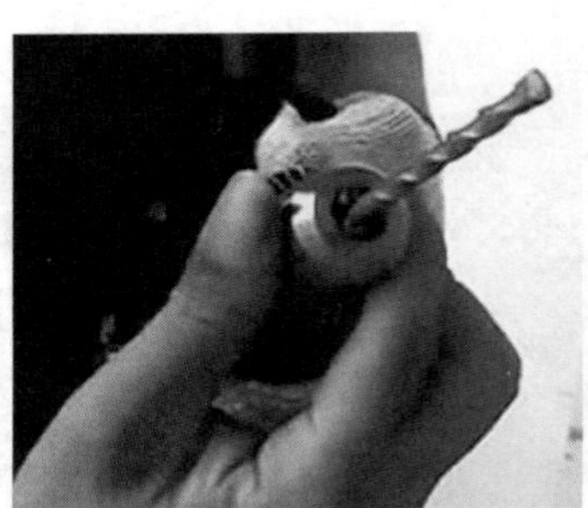

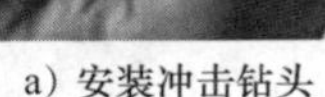

a）安装冲击钻头　　b）在墙壁上钻孔

图 2-11　用冲击钻头在墙壁上钻孔

钉时，先用冲击电钻在墙壁上钻孔，再往孔内敲入膨胀螺栓或膨胀管（见图 2-12），然后往膨胀管内旋入螺钉。旋拧螺钉既可以使用普通的螺丝刀，也可以给冲击电钻安装旋拧螺钉的批头（见图 2-13），让电钻带动批头来旋拧螺钉。

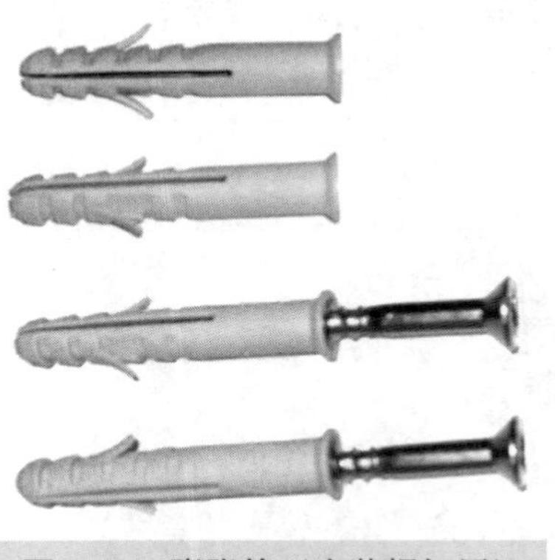

图 2-12　膨胀管（安装螺钉用）

图 2-13　旋转螺钉的批头（电钻用）

用冲击电钻在墙壁安装螺钉的过程如图 2-14 所示。在用电钻的批头旋拧螺钉时，应将电钻的转速调慢，如果要旋出螺钉，可将旋转方向调为反向。

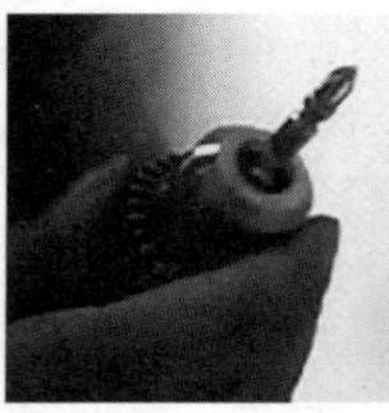

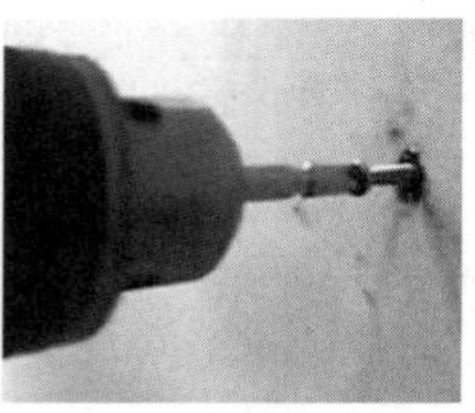

a）往墙壁孔内敲入膨胀管　　b）给电钻安装批头　　c）用批头往膨胀管内旋拧螺钉

图 2-14　用带批头的电钻安装螺钉

（4）用麻花钻头在木头、塑料和金属上钻孔

麻花钻头以形似麻花而得名，其适合在木头、塑料和金属上钻孔。在冲击电钻上安装麻花钻头如图 2-15 所示。在木头、塑料和金属上钻孔时，冲击电钻要选择“普通”钻孔

方式。

（5）用三角钻头在瓷砖上钻孔

三角钻头的外形如图 2-16 所示。三角头适合对陶瓷、玻璃、人造大理石等脆硬材料钻孔，使用其钻出来的孔洞边缘整齐不毛边，瓷砖边缘钻孔不崩边。

图 2-15 在冲击电钻上安装麻花钻头

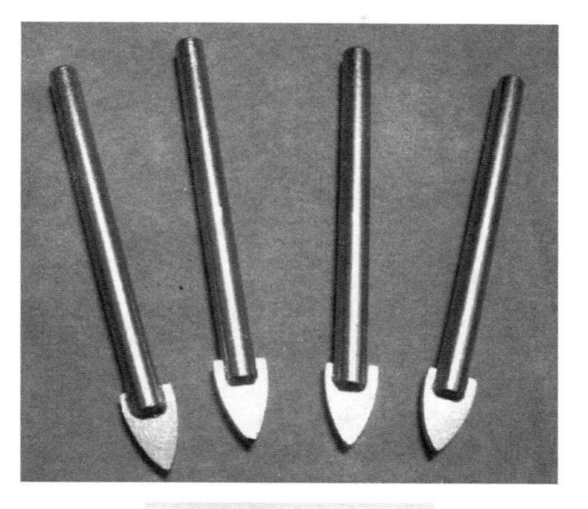

图 2-16 三角钻头

（6）用电钻切割打磨物体

如果给电钻安装了切割打磨配件，就可以对物体进行切割打磨。电钻常用的切割打磨配件如图 2-17 所示，其中包含有金属切割片、陶瓷切割片、木材切割片、石材切割片、金属抛光片和连接件等。用电钻切割打磨物体如图 2-18 所示。

图 2-17 电钻常用的切割打磨配件

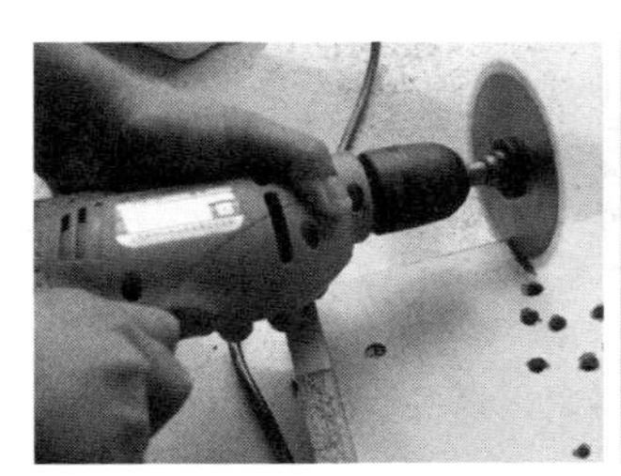

a) 切割木头

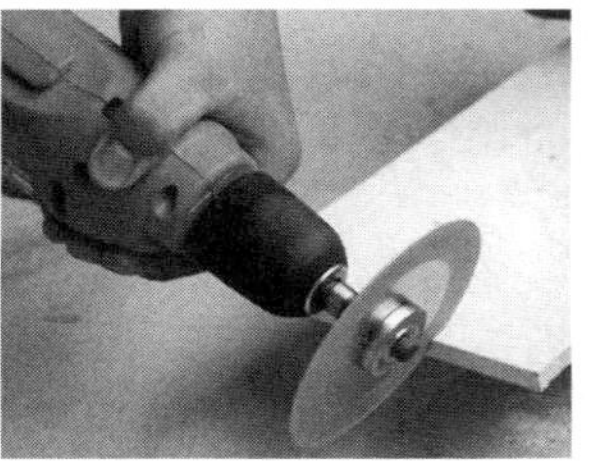

b) 切割瓷砖

c) 打磨金属

图 2-18 用电钻切割打磨物体

（7）用开孔器钻大孔

用普通的钻头可以钻孔，但钻出的孔径比较小，如果希望在铝合金、薄钢板、木制品上开大孔，可以给电钻安装开孔器。开孔器如图 2-19 所示。

2.2.2 云石切割机

1. 外形及结构

云石切割机简称云石机，是一种用来切割石材、瓷砖、砖瓦等硬质材料的工具。云石切割机外部各部分名称如图 2-20 所示。

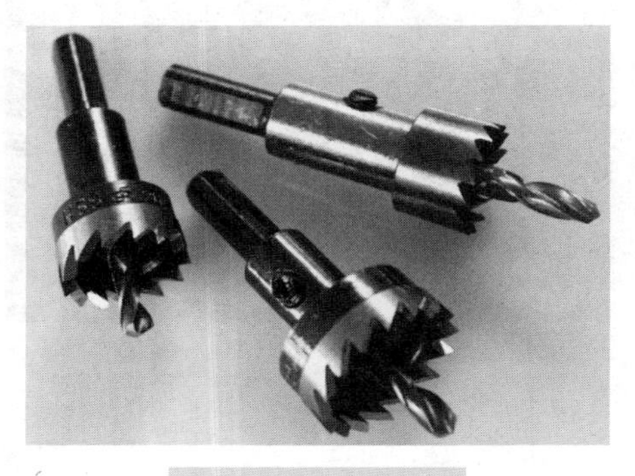

图 2-19 开孔器

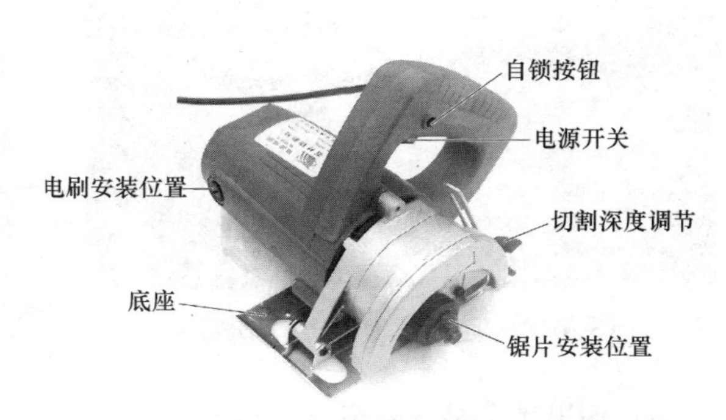

图 2-20 云石切割机外部各部分名称

2. 使用

（1）切割石材

在使用云石切割机切割石材（大理石、花岗岩和瓷砖等）时，需要给它安装石材切割片，如图 2-21 所示。

（2）切割木材

在使用云石切割机切割木材时，需要给它安装木材切割片，如图 2-22 所示。

图 2-21 石材切割片

图 2-22 木材切割片

（3）开槽

为了在墙面内敷设线管、安装接线盒和配电箱，家装电工需要在墙面上开槽，开槽常使用云石切割机。

在开槽时，应先在开槽位置用粉笔把开槽宽度以及边线确定下来，然后用云石切割机在开槽位置的边线进行切割，注意要切得深度一致、边缘整齐，最后用冲击电钻或电锤沿着云石切割机切割的宽度及深度把槽内的砖、水泥剔掉，如果要开的槽沟不宽，可不使用冲击电钻或电锤，只需用切割机在槽内多次反复切割即可。

用云石切割机开槽如图2-23所示。在切割时，切割片与墙壁摩擦会有大量的热量产生，因此在切割时要用水淋在切割位置，这样既可以给切割片降温，还能减少切割时产生的灰尘，在开槽时如果遇上钢筋，不要**切断钢筋，而要将钢筋往内打弯**。

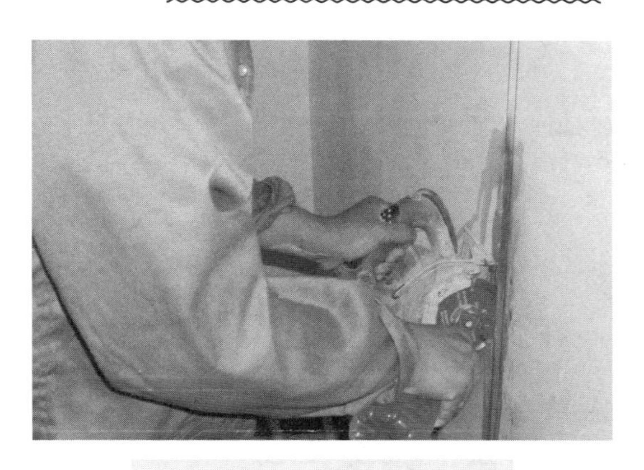

图2-23　用云石切割机开槽

2.3　常用测试工具及使用

2.3.1　氖管式测电笔

测电笔又称试电笔、验电笔和低压验电器等，**用来检验导线、电器和电气设备的金属外壳是否带电**。氖管式测电笔是一种最常用的测电笔，测试时根据内部的氖管是否发光来确定被带体是否带电。

1. 外形、结构与工作原理

（1）外形与结构

测电笔主要有笔式和螺丝刀式两种形式，其外形与结构如图2-24所示。

（2）工作原理

在检验带电体是否带电时，将测电笔探头接触带电体，手接触测电笔的金属笔挂（或金属端盖），如果带电体的电压达到一定值（交流或直流60V以上），带电体的电压通过测电笔的探头、电阻到达氖管，氖管发出红光，通过氖管的微弱电流再经弹簧、金属笔挂（或金属端盖）、人体到达大地。

在握持测电笔验电时，手一定要接触测电笔尾端的金属笔挂（或金属端盖），测电笔的正确握持方法如图2-25所示，以让测电笔通过人体到大地形成电流回路，否则测电笔氖管不亮。普通测电笔可以检验60~500V范围内的电压，在该范围内，电压越高，测电笔氖管越亮，低于60V，氖管不亮，为了安全起见，不要用普通测电笔检测高于500V的电压。

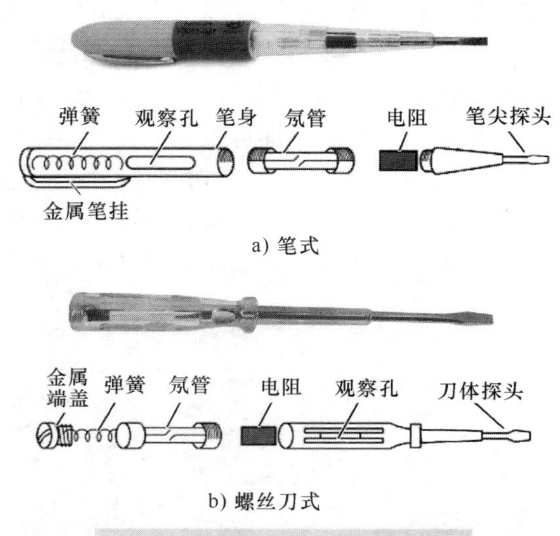

图 2-24　测电笔的外形与结构

2. 用途

在使用测电笔前，应先检查一下测电笔是否正常，即用测电笔测量带电线路，如果氖管能正常发光，表明测电笔正常。

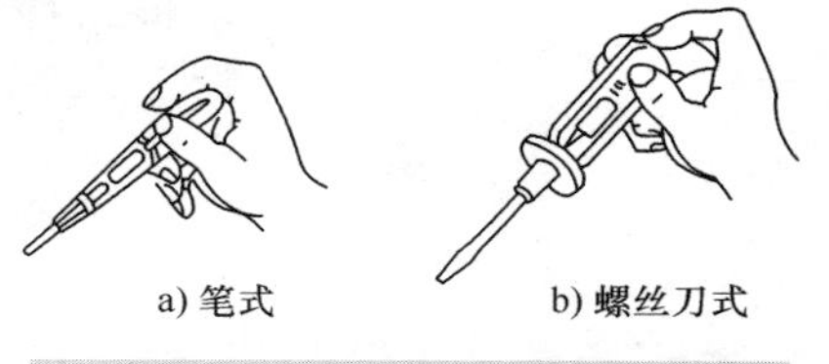

图 2-25　测电笔的正确握持方法

测电笔的主要用途如下：

1）**判断电压的有无**。在测试被测物时，如果测电笔氖管亮，表示被测物有电压存在，且电压不低于60V。用测电笔测试电动机、变压器、电动工具、洗衣机和电冰箱等电气设备的金属外壳时，如果氖管发光，说明该设备的外壳已带电（电源相线与外壳之间出现短路或漏电）。

2）**判断电压的高低**。在测试时，被测电压越高，氖管发出的发线越亮，有经验的人可以根据光线强弱判断出大致的电压范围。

3）**判断相线（火线）和零线（地线）**。测电笔测相线时氖管会亮，而测零线时氖管不亮。

4）**判断交流电和直流电**。在用测电笔测试带电体时，如果氖管的两个电极同时发光，说明所测为交流电，如果氖管的两个电极中只有一个电极发光，则所测为直流电。

5）**判断直流电的正、负极**。将测电笔连接在直流电的正负极之间，即测电笔的探头接直流电的一个极，金属笔挂接一个极，氖管发光的一端则为直流电的负极。

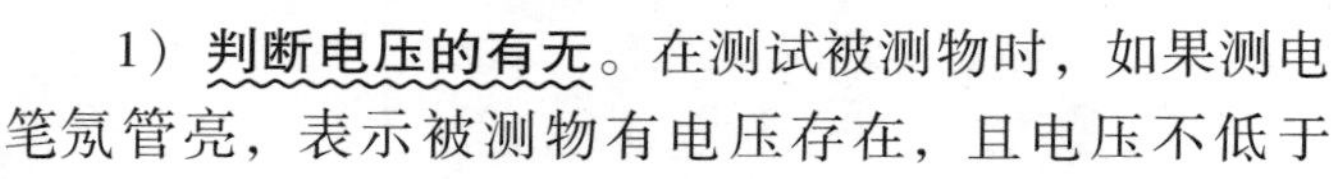

2.3.2　数显式测电笔

数显式测电笔又称感应式测电笔，它不但可以测试物体是否带电，还能显示出大致的电压范围，还有些数显测电笔可以检验出绝缘导线断线位置。

1. 外形

数显式测电笔的外形与各部分名称如图 2-26 所示。图 2-26 所示的测电笔上标有“12-240V AC. DC”，表示该测电笔可以测量 12 ~ 240V 范围内的交流或直流电压，测电笔上的两个按键均为金属材料，测量时手应按住按键不放，以形成电流回路，通常直接测量按键距离显示屏较远，而感应测量按键距离显示屏更近。

2. 使用

（1）直接测量法

直接测量法是指将**测电笔的探头直接接触被测物来判断是否带电的测量方法**。

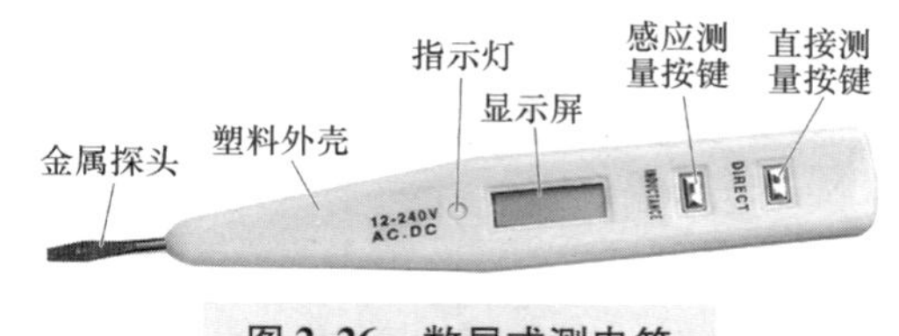

图 2-26 数显式测电笔

在使用直接测量法时，将测电笔的金属探头接触被测物，同时手按住直接测量按键（DIRECT）不放，如果被测物带电，测电笔上的指示灯会变亮，同时显示屏显示所测电压的大致值，一些测电笔可显示12V、36V、55V、110V和220V五段电压值，显示屏最后的显示数值为所测电压值（未至高端显示值的70%时，显示低端值），比如测电笔的最后显示值为110V，实际电压可能在77～154V之间。

（2）感应测量法

感应测量法是指将**测电笔的探头接近但不接触被测物，利用电压感应来判断被测物是否带电的测量方法**。在使用感应测量法时，将测电笔的金属探头靠近但不接触被测物，同时手按住感应测量按键（INDUCTANCE），如果被测物带电，测电笔上的指示灯会变亮，同时显示屏有高压符号显示。

感应测量法**非常适合判断绝缘导线内部断线位置**。在测试时，手按住测电笔的感应测量按键，将测电笔的探头接触导线绝缘层，如果指示灯亮，表示当前位置的内部芯线带电，如图2-27a所示，然后保持探头接触导线的绝缘层，并往远离供电端的方向移动，当指示灯突然熄灭、高压符号消失，表明当前位置存在断线，如图2-27b所示。

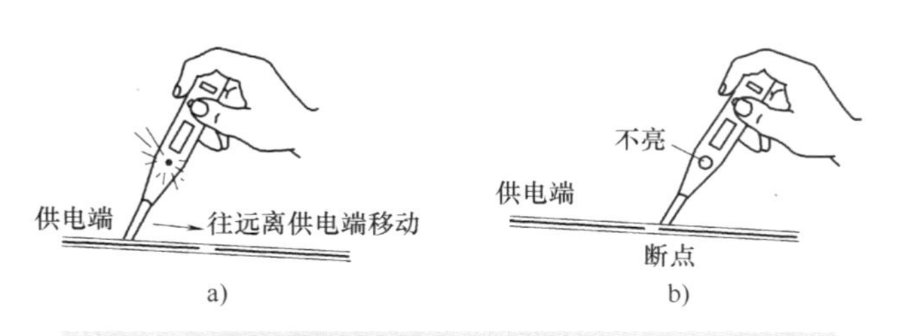

图 2-27 利用感应测量法找出绝缘导线的断线位置

感应测量法可以找出绝缘导线的断线位置、可以对绝缘导线的进行相、零线判断，还可以检查微波炉辐射及泄漏情况。

2.3.3 校验灯

1. 制作

校验灯是**用灯泡（白炽灯）连接两根导线制作而成的**，校验灯的制作如图2-28所示，校验灯使用额定电压为220V、功率为15～200W的灯泡，导线用单芯线，并将芯线的头部弯折成钩状，既可以碰触线路，也可以钩住线路。

2. 使用举例

校验灯的使用如图2-29所示。在使用校验灯时，断开相线上的熔断器，将校验灯串在熔断器位置，并将支路的 S_1、S_2、S_3 开关都断开，可能会出现以下情况：

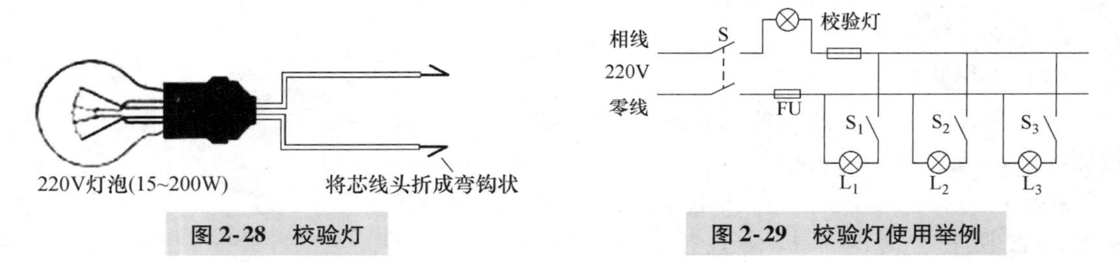

图 2-28　校验灯

图 2-29　校验灯使用举例

1）校验灯不亮，说明校验灯之后的线路无短路故障。

2）校验灯很亮（亮度与直接接在220V电压一样），说明校验灯之后的线路出现相线与零线短路，校验灯两端有220V电压。

3）校验灯不亮，如果将某支路的开关闭合（如闭合 S_1），校验灯会亮，但亮度较暗，说明该支路正常，校验灯亮度暗是因为校验灯与该支路的灯泡串联起来接在220V之间，校验灯两端的电压低于220V。

4）校验灯不亮，如果将某支路的开关闭合（如闭合 S_1），如果校验灯很亮，说明该支路出现短路（灯泡 L_1 短路），校验灯两端有220V电压。

当校验灯与其他电路串联时，其他电路功率越大，该电路的等效电阻会越小，校验灯两端的电压越高，灯泡会亮一些，比如校验灯分别与100W和200W的灯泡串联，在与200W灯泡串联时校验灯会更亮一些。

Chapter 3

第3章 住宅配电电器与电能表

3.1 刀开关与熔断器

3.1.1 刀开关

刀开关又称为开启式负荷开关、瓷底胶盖闸刀开关。它可分为单相刀开关和三相刀开关，它的外形、结构与符号如图3-1所示。刀开关除了能接通、断开电源外，其内部一般会安装熔丝，因此还能起过电流保护作用。

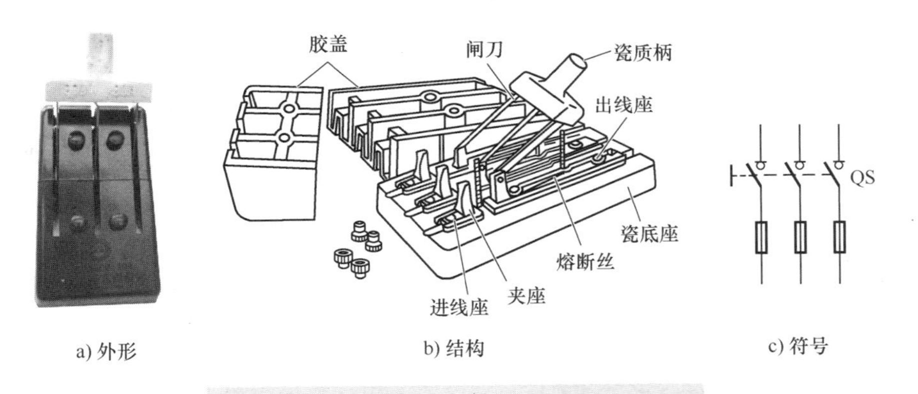

图3-1 常见的刀开关的外形、结构与符号

闸刀开关需要垂直安装，进线装在上方，出线装在下方，进出线不能接反，以免触电。由于闸刀开关没有灭电弧装置（闸刀接通或断开时产生的电火花称为电弧），因此不能用作大容量负载的通断控制。刀开关一般**用在照明电路中，也可以用作非频繁起动/停止的小容量电动机控制**。

刀开关的型号含义说明如图3-2所示。

3.1.2 熔断器

RC插入式熔断器主要用于电压在380V及以下、电流在5~200A之间的电路中，如照明电路和小容量的电动机电路中。

图 3-3 所示是一种常见的 RC 插入式熔断器。这种熔断器用在额定电流在 30A 以下的电路中时，**熔丝一般采用铅锡丝**；当用在电流为 30～100A 的电路中时，**熔丝一般采用铜丝**；当用在电流达 100A 以上的电路中时，一般用**变截面的铜片作为熔丝**。

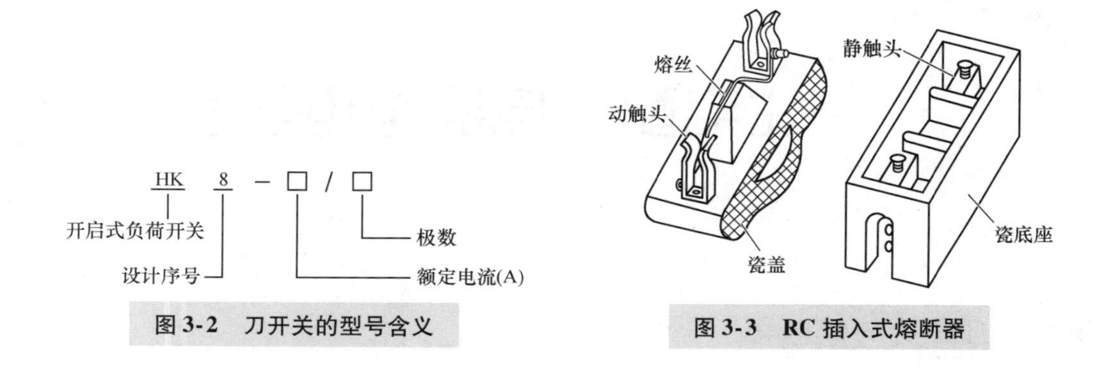

图 3-2　刀开关的型号含义

图 3-3　RC 插入式熔断器

3.2 断路器

断路器又称自动空气开关，它既能对电路进行不频繁的通断控制，又能在电路出现过载、短路和欠电压（电压过低）时自动掉闸（即自动切断电路），因此它既是一个开关电器，又是一个保护电器。

3.2.1 外形与符号

断路器种类较多，图 3-4a 是一些常用的塑料外壳式断路器，断路器的电路符号如图 3-4b 所示，从左至右依次为单极（1P）、两极（2P）和三极（3P）断路器。在断路器上标有额定电压、额定电流和工作频率等内容。

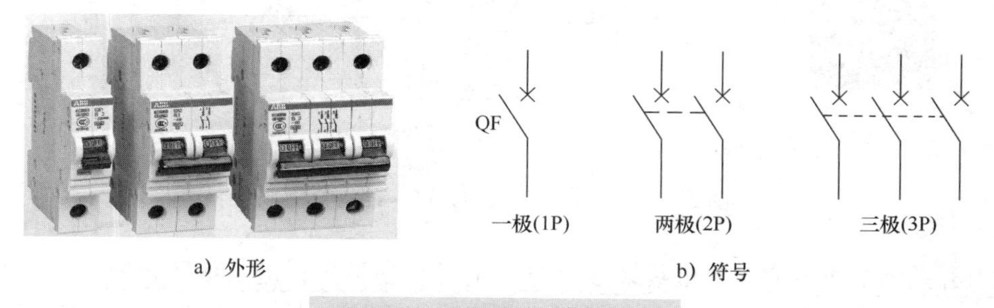

a）外形　　b）符号

图 3-4　断路器的外形与符号

3.2.2 结构与工作原理

断路器的典型结构如图 3-5 所示。该断路器是一个三相断路器，内部主要由**主触点、反力弹簧、搭钩、杠杆、电磁脱扣器、热脱扣器和欠电压脱扣器**等组成。该断路器可以实现**过电流、过热和欠电压保护**功能。

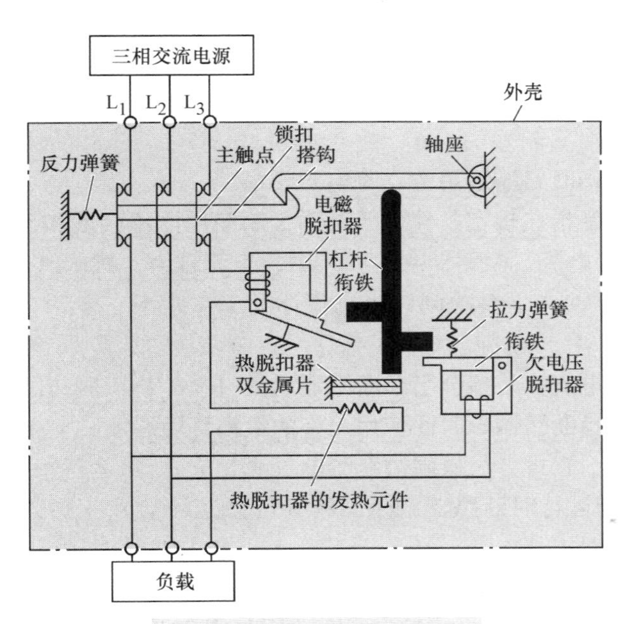

图3-5 断路器的典型结构

1. 过电流保护

三相交流电源经断路器的三个主触点和三条线路为负载提供三相交流电，其中一条线路中串接了电磁脱扣器线圈和发热元件。当负载有严重短路时，流过线路的电流很大，流过电磁脱扣器线圈的电流也很大，线圈产生很强的磁场并通过铁心吸引衔铁，衔铁动作，带动杠杆上移，两个搭钩脱离，依靠反力弹簧的作用，三个主触点的动、静触点断开，从而切断电源以保护短路的负载。

2. 过热保护

如果负载没有短路，但若长时间超负荷运行，负载比较容易损坏。虽然在这种情况下电流也较正常时大，但还不足以使电磁脱扣器动作，断路器的热保护装置可以解决这个问题。若负载长时间超负荷运行，则流过发热元件的电流长时间偏大，发热元件温度升高，它加热附近的双金属片（热脱扣器），其中上面的金属片热膨胀小，双金属片受热后向上弯曲，推动杠杆上移，使两个搭钩脱离，三个主触点的动、静触点断开，从而切断电源。

3. 欠电压保护

如果电源电压过低，则断路器也能切断电源与负载的连接，进行保护。断路器的欠电压脱扣器线圈与两条电源线连接，当三相交流电源的电压很低时，两条电源线之间的电压也很低，流过欠电压脱扣器线圈的电流小，线圈产生的磁场弱，不足以吸引住衔铁，在拉力弹簧的拉力作用下，衔铁上移，并推动杠杆上移，两个搭钩脱离，三个主触点的动、静触点断开，从而断开电源与负载的连接。

3.2.3 面板标注参数的识读

（1）主要参数

断路器的主要参数如下：

1）额定工作电压 U_e：是指**在规定条件下断路器长期使用能承受的最高电压，一般指线电压**。

2）额定绝缘电压 U_i：是指**在规定条件下断路器绝缘材料能承受最高电压**，该电压一般较**额定工作电压高**。

3）额定频率：是指**断路器适用的交流电源频率**。

4）额定电流 I_n：是指**在规定条件下断路器长期使用而不会脱扣跳闸的最大电流**。流过断路器的电流超过额定电流，断路器会脱扣跳闸，**电流越大，跳闸时间越短**，比如有的断路器电流为 $1.13I_n$ 时一小时内不会跳闸，当电流达到 $1.45I_n$ 时一小时内会跳闸，当电流达到 $10I_n$ 时会瞬间（小于 0.1s）跳闸。

5）瞬间脱扣整定电流：是指**会引起断路器瞬间（<0.1s）脱扣跳闸的动作电流**。

6）额定温度：是指**断路器长时间使用允许的最高环境温度**。

7）短路分断能力：它可分为极限短路分断能力（I_{cu}）和运行短路分断能力（I_{cs}），分别是指在极限条件下和运行时断路器触点能断开（触点不会产生熔焊、粘连等）所允许通过的最大电流。

（2）面板标注参数的识读

断路器面板上一般会标注重要的参数，在选用时要会识读这些参数含义。断路器面板标注参数的识读如图 3-6 所示。

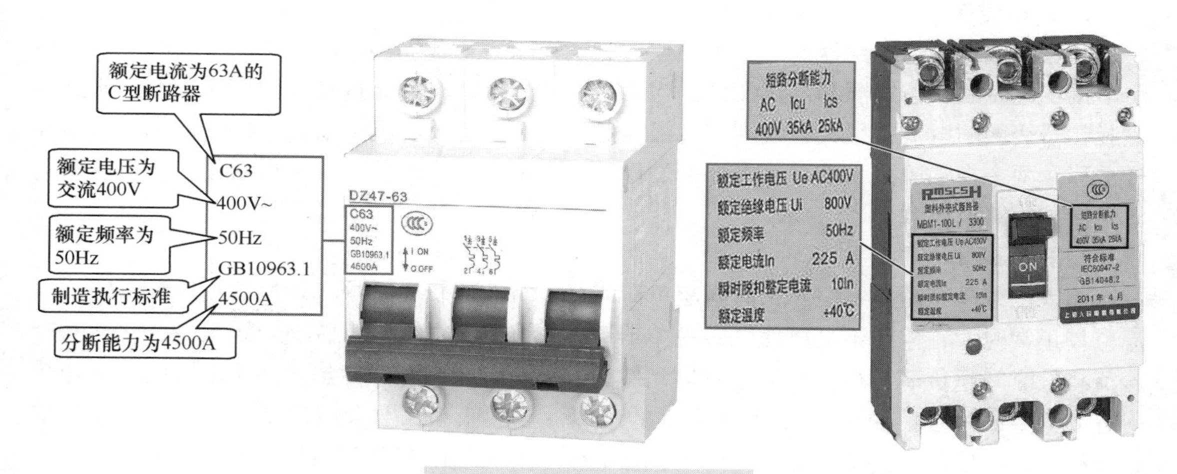

图 3-6　断路器的参数识读

3.2.4　断路器的检测

断路器检测通常使用万用表的电阻档，检测过程如图 3-7 所示，具体分以下两步：

1）将断路器上的开关拨至“OFF（断开）”位置，然后将红、黑表笔分别接断路器一路触点的两个接线端子，正常电阻应为无穷大（数字万用表显示超出量程符号“1”或“OL”），如图 3-7a 所示，接着再用同样的方法测量其他路触点的接线端子间的电阻，正常电阻均应为无穷大，若某路触点的电阻为 0 或时大时小，则表明断路器的该路触点短路或接触不良。

2）将断路器上的开关拨至“ON（闭合）”位置，然后将红、黑表笔分别接断路器一路触点的两个接线端子，正常电阻应接近 0Ω，如图 3-7b 所示，接着再用同样的方法测量其他路触点的接线端子间的电阻，正常电阻均应接近0Ω，若某路触点的电阻为无穷大或时大时小，则表明断路器的该路触点开路或接触不良。

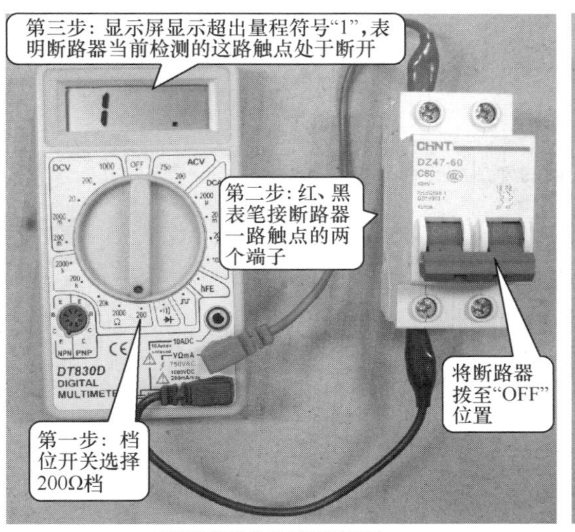

a) 断路器开关处于"OFF"时

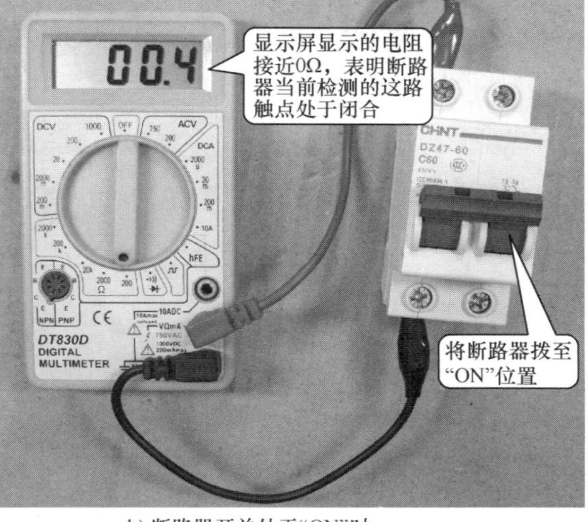

b) 断路器开关处于"ON"时

图3-7 断路器的检测

3.3 漏电保护器

断路器具有过电流、过热和欠电压保护功能，但当用电设备绝缘性能下降而出现漏电时却无保护功能，这是因为漏电电流一般较短路电流小得多，不足以使断路器跳闸。漏电保护器是一种具有断路器功能和漏电保护功能的电器，在线路出现过电流、过热、欠电压和漏电时，均会脱扣跳闸保护。

3.3.1 外形与符号

漏电保护器又称为漏电保护开关，英文缩写为RCD，其外形和符号如图3-8所示。在图3-8a中，左边的为单极漏电保护器，当后级电路出现漏电时，只切断一条L线路（N线路始终是接通的），中间的为两极漏电保护器，漏电时切断两条线路，右边的为三相漏电保护器，漏电时切断三条线路。对于图3-8a后面两种漏电保护器，其下方有两组接线端子，如果接左边的端子（需要拆下保护盖），则只能用到断路器功能，无漏电保护功能。

3.3.2 结构与工作原理

图3-9所示为漏电保护器的结构示意图。

220V的交流电压经漏电保护器内部的触点在输出端接负载（灯泡），在漏电保护器内部两根导线上缠有线圈E_1，该线圈与铁心上的线圈E_2连接，当人体没有接触导线时，流过两根导线的电流I_1、I_2大小相等，方向相反，它们产生大小相等、方向相反的磁场，这两个磁场相互抵消，穿过E_1线圈的磁场为0，E_1线圈不会产生电动势，衔铁不动作。一旦人体

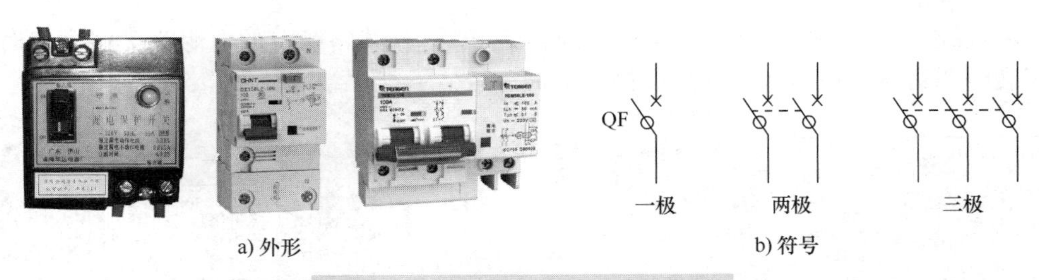

图 3-8 漏电保护器的外形与符号

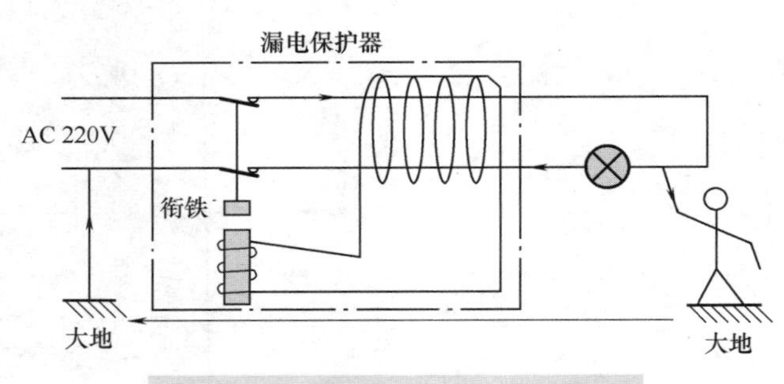

图 3-9 漏电保护器的结构示意图

接触导线，如图所示，一部分电流（漏电电流）会经人体直接到地，再通过大地回到电源的另一端，这样流过漏电保护器内部两根导线的电流 I_1、I_2 就不相等，它们产生的磁场也就不相等，不能完全抵消，即两根导线上的 E_1 线圈有磁场通过，线圈会产生电流，电流流入铁心上的 E_2 线圈，E_2 线圈产生磁场吸引衔铁而脱扣跳闸，将触点断开，切断供电，触电的人就得到了保护。

为了在不漏电的情况下检验漏电保护器的漏电保护功能是否正常，漏电保护器一般设有"TEST（测试）"按钮，当按下该按钮时，L 线上的一部分电流通过按钮、电阻流到 N 线上，这样流过 E_1 线圈内部的两根导线的电流不相等（$I_2 > I_1$），E_1 线圈产生电动势，有电流过 E_2 线圈，衔铁动作而脱扣跳闸，将内部触点断开。如果测试按钮无法闭合或电阻开路，测试时漏电保护器不会动作，但使用时发生漏电会动作。

3.3.3 在不同供电系统中的接线

漏电保护器在不同供电系统中的接线方法如图 3-10 所示。

3.3.4 面板介绍及漏电模拟测试

1. 面板介绍

漏电保护器的面板介绍如图 3-11 所示，左边为断路器部分，右边为漏电保护部分，漏电保护部分的主要参数有漏电保护的动作电流和动作时间，对于人体来说，30mA 以下是安全电流，动作电流一般不要大于 30mA。

2. 漏电模拟测试

在使用漏电保护器时，先要对其进行漏电测试。漏电保护器的漏电测试操作如图 3-12 所示。

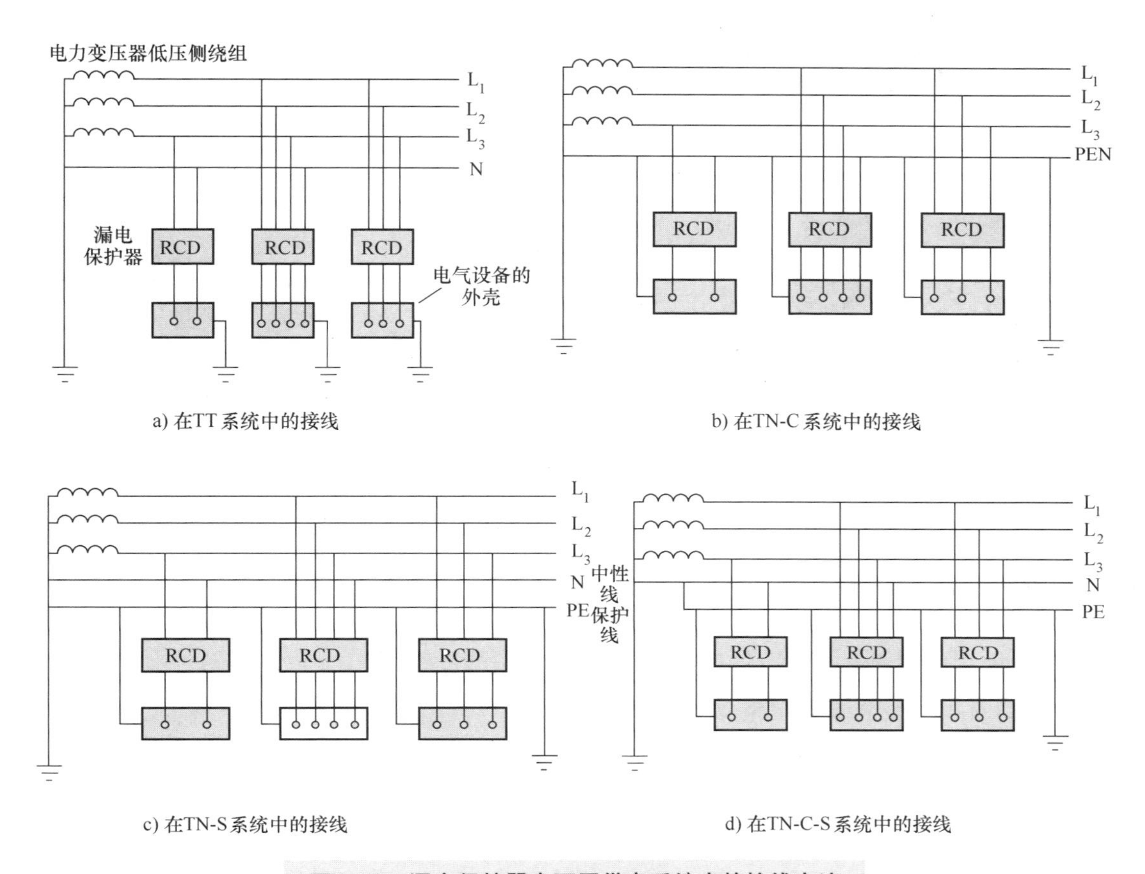

图 3-10　漏电保护器在不同供电系统中的接线方法

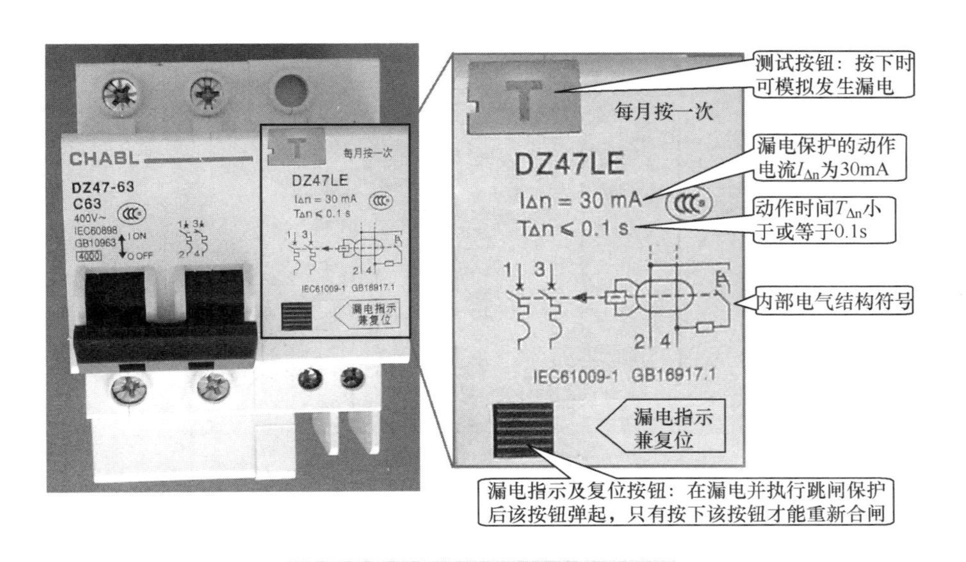

图 3-11　漏电保护器的面板介绍

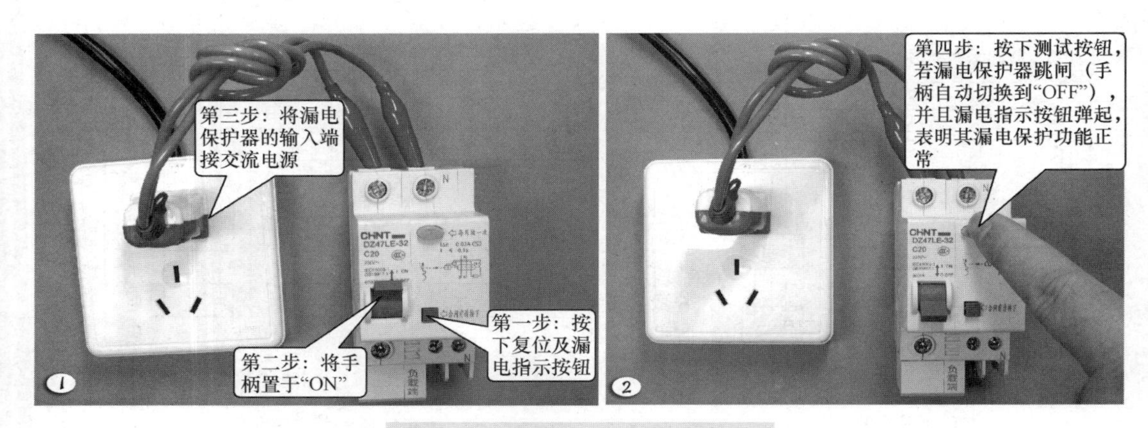

图 3-12　漏电保护器的漏电测试

3.3.5　检测

1. 输入输出端的通断检测

漏电保护器的输入输出端的通断检测与断路器基本相同，即将开关分别置于“ON”和“OFF”位置，分别测量输入端与对应输出端之间的电阻。

在检测时，先将漏电保护器的开关置于“ON”位置，用万用表测量输入与对应输出端之间的电阻，正常正常应接近0Ω，如图3-13所示；再将开关置于于“OFF”位置，测量输入与对应输出端之间的电阻，正常应为无穷大（数字万用表显示超出量程符号“1”或“OL”）。若检测与上述不符，则漏电保护器损坏。

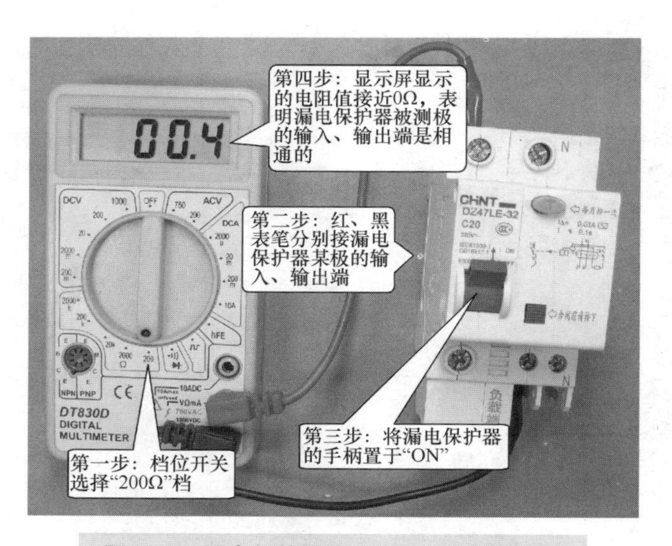

图 3-13　漏电保护器输入输出端的通断检测

2. 漏电测试线路的检测

在按压漏电保护器的测试按钮进行漏电测试时，若漏电保护器无跳闸保护动作，可能是漏电测试线路故障，也可能是其他故障（如内部机械类故障），如果仅是内部漏电测试线路出现故障导致漏电测试不跳闸，这样的漏电保护器还可继续使用。

漏电保护器的漏电测试线路比较简单，如图 3-9 所示，它主要由一个测试按钮开关和一个电阻构成。漏电保护器的漏电测试线路检测如图 3-14 所示，如果按下测试按钮测得电阻为无穷大，则可能是按钮开关开路或电阻开路。

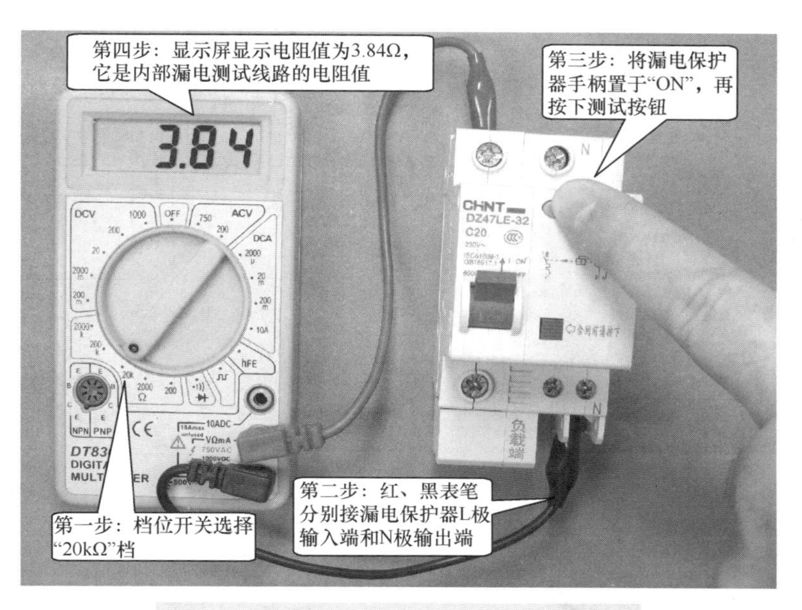

图 3-14　漏电保护器的漏电测试线路检测

3.4　电能表

电能表又称电度表、火表等，它是一种用来计算用电量（电能）的测量仪表。电能表可分为单相电能表和三相电能表，分别用在单相和三相交流电路中。

根据结构和原理不同，电度表可分为机械式电能表和电子式电能表。机械式电能表又称感应式电能表，它是利用电磁感应产生力矩来驱动计数机构对电能进行计量。电子式电能表是利用电子电路驱动计数机构来对电能进行计量。

3.4.1　机械式电能表的结构与原理

1. 单相机械式电能表

单相机械式电能表的外形及内部结构如图 3-15 所示。

2. 三相三线机械式电能表

三相三线机械式电能表的外形与内部结构如图 3-16 所示。从图中可以看出，三相三线式电能表有两组与单相电能表一样的元件，这两组元件共用一根转轴、减速齿轮和计数器，在工作时，两组元件的铝盘共同带动转轴运转，通过齿轮驱动计数器进行计数。

三相四线式电能表的结构与三相三线式电能表类似，但它内部有三组元件共同来驱动计

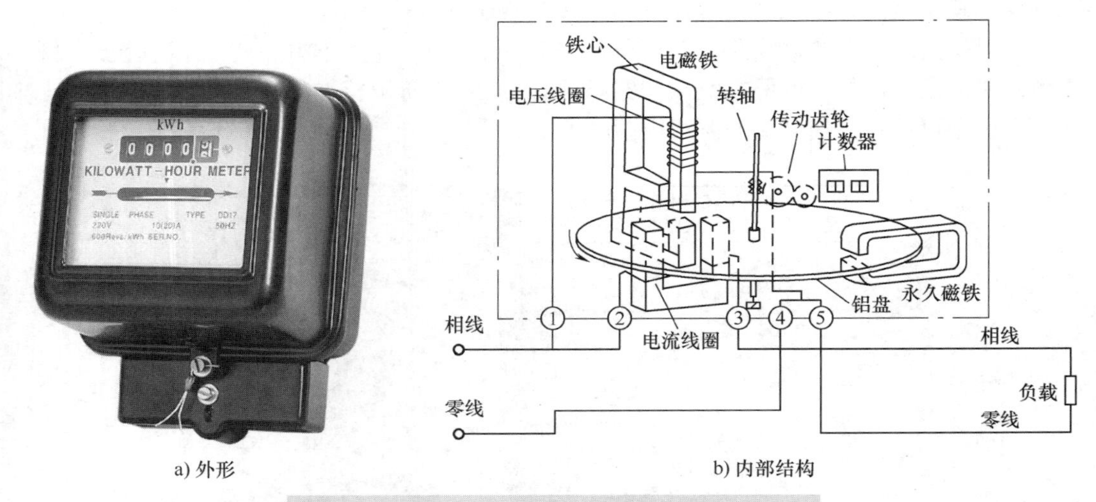

a) 外形　　b) 内部结构

图 3-15　单相机械式电能表的外形及内部结构

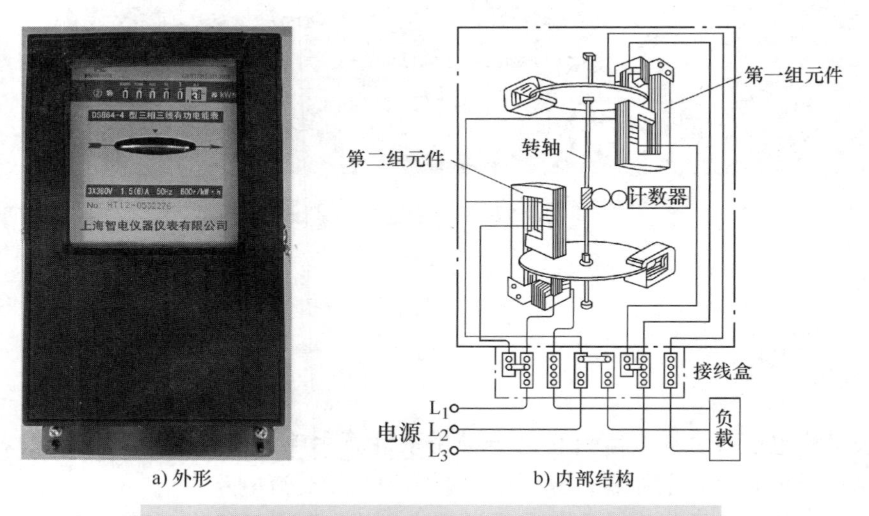

a) 外形　　b) 内部结构

图 3-16　三相三线机械式电能表的外形与内部结构

数机构。

3.4.2　电能表的接线方式

电能表在使用时，要与线路正确连接才能正常工作，如果连接错误，轻则会出现电量计数错误，重则会烧坏电能表。在接线时，除了要注意一般的规律外，还要认真查看电能表接线说明图，并按照说明图接线。

1. 单相电能表的接线

单相电能表的接线如图 3-17 所示。

图 3-17b 中圆圈上的粗水平线表示电流线圈，其线径粗、匝数小、阻值小（接近零欧），在接线时，要串接在电源相线和负载之间；圆圈上的细垂直线表示电压线圈，其线径细、匝数多、阻值大（用万用表欧姆档测量时为几百至几千欧），在接线时，要接在电源相

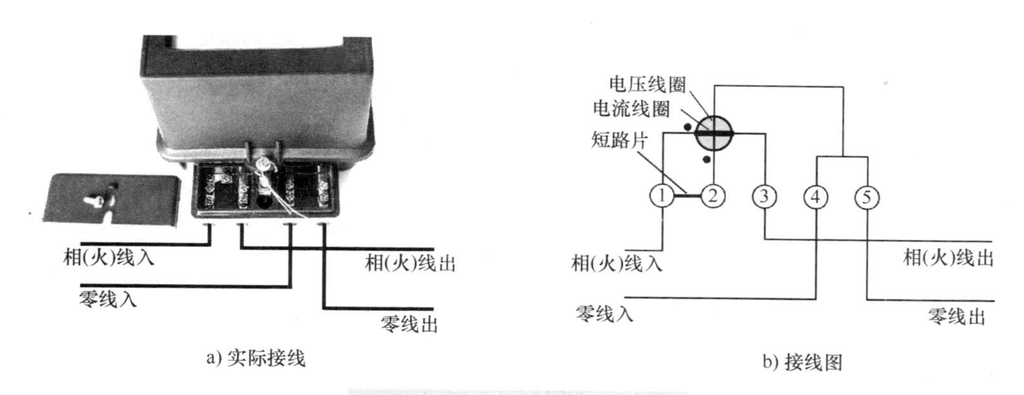

图 3-17　单相电能表的接线

线和零线之间。另外，电能表电压线圈、电流线圈的电源端（该端一般标有圆点）应共同接电源进线。

2. 三相电能表的接线方式

三相电能表可分为三相三线式电能表和三相四线式电能表，它们的接线方式如图 3-18 所示。

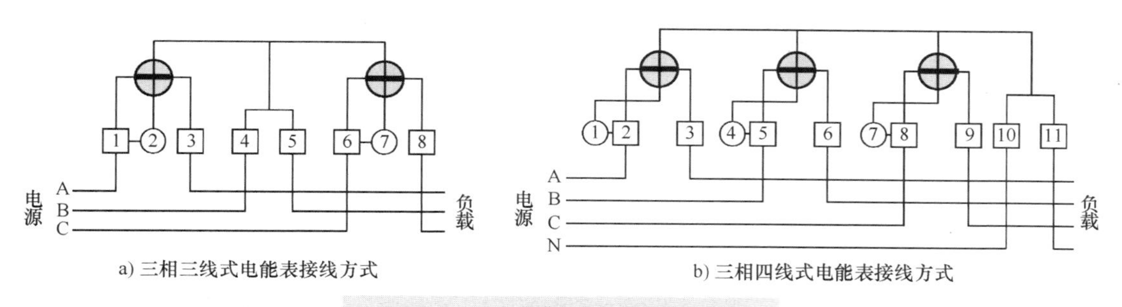

图 3-18　三相电能表常见的接线方式

3.4.3　电子式电能表

电子式电能表内部采用电子电路构成测量电路来对电能进行测量，与机械式电能表比较，电子式电能表具有精度高、可靠性好、功耗低、过载能力强、体积小和重量轻等优点。有的电子式电能表采用一些先进的电子测量电路，故可以实现很多智能化的电能测量功能。常见的电子式电能表有普通的电子式电能表、电子式预付费电能表和电子式多费率电能表等。

1. 普通的电子式电能表

普通的电子式电能表采用了电子测量电路来对电能进行测量。根据显示方式来分，它可以分为滚轮显示电能表和液晶显示电能表。图 3-19 列出了两种类型的电子式电能表。

滚轮显示电子式电能表内部没有铝盘，不能带动滚轮计数器，在其内部采用了一个小型步进电动机，在测量时，电能表每通过一定的电量，测量电路会产生一个脉冲，该脉冲去驱动电机旋转一定的角度，带动滚轮计数器转动来进行计数。图 3-19 左方的电子式电能表的电表常数为 3200imp/kW · h（脉冲数/千瓦时），表示电能表的测量电路需要产生 3200 个脉冲才能让滚轮计数器计量一度电，即当电能表通过的电量为 1/3200 千瓦时时，测量电路才会产生一个脉冲去滚轮计数器。

液晶显示电子式电能表则是由测量电路输出显示信号，直接驱动液晶显示器显示电量数值。

电子式电能表的接线与机械式电能表基本相同，这里不再叙述，为确保接线准确无误，可查看电能表附带的说明书。

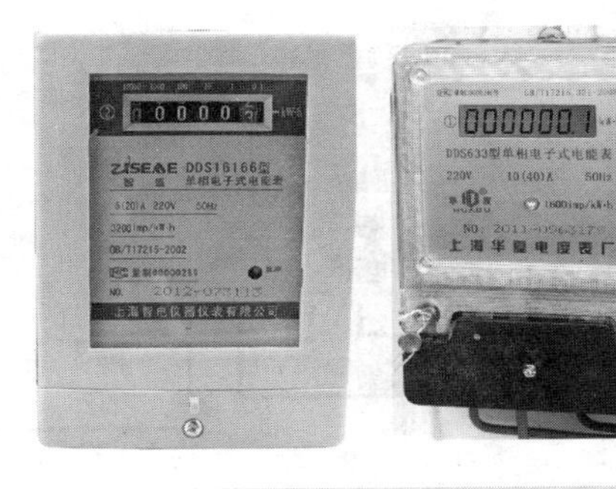

图 3-19　两种类型的普通电子电能表

2. 电子式预付费电能表

电子式预付费电能表是一种先缴电费再用电的电能表。图 3-20 所示就是电子式预付费电能表。

这种电能表内部采用了微处理器（CPU）、存储器、通信接口电路和继电器等。它在使用前，需先将已充值的购电卡插入电能表的插槽，在内部 CPU 的控制下，购电卡中的数据被读入电能表的存储器，并在显示器上显示可使用的电量值。在用电过程中，显示器上的电量值会根据电能的使用量而减少，当电量值减小到 0 时，CPU 会通过电路控制内部继电器开路，输入电能表的电能因继电器开路而无法输出，从而切断了用户的供电。

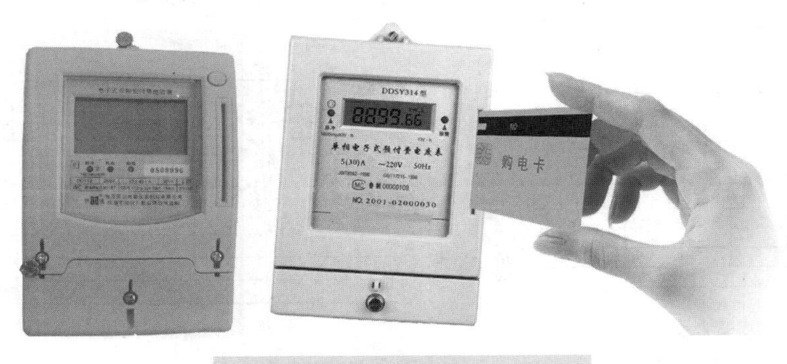

图 3-20　电子式预付费电能表

3. 电子式多费率电能表

电子式多费率电能表又称分时计费电能表，它可以实现不同时段执行不同的计费标准。图 3-21 所示是一种电子式多费率电能表，这种电能表依靠内部的单片机进行分时段计费控制，还可以显示出峰、平、谷电量和总电量等数据。

4. 电子式电能表与机械式电能表的区别

电子式电能表与机械式电能表可以从以下几个方面进行区别：

1）查看面板上有无铝盘。电子式电能表没有铝盘，而机械式电能表面板上可以看到铝盘。

2）查看面板型号。电子式电能表型号的第 3 位含有 S 字母，而机械式电能表没有，如 DDS633 为电子式电能表。

3）查看电表常数单位。电子式电能表的电表常数单位为 imp/kW·h（脉冲数/千瓦时），机械式电能表的电表

图 3-21　电子式多费率电能表

常数单位为 r/kW · h（转数/千瓦时）。

3.4.4 电能表型号与铭牌含义

1. 型号含义

电能表的型号一般由 5 部分组成，各部分意义如下：

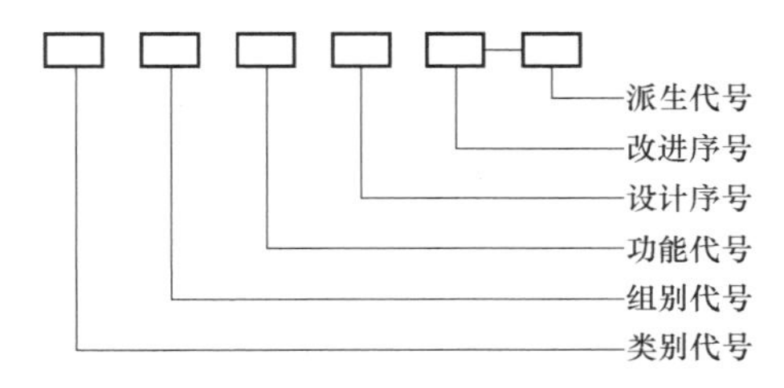

1）类别代号：D-电能表。

2）组别代号：A-安培小时计；B-标准；D-单相电能表；F-伏特小时计；J-直流；S-三相三线；T-三相四线；X-无功。

3）功能代号：F-分时计费；S-电子式；Y-预付费式；D-多功能；M-脉冲式；Z-最大需量。

4）设计序号：一般用数字表示。

5）改进序号：一般用汉语拼音字母表示。

6）派生代号：T-湿热、干热两用；TH-湿热专用；TA-干热专用；G-高原用；H-船用；F-化工防腐。

电能表的形式和功能很多，各厂家在型号命名上也不尽完全相同，大多数电能表只用两个字母表示其功能和用途。一些特殊功能或电子式的电能表多用三个字母表示其功能和用途。

举例如下：

① DD28 表示单相电能表。D-电能表，D-单相，28-设计序号。

② DS862 表示三相三线有功电能表。D-电能表，S-三相三线，86-设计序号，2-改进序号。

2. 铭牌含义

电能表铭牌通常含有以下内容：

1）计量单位名称或符号。有功电表为“kWh（千瓦时），无功电表为“kvarh（千乏时）”。

2）电量计数器窗口。整数位和小数位用不同颜色区分，窗口各字轮均有倍乘系数，如 ×1000、×100、×10、×1、×0.1。

3）标定电流和额定最大电流。标定电流（又称基本电流）是用于确定电能表有关特性的电流值，该值越小，电能表越容易启动；额定最大电流是指仪表能满足规定计量准确度的最大电流值。当电能表通过的电流在标定电流和额定最大电流之间时，电能计量准确，当电流小于标定电流值或大于额定最大电流值时，电能计量准确度会下降。一般情况下，不允许流过电能表的电流长时间大于额定最大电流。

4）工作电压。电能表所接电源的电压。单相电能表以电压线路接线端的电压表示，如

220V；三相三线电能表以相数乘以线电压表示，如 3×380V；三相四线电能表以相数乘以相电压/线电压表示，如 3×220/380V。

5）工作频率。电能表所接电源的工作频率。

6）电表常数。它是指电能表记录的电能和相应的转数或脉冲数之间关系的常数。机械式电能表以 r/kW·h（转数/千瓦时）为单位，表示计量 1 千瓦时（1 度电）电量时的铝盘的转数，电子式电能表以 imp/kW·h（脉冲数/千瓦时）为单位。

7）型号。

8）制造厂名。

图 3-22 是一个单相机械电能表，其铭牌含义见标注。

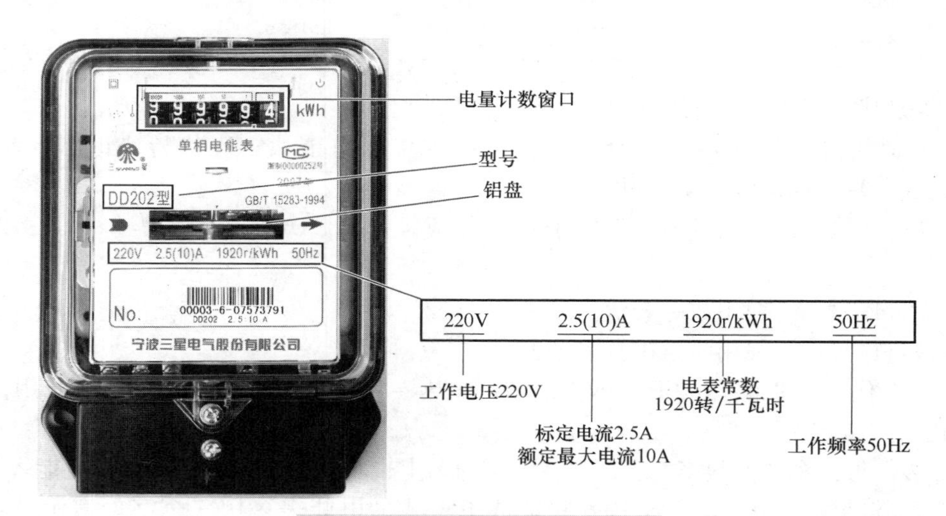

图 3-22 电能表铭牌含义说明

Chapter 4

第 4 章 住宅配电线路的设计规划

4.1 住宅供配电系统

4.1.1 电能的传输环节

一般住宅用户的用电由当地电网提供，而当地电网的电能来自发电站。发电站的电能传输到用户的环节如图 4-1 所示，发电站的发电机输出的电压先经升压变压器升至 220kV，然后通过高压输电线进行远距离传输，到达用电区后，先送到一次高压变电所，由降压变压器将 220kV 电压降压成 110 kV 电压，接着送到二次高压变压所，由降压变压器将 110kV 电压降压成 10 kV 电压，10kV 电压一部分送到需要高压的工厂使用，另一部分送到低压变电所，由降压变压器将 10kV 电压降压成 220/380V 电压，提供给一般用户使用。

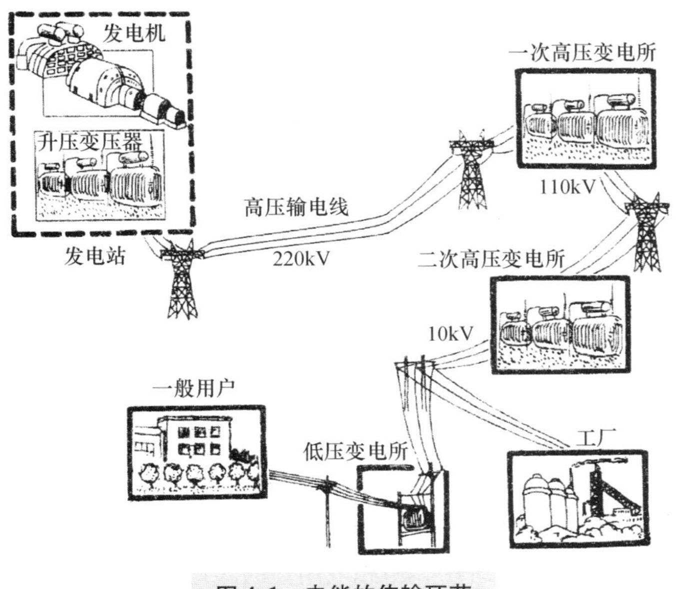

图 4-1 电能的传输环节

4.1.2 TN-C 供电方式和 TN-S 供电方式

住宅用户使用220/380V 电压，它由低压变电所（或小区配电房）提供，低压变电所的降压变压器将 10kV 的交流电压转换成 220/380V 的交流电压，然后提供给用户。低压变电所为住宅用户供电主要有两种方式：**TN-C 供电方式（三相四线制）和 TN-S 供电方式（三相五线制）**。

1. TN-C 供电方式

TN-C 供电方式属于**三相四线制**，如图 4-2 所示。在该种供电方式中，中性线直接与大地连接，并且接地线和中性线合二为一（即只有一根接地的中性线，无接地线）。TN-C 供电方式常用在**低压公用电网及农村集体电网等小负荷系统**。

在图 4-2 所示的 TN-C 供电系统中，低压变电所的降压变压器将 10kV 电压降为 220/380V（相线与中性线之间的电压为 220V，相线之间的电压为 380V），为了平衡变压器输出电能，将 L_1 相电源分配给 A、B 村庄，将 L_2 相电源分配给 C、D 村庄，将 L_3 相电源分配给 E、F 村庄，将 L_1、L_2、L_3 三相电源提供给三相电用户，每个村庄的入户线为两根，而三相电用户的输入线有 4 根。电能表分别用来计量各个村庄及三相用户的用电量，断路器分别用来切换各个村庄和三相用户的用电。图中点画线框内的部分通常设在低压变电所。

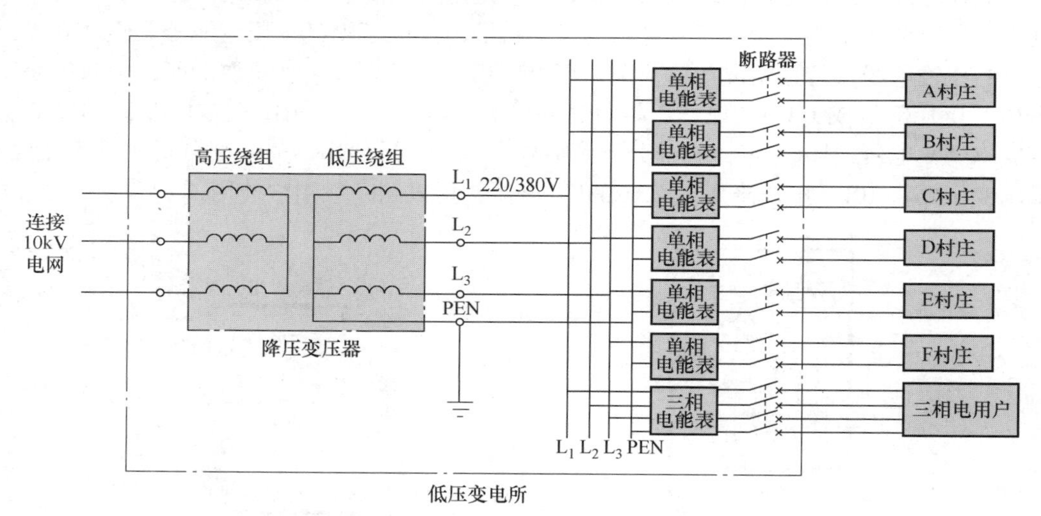

图 4-2 TN-C 供电方式

2. TN-S 供电方式

TN-S 供电方式属于**三相五线制**，如图 4-3 所示。在该种供电方式中，中性线和接地线是分开的。在送电端，中性线和地线都与大地连接。在正常情况下，中性线与相线构成回路，有电流流过，而接地线无电流流过。**TN-S 供电方式的安全性能好**，欧美各国普遍采用这种供电方式，我国也在逐步推广采用，一些城市小区普遍采用这种供电方式。

在图 4-3 所示的 TN-S 供电系统中，单相电用户的入户线有三根（相线、中性线和接地线），三相电用户输入线有五根（三根相线、一根中性线和一根接地线）。电能表分别用来计量各幢楼及三相用户的用电量，断路器分别用来切换各幢楼及三相用户的用电。图中点画线框内的部分通常设在小区的配电房内。

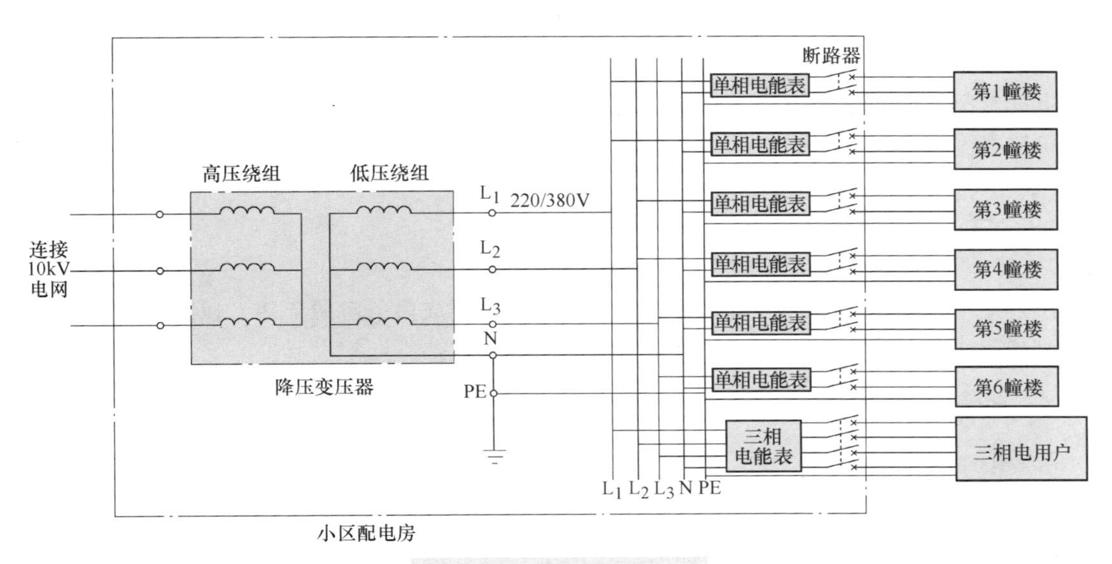

图4-3 TN-S供电方式

4.1.3 用户配电系统

当配电房将电源送到某幢楼时，就需要开始为每个用户分配电源。图4-4是一幢8层共

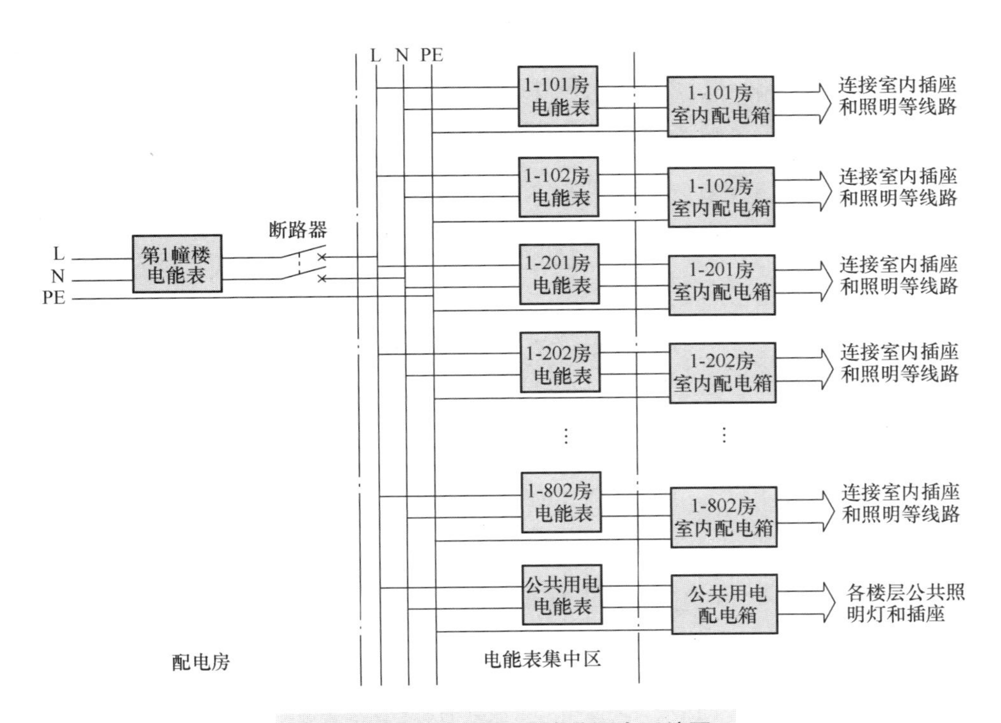

图4-4 一幢8层16用户的配电系统图

16 个用户的配电系统图。楼电能表用于计量整幢楼的用电量，断路器用于接通或切断整幢楼的用电，整幢楼的每户都安装有电能表，用于计量每户的用电量。为了便于管理，这些电能表一般集中安装在一起（如安装在楼梯间或地下车库），用户可到电能表集中区查看电量。电能表的输出端接至室内配电箱，用户可根据需要，在室内配电箱安装多个断路器、漏电保护器等配电电器。

4.2 住宅常用配电方式与配电原则

住宅配电是指**根据一定的方式将住宅入户电源分配成多条电源支路，以提供给室内各处的插座和照明灯具**。下面介绍三种住宅常用的配电方式。

4.2.1 按家用电器的类型分配电源支路

可根据家用电器类型，从室内配电箱分出照明、电热、厨房电器、空调器等若干支路（或称回路）。由于该方式将不同类型的用电器分配在不同支路内，当某类型用电器发生故障需停电检修时，不会影响其他电器的正常供电。这种配电方式**敷设线路长，施工工作量较大，造价相对较高**。

图 4-5 采用了按家用电器的类型来分配电源支路。三根入户线中的 L、N 线进入配电箱后先接用户总开关，厨房的用电器较多且环境潮湿，故用漏电保护器单独分出一条支路；一般住宅都有多台空调器，由于空调器功率大，可分为两条支路（如一路接到客厅大功率柜式空调插座，另一条接到几个房间的小功率壁挂式空调器）；浴室的浴霸功率较大，也单独引出一条支路；卫生间比较潮湿，用漏电保护器单独分出一条支路；室内其他各处的插座分出两路来接，如一条支路接餐厅、客厅和过道的插座，另一条支路接三房的插座；照明灯具功率较小，故只分出一条支路接到室内各处的照明灯具。

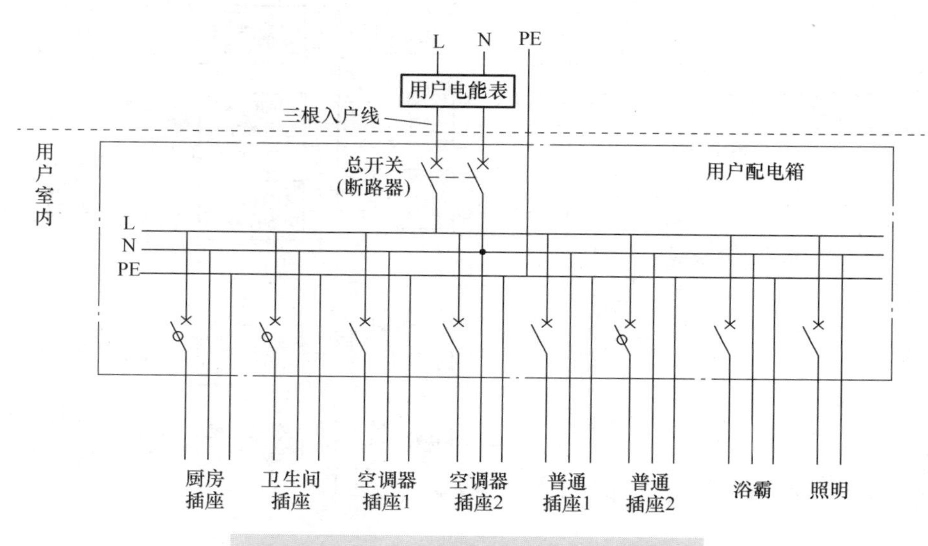

图 4-5　按家用电器的类型分配电源支路

4.2.2 按区域分配电源支路

可从室内配电箱分出客餐厅、主卧室、客书房、厨房、卫生间等若干支路。这种配电方式使各室供电相对独立，减少相互之间的干扰，一旦发生电气故障时仅影响一两处。这种配电方式敷设线路较短。图4-6采用了按室分配电源支路。

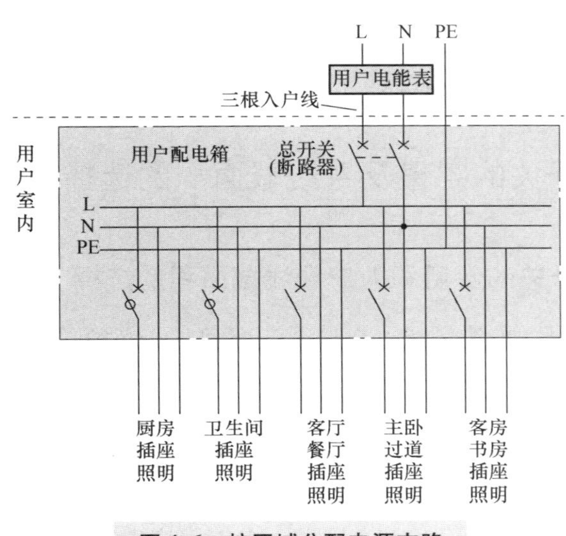

图4-6 按区域分配电源支路

4.2.3 混合型分配电源支路

除了大功率的用电器（如空调器、电热水器、电取暖器等）单独设置线路回路以外，其他各线路回路并不一定分割得十分明确，而是根据实际房型和导线走向等因素来决定各用电器所属的线路回路。这样配电对维修和处理故障有一定不便，但由于配电灵活，可有效地减少导线敷设长度，节省投资，方便施工，所以使用较广泛。

4.2.4 住宅配电的基本原则

现在的住宅用电器越来越多，为了避免某一电器出现问题影响其他或整个电器的工作，需要在配电箱中将入户电源进行分配，以提供给不同的电器使用。不管采用哪种配电方式，在配电时应尽量遵循基本原则，具体如下：

1）一个线路支路的容量应**尽量在1.5kW以下**，如果单个用电器的功率在**1kW以上**，建议单独设为一个支路。

2）照明、插座**尽量分成不同的线路支路**。当插座线路连接的电气设备出现故障时，只会使该支路的电源中断，不会影响照明线路的工作，因此可以在有照明的情况下对插座线路进行检修，如果照明线路出现故障，可在插座线路接上临时照明灯具，对插座线路进行检查。

3）**照明可分成几条线路支路**。当一条照明线路出现故障时，不会影响其他的照明线路工作，在配电时，可按不同的房间搭配分成两或三条照明线路。

4）对于大功率用电器（如空调器、电热水器、电磁灶等），**尽量一个电器分配一个线路支路，并且线路应选用截面积较大的导线**。如果多台大功率电器合用一个线路，当它们同时使用时，导线会因流过的电流很大而易发热，即使导线不会马上烧坏，长期使用也会降低导线的绝缘性能。与截面积小的导线相比，截面积大的导线的电阻更小，截面积大的导线对电能损耗更小，不易发热，使用寿命更长。

5）潮湿环境（如浴室）的插座和照明灯具的线路支路必须**采取接地保护措施**。一般的插座可采用两极、三极普通插座，而潮湿环境需要用防溅三极插座，其使用的灯具如有金属外壳，则要求外壳必须接地（与 PE 线连接）。

4.3 电能表、开关的容量及导线截面积的选择

4.3.1 电能表、总开关的容量和入户导线截面积的选择

在选择电能表、总开关的容量和入户导线截面积时，必须要知道住宅用电负荷（住宅用电的最大功率），再根据用电负荷值进行合理的选择。确定住宅用电负荷的方法主要有经验法和计算法，经验法快捷但准确度稍差，计算法准确度高但稍为麻烦。

1. 用经验法选择电能表、总开关容量和入户导线截面积

经验法是根据大多数住宅用电情况总结出来的，故在大多数情况下都是适用的。表 4-1 列出一些不同住宅用户的用电负荷值和总开关、电能表应选容量值及入户导线的选用规格。例如，对于建筑面积在 $80\sim120m^2$ 的住宅用户，其用电负荷一般在 3kW 左右，负荷电流为 16A 左右，电能表容量选择 10（40）A，入户总开关额定电流选择 32A，入户线选择规格为 3 根截面积为 $10mm^2$ 的塑料铜线。

表 4-1　一些不同住宅用户的用电负荷值和总开关、电能表应选容量值及入户导线的选用规格

住宅类别	用电负荷/kW	负荷电流/A	总开关额定电流/A	电能表容量/A	进户线规格
复式楼	8	43	90	20（80）	BV-3 × $25mm^2$
高级住宅	6.7	36	70	15（60）	BV-3 × $16mm^2$
$120m^2$ 以上住宅	5.7	31	50	15（60）	BV-3 × $16mm^2$
$80\sim120m^2$ 住宅	3	16	32	10（40）	BV-3 × $10mm^2$

2. 用计算法选择电能表、总开关容量和入户导线截面积

在用计算法选择电能表、总开关和导线截面积时，先要计算出住宅用电负荷，再根据用电负荷进行选择。

用计算法选择电能表、总开关容量和导线截面积的步骤如下：

1）计算用户有功用电负荷功率 P_{js}。用户有功用电负荷功率 P_{js} 也即用户用电负荷功率。

$$用户有功用电负荷功率 P_{js} = 需求系数 K_c \times 用户所有电器的总功率 P_E$$

需求系数 K_c 又称同时使用系数，$K_c = P_{30}/P_E$，P_{30} 为 0.5h 同时使用的电器功率，同时使用 0.5h 的电器越多，需求系数越大，对于一般的住宅用户，K_c 通常取 $0.4\sim0.7$，如果用户经常同时使用 0.5h 的电器功率是总功率的一半，则需求系数 $K_c = 0.5$。

表4-2列出了一个小康住宅的各用电设备功率和总功率 P_E，由于表中的 P_E 值是一个大致范围，为了计算方便，这里取中间值 $P_E=13\text{kW}$，如果取 $K_c=0.5$，那么该住宅的有功用电负荷功率为

$$P_{js}=K_c\times P_E=0.5\times 13\text{kW}=6.5\text{kW}$$

表4-2 一个小康住宅的各用电设备功率与总功率 P_E

分类	序号	用电设备	功率/kW
照明	1	照明灯具	0.5~0.8
普通家用电器	2	电冰箱	0.2
	3	洗衣机	0.3~1.0
	4	电视机	0.3
	5	电风扇	0.1
	6	电烫斗	0.5~1.0
	7	组合音响	0.1~0.3
	8	吸湿机	0.1~0.15
	9	影视设备	0.1~0.3
厨房及洗浴电器	10	电饭煲	0.6~1.3
	11	电烤箱	0.5~1.0
	12	微波炉	0.6~1.2
	13	消毒柜	0.6~1.0
	14	抽油烟机	0.3~1.0
	15	食品加工机	0.3
	16	电热水器	0.5~1.0
空调卫生及其他	17	电取暖器	0.5~1.5
	18	吸尘器	0.2~0.5
	19	空调器	1.5~3.0
	20	计算机	0.08
	21	打印机	0.08
	22	传真机	0.06
	23	防盗保安	0.1
总计			8.39~16.24

2）计算用户用电负荷电流 I_{js}。

$$\text{用户用电负荷电流 } I_{js}=\frac{\text{用户有功用电负荷功率 } P_{js}}{\text{电源电压 } U\cos\phi}$$

$\cos\phi$ 为功率因数，一般取0.6~0.9，感性用电设备（如日光灯、含电机的电器）越多，$\cos\phi$ 取值越小。以上例的住宅为例，如果取 $\cos\phi=0.8$，那么其用户用电负荷电流为

『思』——解答疑难，清除障碍

$$I_{js}=\frac{P_{js}}{U\cos\phi}=\frac{6.5\text{kW}}{220\times0.8}\approx36.9\text{A}$$

3）选择电能表和总开关的容量。电能表和总开关的容量是以额定电流来体现的，选择时要求**电能表和总开关的额定电流大于用户用电负荷电流 I_{js}**，考虑到一些电器（如空调器）的起动电流很大，通常要求**电能表和总开关的额定电流是用电负荷电流的两倍左右**。上例中的 $I_{js}=36.9\text{A}$，那么可选择容量为15（60）A 的电能表和70A 总开关（断路器）。

4）入户导线截面积的选择。塑料铜导线的截面积可根据1A 电流对应 0.275mm^2 截面积的经验值选择。上例中的 $I_{js}=36.9\text{A}$，根据经验值可计算出塑料铜导线的截面积为 $36.9\times0.275\text{mm}^2\approx10.14\text{mm}^2$，按**1.5～2.0 倍的裕量**，即可选择截面积为 $15\sim20\text{mm}^2$ 的塑料铜导线作为入户导线。

4.3.2 支路开关的容量与支路导线截面积的选择

入户线引入配电箱后，先经过总开关，然后由支路开关分成多条支路，再通过各支路导线连接室内各处的照明灯具和开关。

配电箱的支路开关有断路器（空气开关）和漏电保护器（漏电保护开关）。断路器的功能是当所在线路或家用电器发生短路或过载时，能自动跳闸来切断本路电源，从而有效地保护这些设备免受损坏或防止事故扩大；漏电保护器除了具有断路器的功能外，还能执行漏电保护，当所在线路发生漏电或触电（如人体碰到电源线）时，能自动跳闸来切断本路电源，故对于容易出现漏电或触电的支路（如厨房、浴室支路），可使用漏电保护器作为支路开关。

支路开关的容量是**以额定电流大小来规定的**，一般小型断路器规格主要有**6A、10A、16A、20A、25A、32A、40A、50A、63A、80A、100A 等**。在选择支路开关时，要求其容量大于所在支路负荷电流，一般要求其容量是支路负荷电流的两倍左右。容量过小，支路开关容易跳闸，容量过大，起不到过载保护作用，如果选用漏电保护器作为支路开关，住宅用户一般选择**保护动作电流为30mA 漏电保护器**。支路导线的截面积也由支路电器的负荷电流来决定，如果导线截面积过小，支路电流稍大导线就可能会被烧坏，如果条件许可，导线截面积可以选得大一些，但过大会造成一定的浪费。

1. 用计算法选择支路开关和导线

在选择支路开关容量和支路导线截面积时，可采用前述总开关容量和入户线截面积选择一样的方法，只要将每条支路看成是一个用户。

用计算法选择支路开关容量和支路导线截面积的步骤如下：

1）计算分支用电负荷功率 P_{js}。

$$\text{分支用电负荷功率 } P_{js}=\text{需求系数 } K_c\times\text{分支所有电器的总功率 } P_E$$

若某分支线路的电器总功率为2kW，如果取 $K_c=0.6$，那么该住宅的有功用电负荷功率为

$$P_{js}=K_c\times P_E=0.6\times2\text{kW}=1.2\text{kW}$$

2）计算分支用电负荷电流 I_{js}。

$$\text{分支用电负荷电流 } I_{js}=\frac{\text{分支用电负荷功率 } P_{js}}{\text{电源电压 } U\cos\phi}$$

如果取 $\cos\phi=0.7$，那么分支用电负荷电流为

$$I_{js}=\frac{P_{js}}{U\cos\phi}=\frac{1.2\text{kW}}{220\times0.7}\approx7.8\text{A}$$

3）选择支路开关的容量。在选择支路开关的容量（额定电流）时，要求其大于分支用电负荷电流，一般取两倍左右的负荷电流，因此支路开关的额定电流应大于 $2I_{js}=2\times7.8\text{A}=15.6\text{A}$，由于断路器和漏电保护器的规格没有15.6A，故选择容量为16A断路器或漏电保护器作为该支路开关。

4）支路导线截面积的选择。支路导线截面积可根据1A电流对应0.275mm² 截面积的经验值选择塑料铜导线。上例中的 $I_{js}=7.8\text{A}$，根据经验值可计算出塑料铜导线的截面积为 $7.8\times0.275\text{mm}^2\approx2.145\text{mm}^2$，按1.5~2.0倍的裕量，即可选择截面积为3~4mm² 的塑料铜导线作为该路支路导线。

2. 用经验法选择支路开关和导线

用计算法选择支路开关和导线虽然精确度高一些，但比较麻烦，一般情况下，也可直接参照一些经验值来选择支路开关和导线。

下面列出了一些支路开关和导线选择的经验数据：

1）照明线路：选择10A或16A的断路器，导线截面积选择**1.5~2.5mm²**。

2）普通插座线路：选择16A或20A的断路器或漏电保护器，导线截面积选择**2.5~4mm²**。

3）空调器及浴霸等大功率线路：选择25A或32A的断路器或漏电保护器，导线截面积选择**4~6mm²**。

4.4 配电箱的安装

4.4.1 配电箱的外形与结构

家用配电箱种类很多，图4-7是一种常用的家用配电箱，拆下前盖后，可以看见配电箱的内部结构，其中部有一个导轨，用于安装断路器和漏电保护器，上部有两排接线柱，分别为地线（PE）公共接线柱和零线（N）公共接线柱。

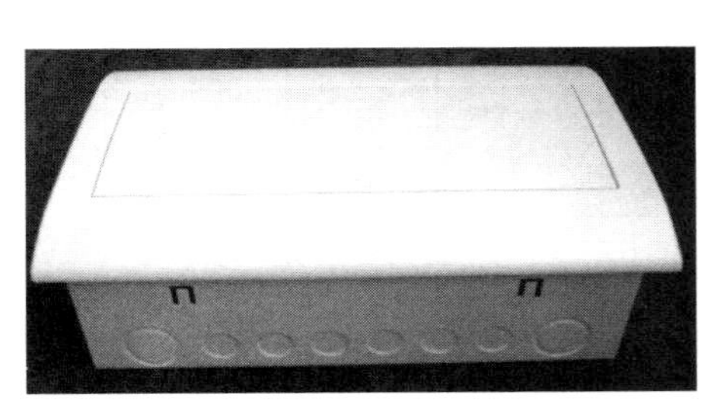

a) 侧面

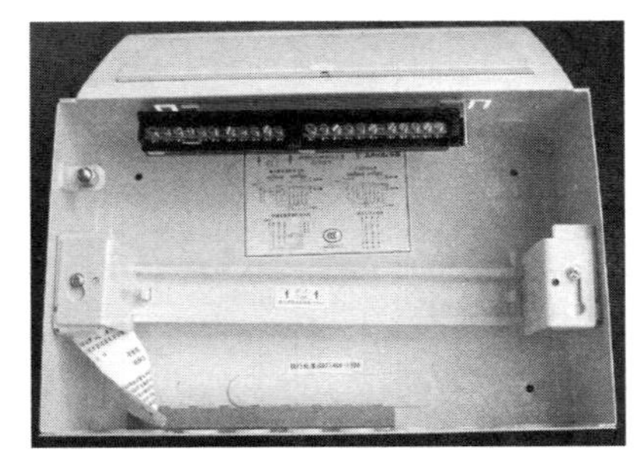

b) 内部结构(拆下前盖)

图4-7 一种常用家用配电箱

『思』——解答疑难，清除障碍

图 4-8 是一个已经安装了配电电器并接线的配电箱（未安装前盖）。

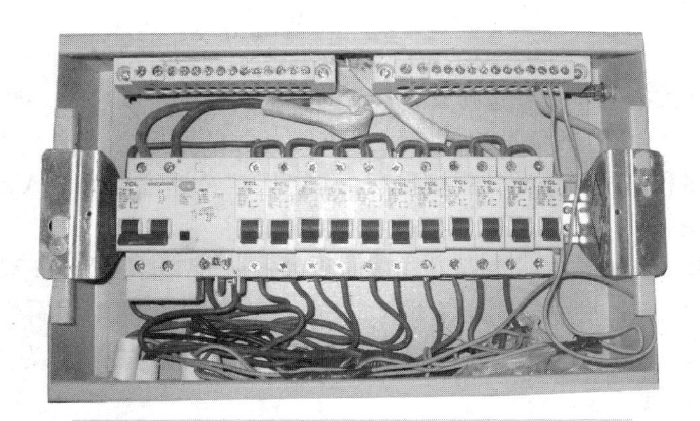

图 4-8　一个已经安装配电电器并接线的配电箱

4.4.2　配电电器的安装与接线

在配电箱中安装的配电电器主要有断路器和漏电保护器。在安装这些配电电器时，需要将它们固定在配电箱内部的导轨上，再给配电电器接线。

图 4-9 是配电箱线路原理图，图 4-10 是与之对应的配电箱的配电电器接线示意图。三根入户线（L、N、PE）进入配电箱，其中 L、N 线接到总断路器的输入端。而 PE 线直接接到地线公共接线柱（所有接线柱都是相通的），总断路器输出端的 L 线接到 3 个漏电保护器的 L 端和 5 个 1P 断路器的输入端，总断路器输出端的 N 线接到 3 个漏电保护器的 N 端和零线公共接线柱。在输出端，每个漏电保护器的两根输出线（L、N）和 1 根由地线公共接线柱引来的 PE 线组成一个分支线路，而单极断路器的一根输出线（L）和一根由零线公共接线柱引来的 N 线，再加上 1 根由地线公共接线柱引来的 PE 线组成一个分支线路，由于照明

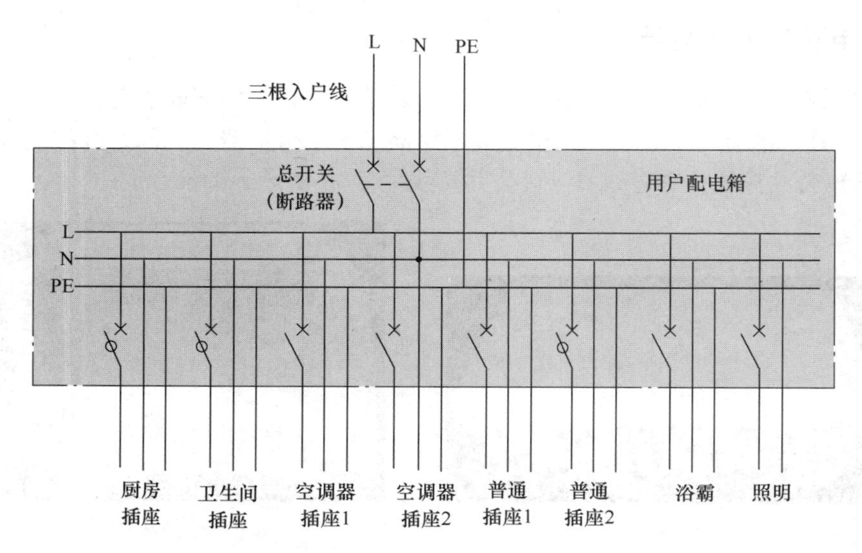

图 4-9　配电箱线路原理图

『思』——解答疑难，清除障碍

线路一般不需要地线，故该分支线路未使用PE线。

在安装住宅配电箱时，当箱体高度小于60cm时，箱体下端距离地面宜**为1.5m**；箱体高度大于60cm时，箱体上端距离地面**不宜大于2.2m**。

在配电箱接线时，对导线颜色也有规定：**相线应为黄、绿或红色**，单相线可选择其中一种颜色，零线（中性线）应**为浅蓝色**，保护地线应**为绿、黄双色导线**。

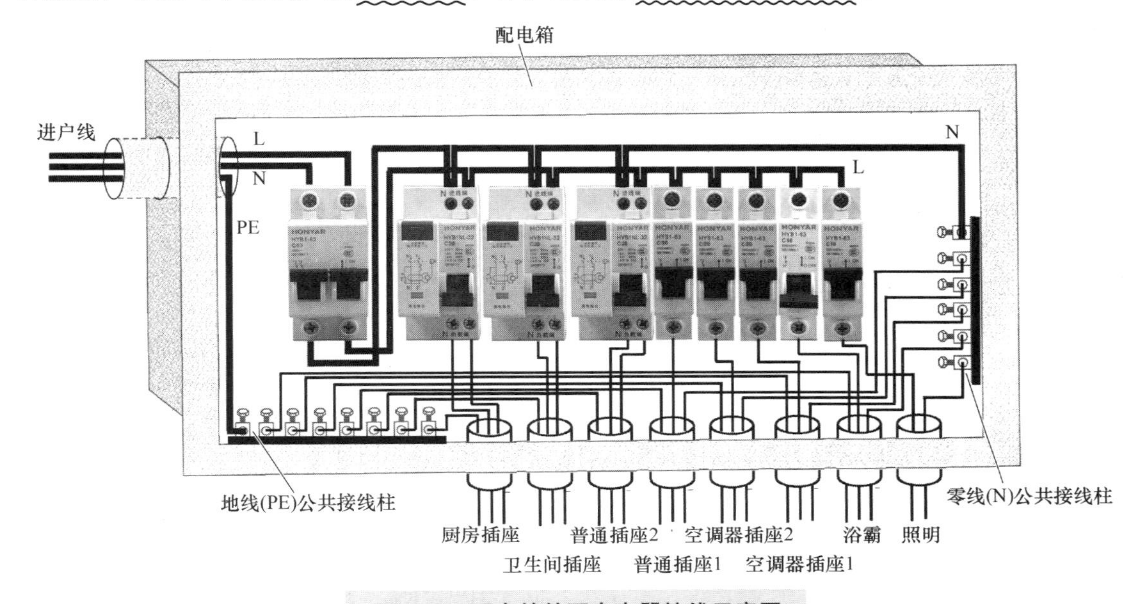

图4-10 配电箱的配电电器接线示意图

4.5 住宅配电线路的走线规划

住宅配电线路可分为照明线路和插座线路。在安装实际线路前，需要先**确定好住宅各处的开关、插座和灯具的安装位置，再规划具体线路将它们连接起来**。住宅配电线路可采用**走顶方式**，也可以采用**走地方式**。如果采用走地方式布线，需要在地面开槽埋设布线管（暗装方式布线时）；如果室内采用吊顶装修，可以选择线路走顶方式布线，将线路安排在吊顶内，能节省线路安装的施工量。住宅布线采用走地还是走顶方式，可依据实际情况，按节省线材和施工量的原则来确定，目前住宅布线采用**走地方式**更为常见。

4.5.1 照明线路的走顶与连接规划

照明线路走顶是指**将照明线路敷设在房顶、导线分支接点安排在灯具安装盒（又称底盒）内的走线方式**。图4-11所示的两室两厅的照明线路采用走顶方式，照明线路包括普通照明线路WL1和具有取暖和照明功能的浴霸线路WL2。

1. 普通照明线路WL1

配电箱的照明支路引出L、N两根导线，连接到餐厅的灯具安装盒，L、N导线再分作两路：一路连接到客厅（客厅）的灯具安装盒；另一路连接到过道的灯具安装盒。连到客厅灯具安装盒的L、N导线又分作两路：一路连接到客厅阳台的灯具安装盒；另一路连接到

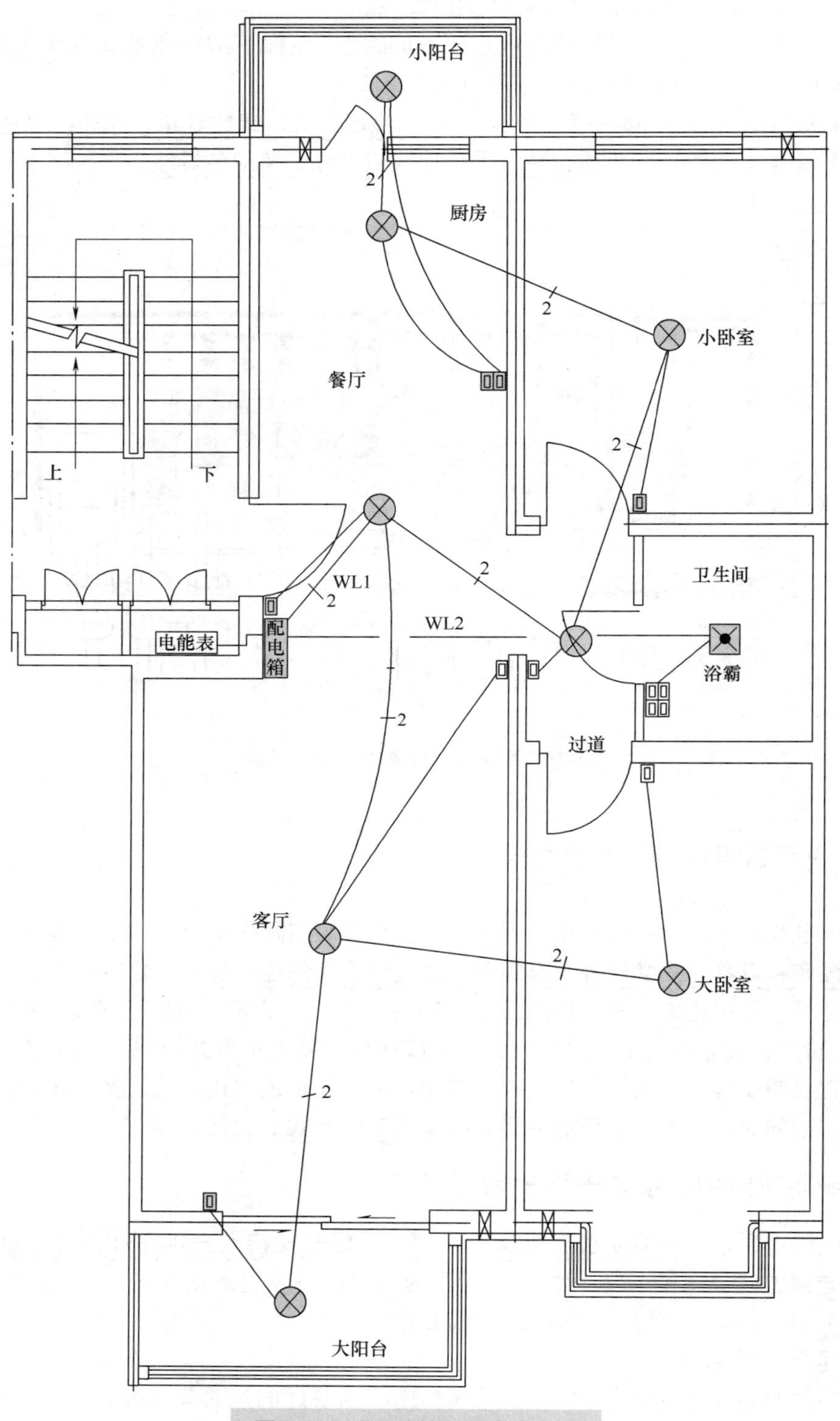

图 4-11 照明线路采用走顶方式

大卧室的灯具安装盒。连到过道灯具安装盒的 L、N 导线又去连接小卧室的灯具安装盒，L、N线连接到小卧室灯具安装盒后，再依次去连接厨房的灯具安装盒和小阳台的灯具安装盒。每个灯具都受开关控制，各处灯具的控制开关位置如图 4-11 所示，其中厨房灯具和小阳台灯具的控制开关安装在一起。

普通照明线路 WL1 采用走顶方式的灯具和开关接线如图 4-12 上方部分所示。配电箱到灯具安装盒、灯具安装盒到开关安装盒和灯具安装盒之间的连接导线都穿在护管（塑料管或钢管）中，这样导线不易损伤；护管中的导线不允许出现接头，导线的连点接应放在灯具安装盒和开关安装盒中；灯具安装盒内的零线直接接灯具的一端，而相线先引入开关安装盒，经开关后返回灯具安装盒，再接灯具的另一端。

2. 浴霸线路 WL2

浴霸是浴室用于取暖和照明的设备，由两组加热灯泡、一个照明灯泡和一个排风扇组成，故浴霸要受 4 个开关控制。

浴霸线路采用走顶方式的灯具和开关接线如图 4-12 下方部分所示，配电箱的浴霸支路

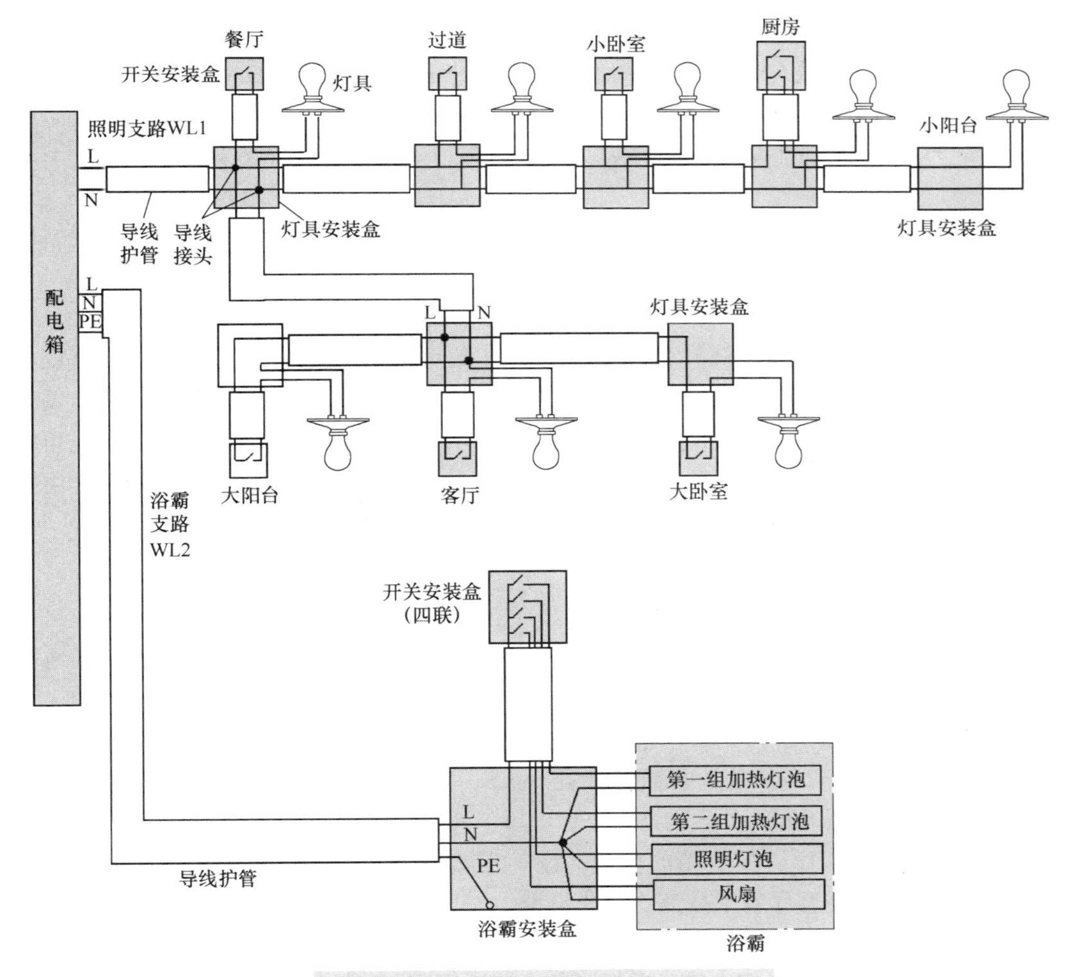

图 4-12　照明线路采用走顶方式的接线

『思』——解答疑难，清除障碍

引出 L、N 和 PE 三根导线，连接到卫生间的浴霸安装盒，PE 导线直接接安装盒中的接地点，N 导线与 4 根导线接在一起，这 4 根导线分别接浴霸的两组加热灯泡、一个照明灯泡和一个排气扇的一端，L 导线先引到开关安装盒，经 4 个开关一分为四后，4 根导线从开关安装盒返回到浴霸安装盒，分别接浴霸的两组加热灯泡、一个照明灯泡和一个排气扇的另一端。

4.5.2 照明线路的走地与连接规划

照明线路走地是指将照明线路敷设在地面、导线分支接点安排在开关安装盒内的走线方式。图 4-13 所示的两室两厅的照明线路采用走地方式。

1. 普通照明线路 WL1

配电箱的照明支路引出 L、N 两根导线，连接到餐厅的开关安装盒，开关安装盒内的 L、N 导线再分作三路：一路连接到客厅（客厅）的开关安装盒；另一路连接到过道的开关安装盒；还有一路连接到餐厅灯具安装盒。连到客厅开关安装盒的 L、N 导线又分为两路：一路连接到客厅大阳台的开关安装盒；另一路连接到客厅的灯具安装盒。连到过道开关安装盒的 L、N 导线分为三路：一路连接到大卧室的开关安装盒；一路连接到过道的灯具安装盒；还有一路连接到小卧室的开关安装盒。连接到小卧室开关安装盒的 L、N 线分作两路：一路连接到本卧室的灯具安装盒；另一路连接到厨房和小阳台的开关安装盒。

普通照明线路 WL1 采用走地方式的灯具和开关接线如图 4-14 上方部分所示，导线的分支接点全部安排在开关盒内。

2. 浴霸线路 WL2

浴霸线路采用走地方式的灯具和开关接线如图 4-14 下方部分所示，配电箱的浴霸支路引出 L、N 和 PE 3 根导线，连接到卫生间的浴霸开关安装盒，N、PE 线直接穿过开关安装盒接到浴霸安装盒，而 L 线在开关安装盒中分成 4 根，分别接 4 个开关后，4 根 L 线再接到浴霸安装盒，在浴霸安装盒中，N 导线分成 4 根，它与 4 根 L 线组成 4 对线，分别接浴霸的两组加热灯泡、一个照明灯泡和一个排气扇，PE 线接安装盒的接地点。

4.5.3 插座线路的走线与连接规划

除灯具由照明线路直接供电外，其他家用电器供电都来自插座。由于插座距离地面较近，故插座线路通常采用走地方式。

图 4-15 所示为两室两厅的插座线路的各插座位置和线路走向图，它包括普通插座线路 WL3、普通插座线路 WL4、卫生间插座线路 WL5、厨房插座线路 WL6、空调器插座线路 WL7、空调器插座线路 WL8。

普通插座 1 线路 WL3：配电箱的普通插座 1 支路引出 L、N 和 PE 3 根导线→客厅左上插座→客厅左下插座→客厅右下插座，分作两路，一路连接客厅右上插座结束，另一路连接大卧室左下插座→大卧室右下插座→大卧室右上插座。

普通插座 2 线路 WL4：配电箱的普通插座 2 支路引出 L、N 和 PE 3 根导线→餐厅插座→小卧室右下插座→小卧室右上插座→小卧室左上插座。

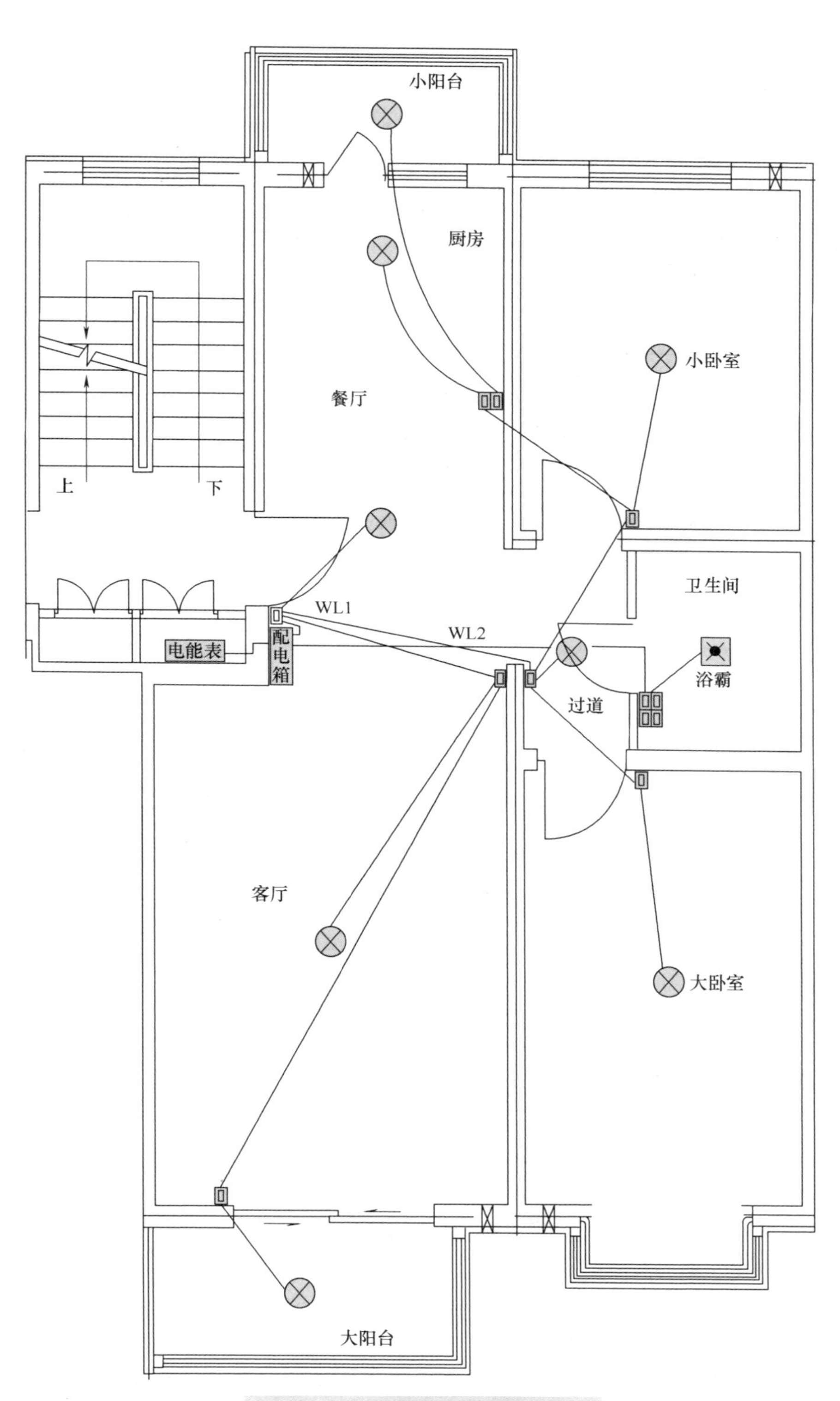

图4-13 照明线路采用走地方式

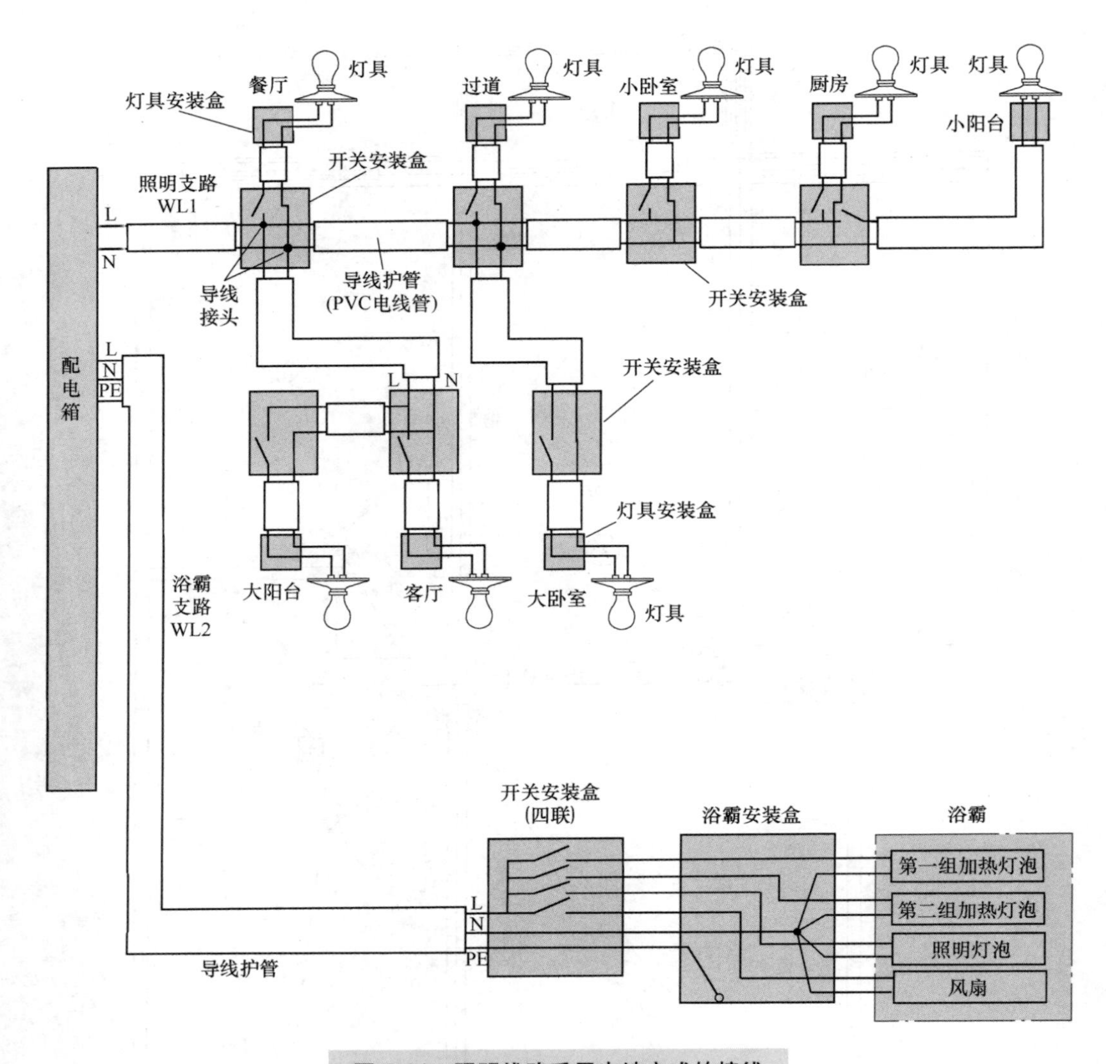

图 4-14 照明线路采用走地方式的接线

卫生间插座线路 WL5：配电箱的卫生间插座支路引出 L、N 和 PE 3 根导线→卫生间上方插座→卫生间右中插座→卫生间下方插座及该插座控制开关。

厨房插座线路 WL6：配电箱的厨房插座支路引出 L、N 和 PE 3 根导线→厨房右下插座→厨房左下插座→厨房左上插座。

空调器插座 1 线路 WL7：配电箱的空调器插座 1 支路引出 L、N 和 PE 3 根导线→客厅右下角插座（柜式空调）。

空调器插座 2 线路 WL8：配电箱的空调器插座 2 支路引出 L、N 和 PE 3 根导线→小卧室右上角插座→大卧室左下角插座。

插座线路的各插座间的接线如图 4-16 所示，插座接线要遵循“**左零（N）、右相（L）、中间地（PE）**”规则，如果插座要受开关控制，相线应先进入开关安装盒，经开关后回到插座安装盒，再接插座的右极。

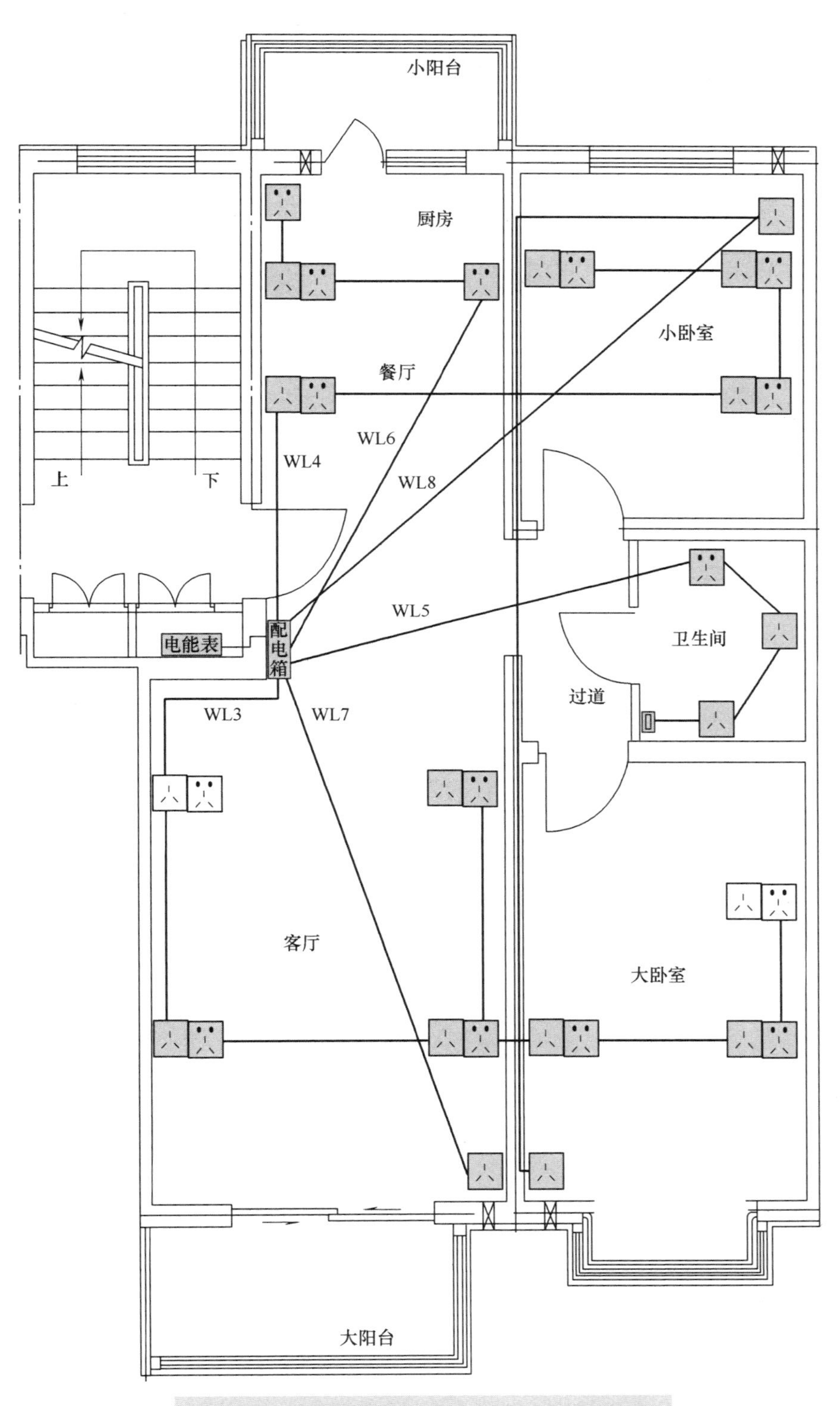

图4-15　插座线路的各插座位置和线路走向图

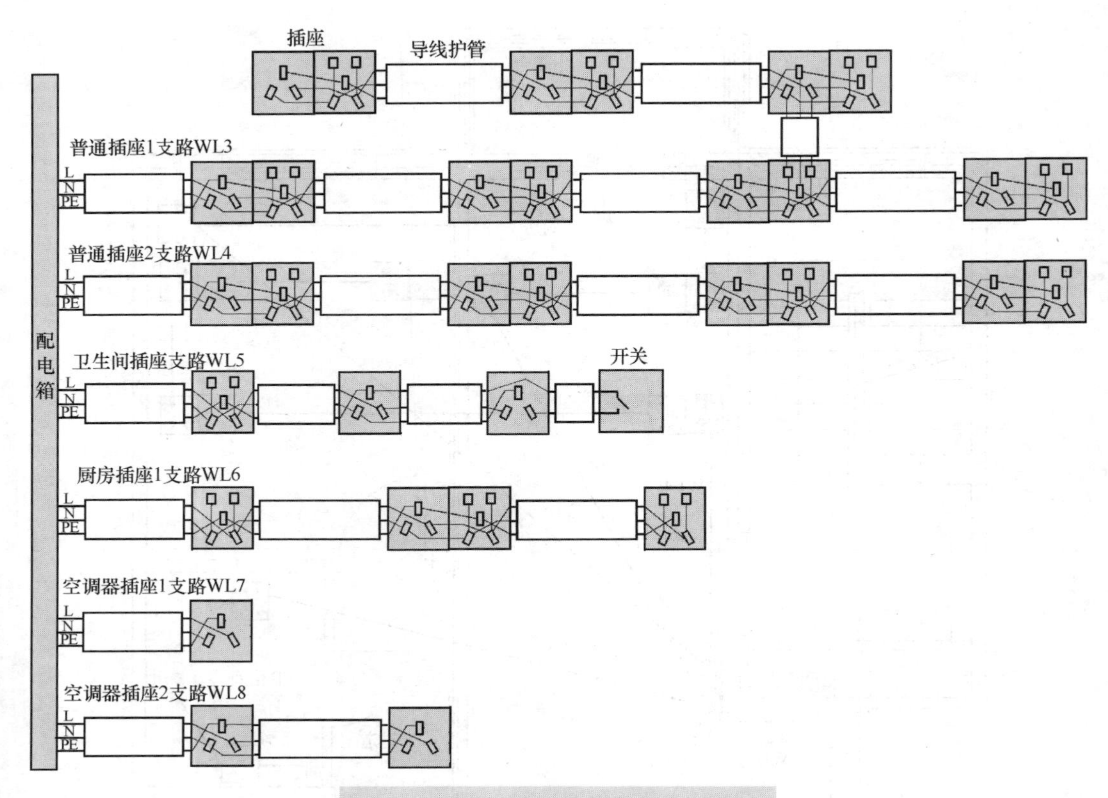

图 4-16　插座线路的各插座间的接线

Chapter 5

第5章 明装方式敷设电气线路

明装方式敷设电气线路简称明装布线，是指将**导线沿着墙壁、天花板、梁柱等表面敷设的布线方式**。在明装布线时，要求敷设的线路**横平竖直、线路短且弯头少**。由于明线布线是将导线敷设在建筑物的表面，故应在建筑物全部完工后进行。明装布线的方式很多，常见的有**电线槽布线、电线管布线、瓷夹板布线和线夹卡布线等**。

采用暗装布线的最大优点是可以将电气线路隐藏起来，使室内更加美观，但暗装布线成本高，并且线路更改难度大。与暗装布线相比，明装布线具有成本低、操作简单和线路更改方便等优点，一些简易建筑（如民房）或需新增加线路的场合常采用明装布线，由于明装布线直观简单，如果对布线美观要求不高，甚至略懂一点电工知识的人就可以进行。

5.1 线槽布线

线槽布线是一种较常用的住宅配电布线方式，它是将绝缘导线放在绝缘槽板（塑料或木质）内进行布线，由于导线有槽板的保护，因此绝缘性能和安全性较好。塑料槽板布线用于干燥场合做永久性明线敷设，或用于简易建筑或永久性建筑的附加线路。

布线使用的线槽类型很多，其中使用最广泛的为 PVC 电线槽布线，其外形如图 5-1 所示。方形电线槽截面积较大，可以容纳更多导线，半圆形电线槽虽然截面积要小一些，因其外形特点，用于地面布线时不易绊断。

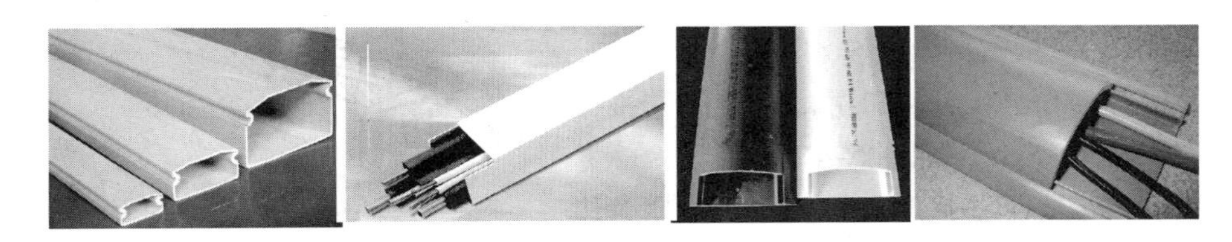

图 5-1 PVC 电线槽

5.1.1 布线定位

在线槽布线定位时，要注意以下几点：

1）先确定各处的开关、插座和灯具的位置，再确定线槽的走向。插座采用明装时距离地面一般为**1.3~1.8m**，采用暗装时距离地面一般为**0.3~0.5m**，普通开关安装高度一般为

1.3～1.5m，开关距离门框约20cm，拉线开关安装高度为2～3m。

2）线槽一般沿建筑物墙、柱、顶的边角处布置，要横平竖直，尽量避开不易打孔的混凝梁、柱。

3）线槽一般不要紧靠墙角，应隔一定的距离，紧靠墙角不易施工。

4）在弹（画）线定位时，如图5-2所示，横线弹在槽上沿，纵线弹在槽中央位置，这样安装好线槽后就可将定位线遮挡住，使墙面干净整洁。

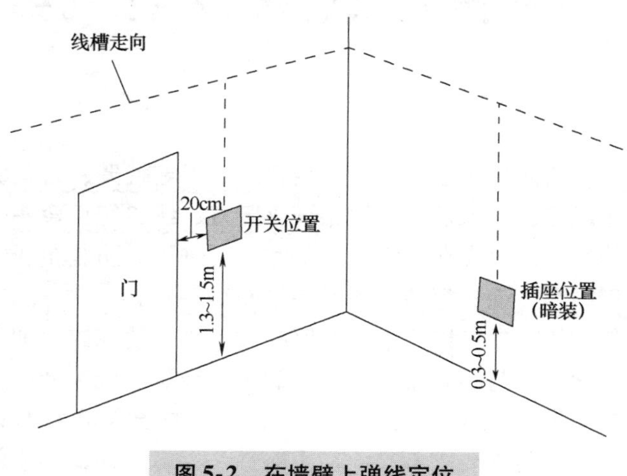

图5-2 在墙壁上弹线定位

5.1.2 线槽的安装

线槽安装如图5-3所示，先用钉子将电线槽的槽板固定在墙壁上，再在槽板内铺入导线，然后给槽板压上盖板即可。

在安装线槽时，应注意以下几个要点：

1）在安装线槽时，内部钉子之间相隔距离不要大于50cm，如图5-4a所示。

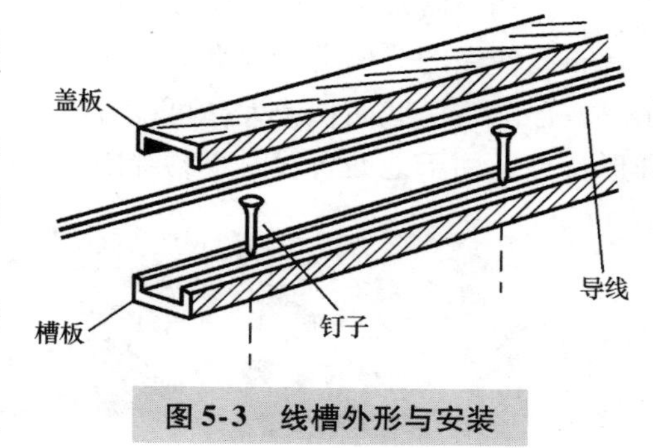

图5-3 线槽外形与安装

2）在线槽连接安装时，线槽之间可以直角拼接安装，也可切割成45°拼接安装，钉子与拼接中心点距离不大于5cm，如图5-4b所示。

3）线槽在拐角处采用45°拼接，钉子与拼接中心点距离不大于5cm，如图5-4c所示。

4）线槽在T字形拼接时，可在主干线槽旁边切出一个凹三角形口，分支线槽切成凸三角形，再将分支线槽的三角形凸头插入主干线槽的凹三角形口，如图5-4d所示。

5）线槽在十字形拼接时，可将四个线槽头部端切成凸三角形，再并接在一起，如图5-4e所示。

6）线槽在与接线盒（如插座、开关底盒）连接时，应将两者紧密无缝隙地连接在一起，如图5-4f所示。

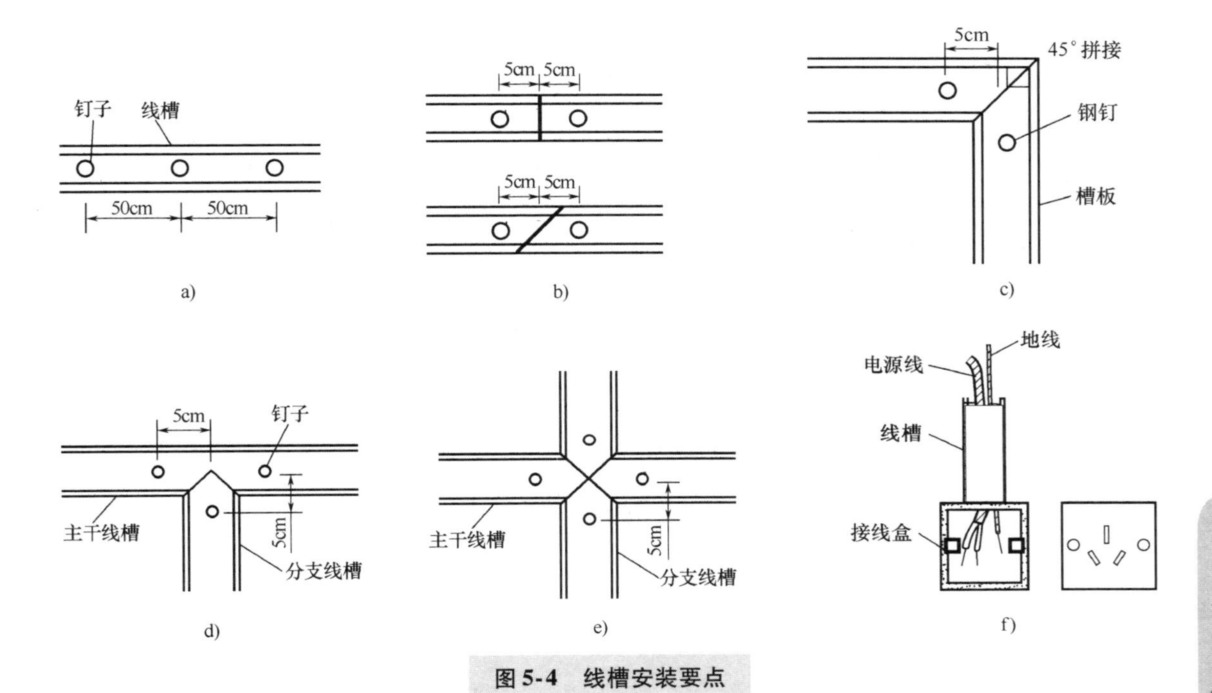

图5-4　线槽安装要点

5.1.3　用配件安装线槽

为了让线槽布线更为美观和方便，可采用配件来连接线槽。PVC电线槽常用的配件如图5-5所示，这些配件在线槽布线的安装位置如图5-6所示。需要注意的是，该图仅用来说明各配件在线槽布线时的安装位置，并不能代表实际的布线。

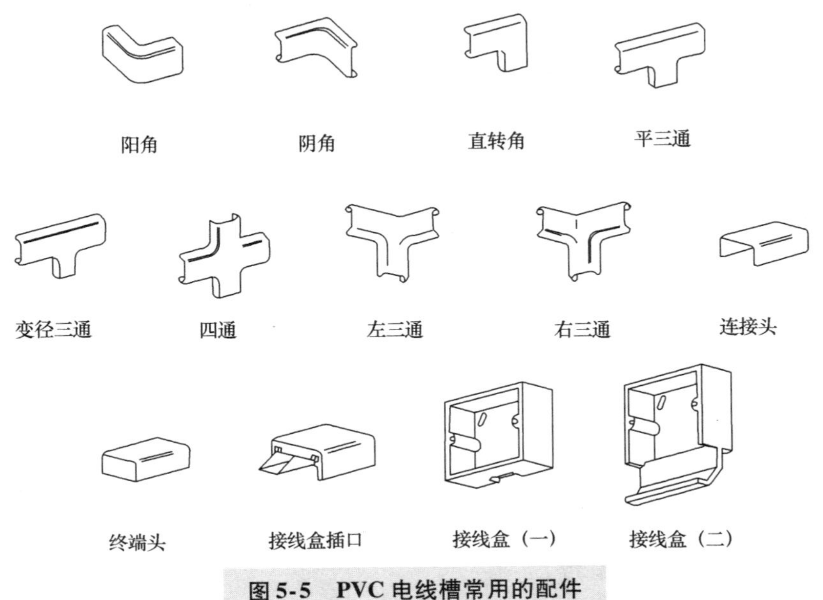

图5-5　PVC电线槽常用的配件

『思』——解答疑难，清除障碍

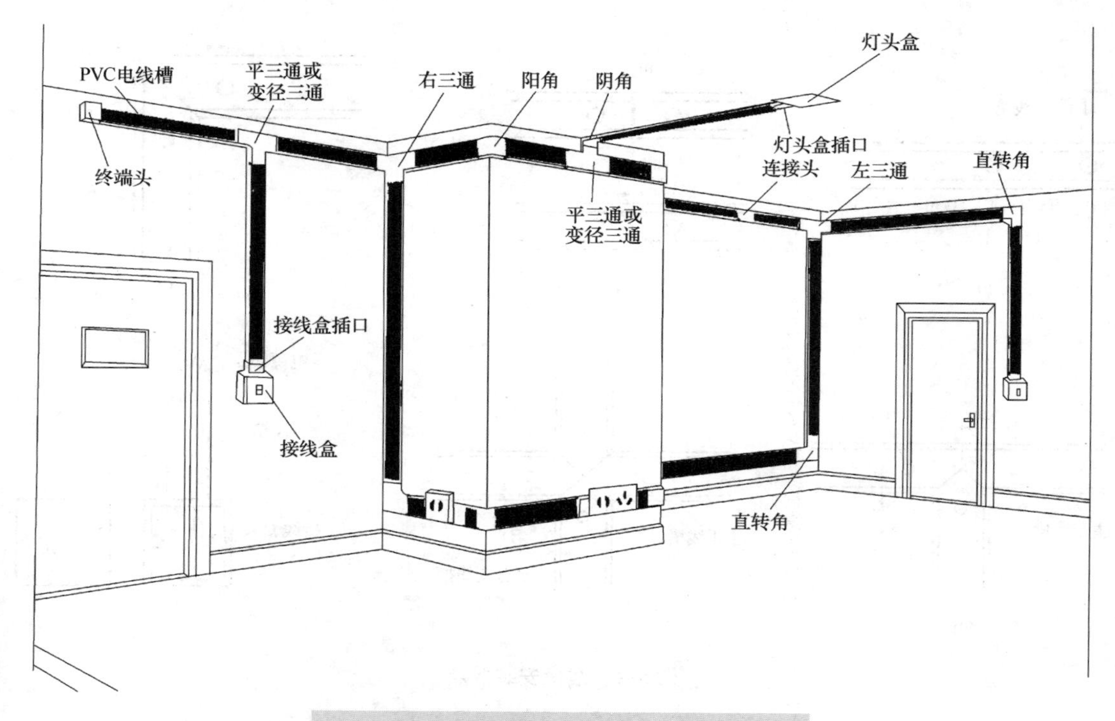

图 5-6　线槽配件在线槽布线时的安装位置

5.1.4　线槽布线的配电方式

在线管暗装布线时，由于线管被隐藏起来，故将配电分成多个支路并不影响室内整洁美观，而采用线槽明装布线时，如果也将配电也分成多个支路，在墙壁上明装敷设大量的线槽，不但不美观，而且比较碍事。为适合明装布线的特点，线槽布线常采用区域配电方式。配电线路的连接方式主要有：**①单主干接多分支方式；②双主干多分支方式；③多分支方式**。

1. 单主干接多分支配电方式

单主干接多分支方式是**一种低成本的配电方式**，它是从配电箱引出一路主干线，该主干线依次走线到各厅室，每个厅室都用接线盒从主干线处接出一路分支线，由分支线路为本厅室配电。

单主干接多分支的配电方式如图 5-7 所示，从配电箱引出一路主干线（采用与入户线相同截面积的导线），根据住宅的结构，并按走线最短原则，主干线从配电箱出来后，先后依次经过餐厅、厨房、过道、卫生间、主卧室、客房、书房、客厅和阳台，在餐厅、厨房等合适的主干线经过的位置安装接线盒，从接线盒中接出分支线路，在分支线路上安装插座、开关和灯具。主干线在接线盒穿盒而过，接线时不要截断主干线，只要剥掉主干线部分绝缘层，分支线与主干线采用 T 字形接线。在给带门的房室内引入分支线路时，可在墙壁上钻孔，然后给导线加保护管进行穿墙。

单主干接多分支方式的某房间走线与接线如图 5-8 所示。该房间的插座线和照明线通过穿墙孔接外部接线盒中的主干线，在房间内，照明线路的零线直接连接照明灯具，相线先进入开关，经开关后去照明灯具，插座线先到一个插座，在该插座的底盒中，将线路中分作两个分支，分别去接另两个插座，导线接头是线路容易出现问题地方，不要放在线槽中。

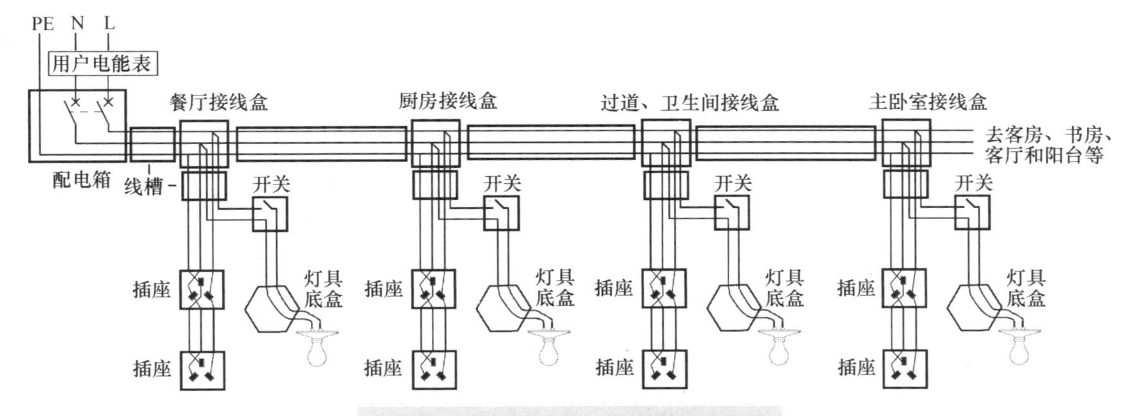

图 5-7 单主干接多分支的配电方式

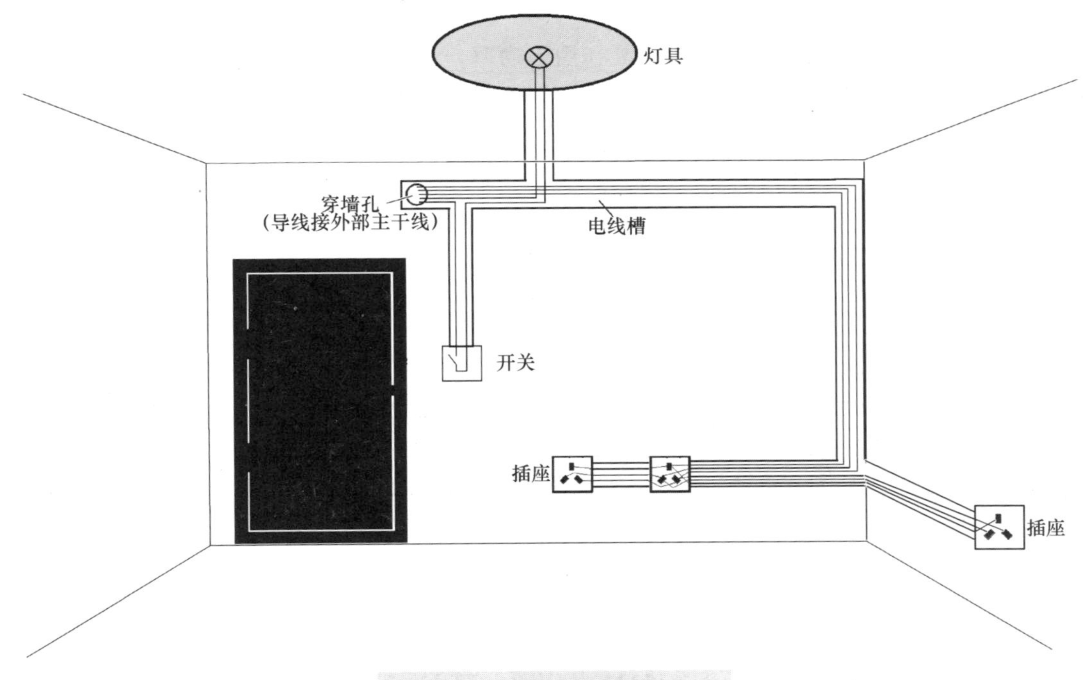

图 5-8 某房间的走线与接线

2. 双主干接多分支方式

双主干接多分支方式是从配电箱引出照明和插座两路主干线，这两路主干线依次走线到各厅室，每个厅室都用接线盒从两路主干线分别接出照明和插座支路线。由于双主干接多分支配电方式要从配电箱引出两路主干线，同时配电箱内需要两个控制开关，故较单主干接多分支方式的成本要高，但由于照明和插座分别供电，当一路出现故障时可暂时使用另一路供电。

双主干接多分支的配电方式如图 5-9 所示，该方式的某房间走线与接线与图 5-8 是一样的。

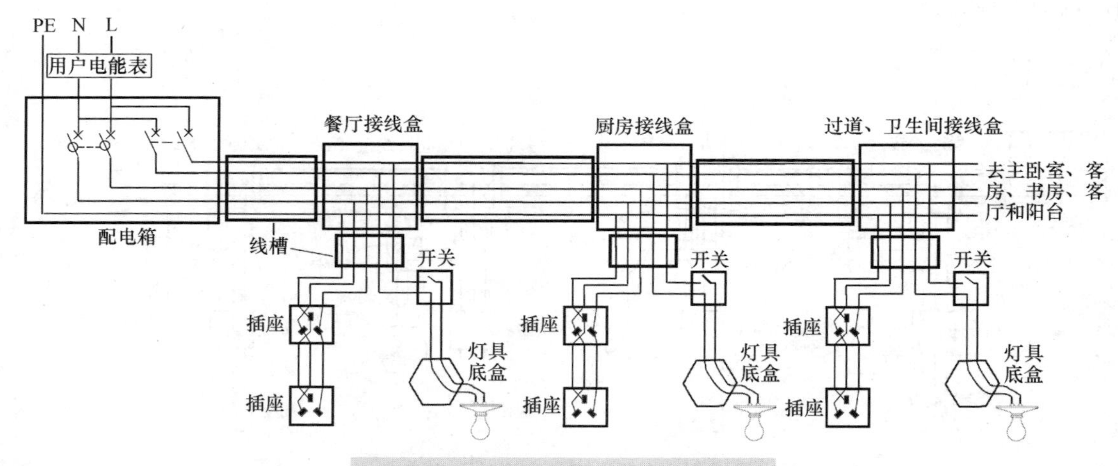

图 5-9 双主干接多分支的配电方式

3. 多分支配电方式

多分支配电方式是**根据各厅室的位置和用电功率，划分为多个区域，从配电箱引出多路分支线路，分别供给不同区域**。为了不影响房间美观，线槽明线布线通常使用单路线槽，而单路线槽不能容纳很多导线（在线槽明装布线时，导线总截面积**不能超过线槽截面积的 60%**），故在确定分支线路的个数时，应考虑线槽与导线的截面积。

多分支的配电方式如图 5-10 所示，它将一户住宅用电分为 3 个区域，在配电箱中将用

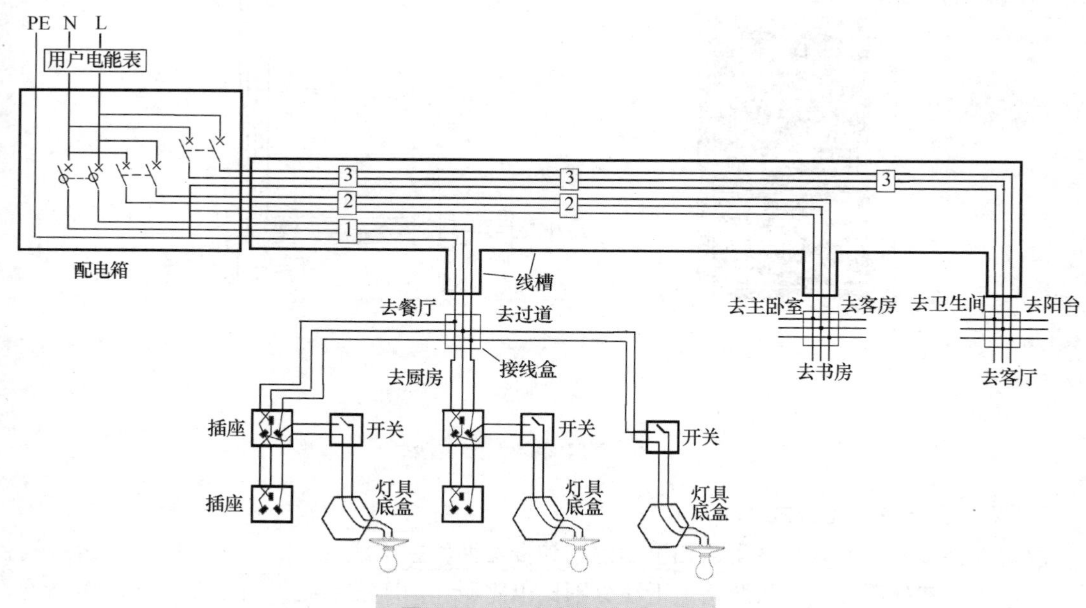

图 5-10 多分支的配电方式

电分作三条分支线路，分别用开关控制各支路供电的通断，3 条支路共 9 根导线通过单路线槽引出，当分支线路 1 到达用电区域一的合适位置时，将分支线路 1 从线槽中引到该区域的接线盒，在接线盒再接成三路分支，分别供给餐厅、厨房和过道，当分支线路 2 到达用电区域二的合适位置时，将分支线路 2 从线槽中引到该区域的接线盒，在接线盒中接成三路分支，分别供给主卧室、书房和客房，当分支线路 3 到达用电区域三的合适位置时，将分支线路 3 从线槽中引到该区域的接线盒，在接线盒接成三路分支，分别供给卫生间、客厅和阳台。

由于线槽中导线的数量较多，为了方便区别分支线路，可每隔一段距离用标签对各分支线路进行标记。

5.2　护套线布线

护套线是一种带有绝缘护套的两芯或多芯绝缘导线，具有防潮、耐酸、耐腐蚀和安装方便且成本低等优点，可以直接敷设在墙壁、空心板及其他建筑物表面，但**护套线的截面积较小，不适合大容量用电布线**。

5.2.1　护套线及线夹卡

采用护套线进行室内布线时，对于铜芯导线，其截面积**不能小于 1.5mm²**；对于铝芯导线，其截面积**不能小于 2.5mm²**。在布线时，固定护套线一般用线夹卡。常见的线夹卡有**铝片卡、单钉塑料线夹和双钉塑料线夹**，如图 5-11 所示。

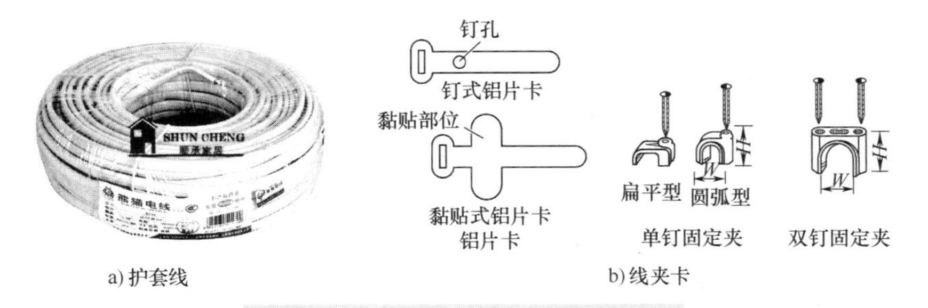

图 5-11　护套线及安装常用线夹卡

5.2.2　单钉夹安装护套线

单钉夹只有一个固定钉，其安装护套线方便快捷，但不如双钉夹牢固。使用单钉夹安装护套线如图 5-12 所示，具体如下：

1）在用单钉夹固定护套线时，钉子应交替安排在导线的上、下方，如图 5-12a 所示。
2）在护套线转弯处，应在转弯前后各安排一个固定夹，如图 5-12b 所示。
3）在护套线交叉处，应使用四个固定夹，如图 5-12c 所示。
4）在护套线进入接线盒（开关或插座）前，应使用一个固定夹，如图 5-12d 所示。

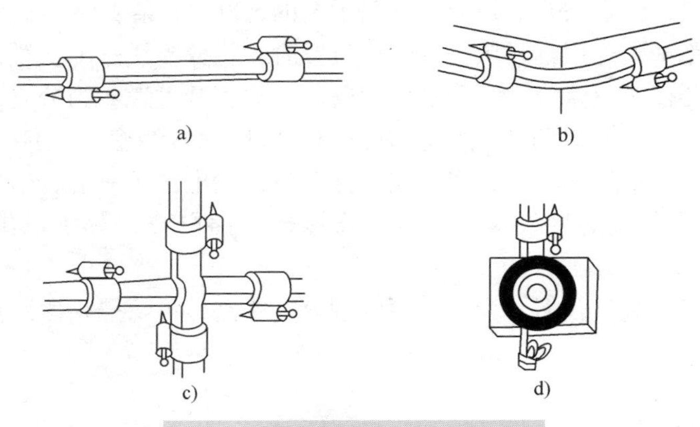

图5-12 用单钉夹固定护套线

5.2.3 用铝片卡安装护套线

铝片卡又称钢精扎头，它有钉式和粘贴式两种，前者用铁钉进行固定，后者用黏合剂进行固定。在安装护套线时，先用铁钉或黏合剂将铝片卡固定在墙壁上，如图5-13所示。在钉铝片卡时要注意铝片卡之间的距离一般为**200～250mm**，铝片卡与接线盒、开关的距离要近一些，**约为50mm**。铝片卡安装好后，将护套线放在铝片卡上，再按图5-14所示方法将护套线固定下来。

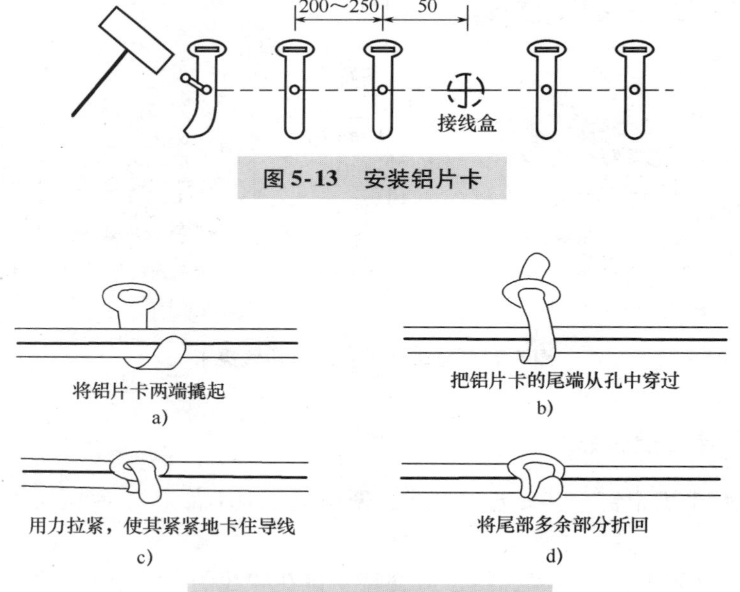

图5-13 安装铝片卡

图5-14 用铝片卡固定护套线

用铝片卡安装护套线应注意以下几点：

1）护套线与天花板的距离为**50mm**。

2）铝片卡之间的正常距离为**200～250mm**，铝片卡与开关、吸顶灯和拐角的距离要短些，约为**50mm**。

3）在导线分支、交叉处要安装铝片卡。

4）导线分支接头尽量安排在插座和开关中。

5.2.4 护套线布线注意事项

在使用护套线布线时，要注意以下事项：

1）在使用护套线在室内布线时，规定铜芯导线的最小截面积**不小于 1.5mm²**，铝芯不**小于 2.5 mm²**。

2）在布线时，导线应横平竖直、紧贴敷设面，不得有松弛、扭绞和曲折等现象。在同一平面上转弯时，不能弯成死角，弯曲半径应大于**导线外径的 6 倍**，以免损伤芯线。

3）在安装开关、插座时，应先固定好护套线，再安装开关、插座的固定木台，木台进线的一边应按护套线所需的横截面开出进线缺口。

4）在布线时，尽量避免导线交叉，如果一定必须要交叉，交叉处应使用 4 个线卡夹固定，两线卡距交叉处的距离为**50 ~ 100mm**。

5）塑料护套线不适合在露天环境明敷布线，也不能直接埋入墙壁抹灰层内暗敷布线，如果在空心楼板孔使用塑料护套线布线，不得损伤导线护套层，选择的布线位置应便于更换导线。

6）在护套线与电气设备或线盒的连接时，护套层应引入设备或线盒内，并在距离设备和线盒**50 ~ 100mm** 处用线卡固定。

7）如果塑料护套线需要跨越建筑物的伸缩缝和沉降缝，在跨越处的一段导线应做成弯曲状并用线卡固定，以留有足够伸缩的余量。

8）如果塑料护套线需要与接地导体和不发热的管道紧贴交叉时，应加装绝缘管保护；如果塑料护套线敷设在易受机械操作影响的场所，应用钢管进行穿管保护；在地下敷设塑料护套线时，必须穿管保护；在与热力管道平行敷设时，其间距不得小于 1.0m，交叉敷设时，其间距不得小于 0.2m，否则必须对护套线进行隔热处理。

9）塑料护套线严禁直接敷设在建筑物的顶棚内，以免发生火灾。

Chapter 6

第 6 章

暗装方式敷设电气线路

暗装方式敷设电气线路简称暗装布线，是指将**导线穿入 PVC 管或钢管并埋设在楼板、顶棚和墙壁内的敷设方式**。暗装布线通常与建筑施工同步进行，在建筑施工时将各种预埋件（如插座盒、开关盒、灯具盒、线管）埋设固定在设定位置，在施工完成后再进行穿线和安装开关、插座、灯具等工作。如果在建筑施工主体工作完成后进行暗装布线，就需要用工具在墙壁、地面开槽来放置线管和各种安装盒，再用水泥覆盖和固定。

暗装布线的一般过程是：**规划配电线路→布线选材→布线定位→开槽凿孔→套管加工及铺管→导线穿管→插座、开关和灯具安装→线路测试**。

规划配电线路主要内容有：①将室内配电划分为几个分支路线路；②明确每条支路线路的大致走向；③明确照明支路的灯具、开关的大致位置及连接关系；④理清插座支路的插座的大致位置及连接关系等。规划配电线路的有关内容在前一章已作过介绍，这里不再叙述。

6.1 布线选材

暗装布线的材料主要有套管、导线和插座、开关、灯具的安装盒。

6.1.1 套管的选择

在暗装布线时，为了保护导线，需要将导线穿在套管中。布线常用的套管有钢管和塑料管，家装布线广泛使用塑料管，而钢管由于价格较贵，在家装布线时较少使用。

家装布线主要使用具有绝缘阻燃功能的 PVC 电工套管，简称 PVC 电线管。PVC 电线管是以聚氯乙烯树脂为主要原料，加入特殊的加工助剂并采用热熔挤出的方法制得。PVC 电线管内外壁光滑平整，有良好的阻燃性能和电绝缘性能，可冷弯成一定的角度，适用于建筑物内的导线保护或电缆布线。

PVC 电线管外形如图 6-1 所示。PVC 电线管的管径有 ϕ16mm、ϕ20mm、ϕ25mm、ϕ32mm、ϕ40mm、ϕ50mm、ϕ63mm、ϕ75mm 和 ϕ110mm 等规格。室内布线常使用**ϕ16mm ~ ϕ32mm 管径的 PVC 电线管**，其中室内照明线路**常用 ϕ16mm、ϕ20mm 管**，插座及室内主线路**常用 ϕ25 mm 管**，进户线路或弱电线路常用**ϕ32 mm 管**。管径在 ϕ40mm 以上的 PVC 电线管主要用在室外配电布线。

为了保证选用 PVC 电线管合格时，应作如下检查：

1）管子外壁要带有生产厂标和阻燃标志。

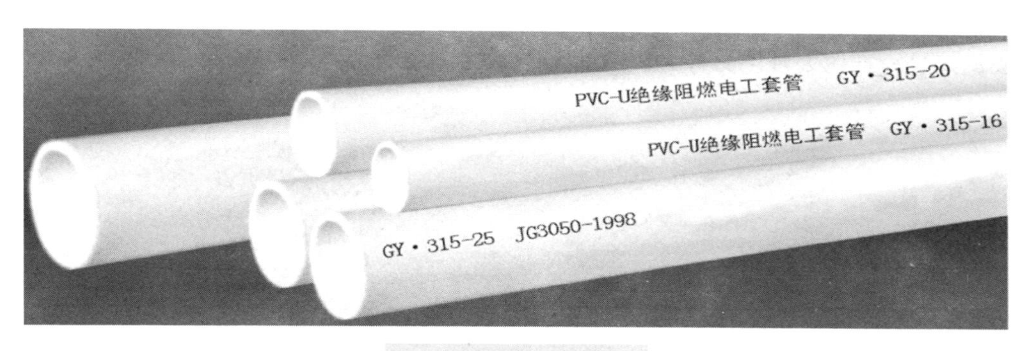

图6-1　PVC电线管

2）在测试管子的阻燃性能时，可用火燃烧管子，火源离开后30s内火焰应自熄，否则为阻燃性能不合格产品。

3）在使用弯管弹簧弯管时，将管子弯成90°、弯管半径为**3倍管径**时，弯曲后外观应光滑。

4）用锤子将管子敲至变形，变形处应无裂缝。

如果管子通过以上检查，则为合格的PVC电线管。

6.1.2　导线的选择

室内布线使用绝缘导线。根据芯线材料不同，绝缘导线可分为铜芯线和铝芯线，铜导线电阻率小，导电性能较好，铝导线电阻率比铜导线稍大些，但价格低；根据芯线的数量不同，绝缘导线可分为单股线和多股线，多股线是由几股或几十股芯线绞合在一起形成的，常见的有**7、19、37股**等。单股和多股芯线的绝缘导线如图6-2所示。

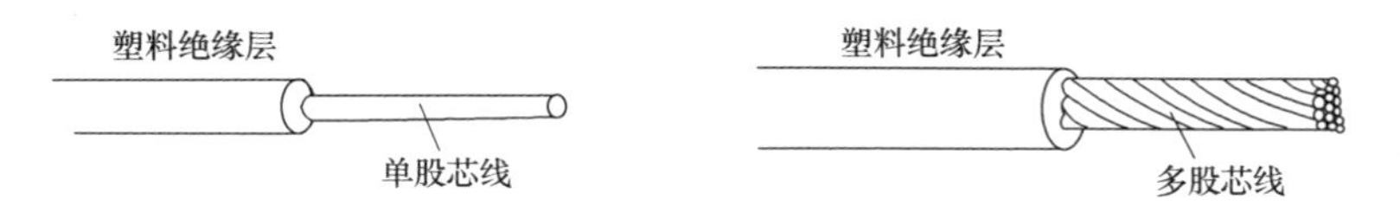

图6-2　单股和多股芯线的绝缘导线

1. 室内配电常用导线的类型

室内配电主要使用的导线类型有**BV型、BVR型和BVV型**。

（1）BV型导线（单股铜导线）

BV（B—布线用，V—聚氯乙烯绝缘）型导线又称聚氯乙烯绝缘导线，它用较粗硬的单股铜丝作为芯线，如图6-3a所示，导线的规格是以芯线的截面积来表示的，常用规格有1.5mm^2（BV-1.5）、2.5mm^2（BV-2.5）、4mm^2（BV-4）、6mm^2（BV-6）、10mm^2（BV-10）、16mm^2（BV-16）等。

（2）BVR型导线（多股铜导线）

BVR（B—布线用，V—聚氯乙烯绝缘，R—软导线）型导线又称聚氯乙烯绝缘软导线，它采用多股较细的铜丝绞合在一起作为芯线，其**硬度适中，容易弯折**。BVR型导线如图6-3b所示。BVR型导线较BV型导线柔软性更好，容易弯折且不易断，故布线更方便，在相同截面积下，BVR 型导线安全载流量要稍大一些，BVR 型导线的缺点是接线处容易出现不牢固，接线头最好进行挂锡处理。另外，BVR 型导线的价格要贵一些。

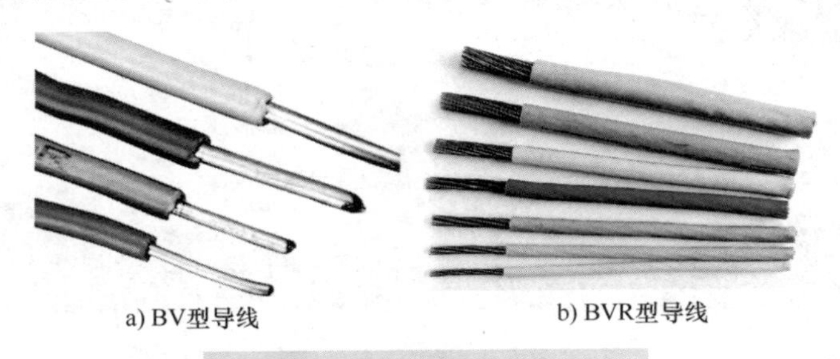

a) BV型导线　　b) BVR型导线

图 6-3　BV 型及 BVR 型导线

（3）BVV 型导线（护套线）

BVV（B—布线用，V—聚氯乙烯绝缘，V—聚氯乙烯护套）型导线又称聚氯乙烯绝缘护套导线，BVV 型导线的外形与结构如图 6-4 所示。根据护套内导线的数量不同，可分为单芯护套线、两芯护套线和三芯护套线等。室内暗装布线时，由于导线已有 PVC 电线管保护，**故一般不采用护套线，护套线常用于明装布线**。

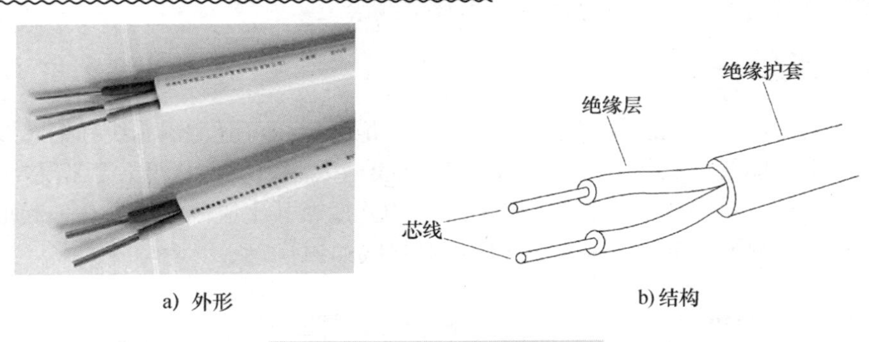

a）外形　　b）结构

图 6-4　BVV 型导线的结构

2. 电线电缆型号的命名方法

电线电缆型号命名方法如下：

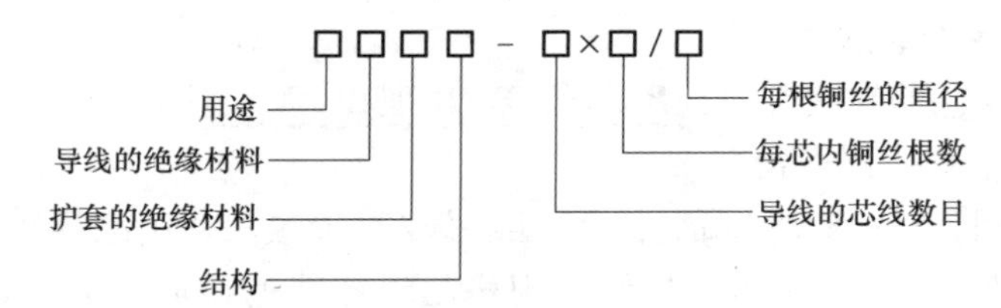

电线电缆型号中的字母意义见表 6-1。

例如，RVV-2×15/0.18，R 表示日用电器用线，VV 表示芯线、护套均采用聚氯乙烯绝缘材料，2 表示两条芯线，15 表示每条芯线有 15 根铜丝，0.18 表示每根铜丝的直径为 0.18mm。

3. 室内配电导线的选择

（1）导线颜色选择

室内配电导线有**红、绿、黄、蓝和黄绿双色五种颜色**。我国住宅用户一般为单相电源进

表 6-1　电线电缆型号中的字母意义

分类代号或用途		绝　缘		护　套		派生特性	
符　号	意　义	符　号	意　义	符　号	意　义	符　号	意　义
A	安装线缆	V	聚氯乙烯	V	聚氯乙烯	P	屏蔽
B	布线缆	F	氟塑料	H	橡套	R	软
F	飞机用低压线	Y	聚乙烯	B	编织套	S	双绞
R	日用电器用软线	X	橡胶	L	蜡克	B	平行
Y	工业移动电器用线	ST	天然丝	N	尼龙套	D	带形
T	天线	B	聚丙烯	SK	尼龙丝	T	特种
		SE	双丝包				

户，进户线有3根，分别是相线（L）、中性线（N）和接地线（PE），在选择进户线时，相线**应选择黄、红或绿线**，中性线**选择淡蓝色线**，接地线**选择绿/黄双色线**。3根进户线进入配电箱后分成多条支路，各支路的接地线必须为绿/黄双色线，中性线的颜色必须采用淡蓝色线，而各支路的相线可都选择黄线，也可以分别采用黄、绿、红3种颜色的导线，如一条支路的相线选择黄线，另一条支路的相线选择红线或绿线，支路相线选择不同颜色的导线，有利于检查区分线路。

（2）导线截面积的选择

进户线一般选择截面积为**$10\sim20mm^2$**的BV型或BVR型导线；照明线路一般选择截面积为**$1.5\sim2.5mm^2$**的BV型或BVR型导线；普通插座一般选择截面积为**$2.5\sim4mm^2$**BV型或BVR型导线；空调器及浴霸等大功率线路一般选择截面积为**$4\sim6mm^2$**BV型或BVR型导线。

6.1.3　插座、开关、灯具安装盒的选择

插座、开关、灯具的安装盒又称底盒，在暗装时，先将安装盒嵌装在墙壁内，然后在安装盒上安装插座、开关、灯具。

1. 开关插座安装盒

开关与插座的安装盒是通用的。市场上使用的开关插座主要规格有**86型、118型和120型**。

86型开关插座

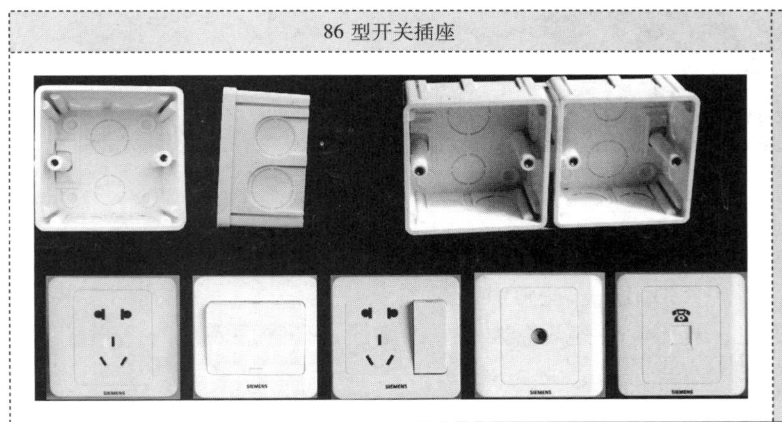

其正面一般为86mm×86mm正方形，但也有个别产品可能因外观设计导致大小稍有变化，但安装盒是一样的。在86型基础上，派生出146型（146mm×86mm）多联开关插座。86型开关插座使用最为广泛

『思』——解答疑难，清除障碍

（续）

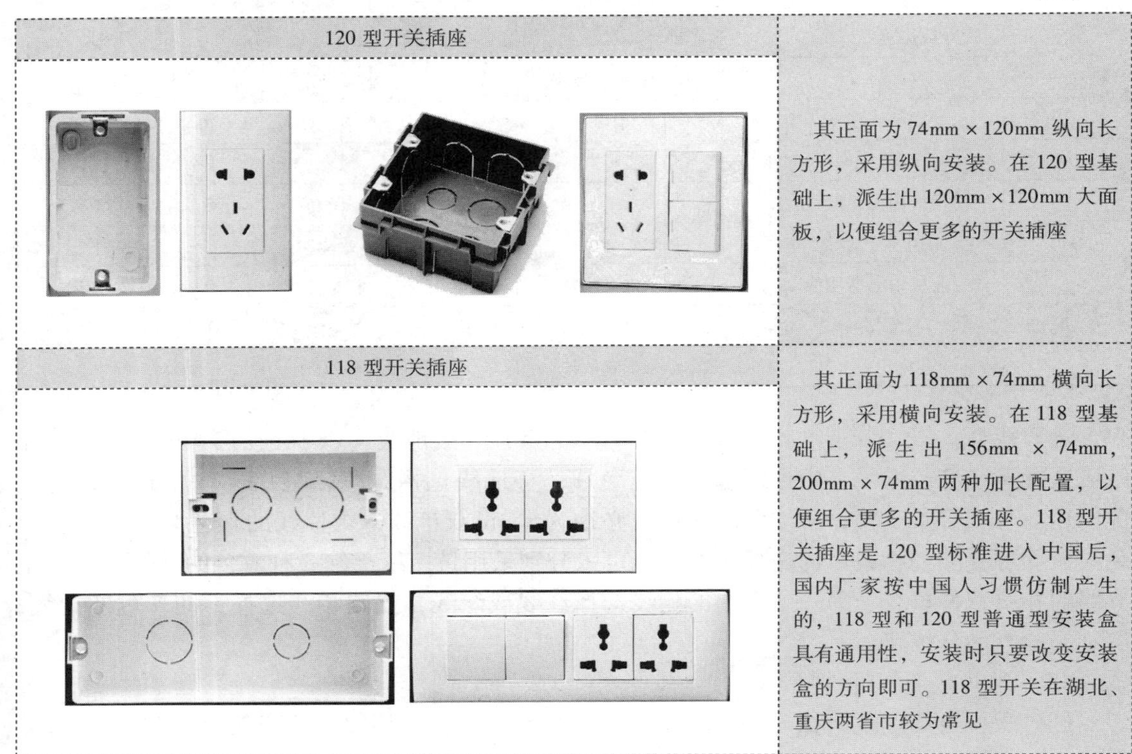

120 型开关插座	
	其正面为 74mm × 120mm 纵向长方形，采用纵向安装。在 120 型基础上，派生出 120mm × 120mm 大面板，以便组合更多的开关插座
118 型开关插座	其正面为 118mm × 74mm 横向长方形，采用横向安装。在 118 型基础上，派生出 156mm × 74mm，200mm × 74mm 两种加长配置，以便组合更多的开关插座。118 型开关插座是 120 型标准进入中国后，国内厂家按中国人习惯仿制产生的，118 型和 120 型普通型安装盒具有通用性，安装时只要改变安装盒的方向即可。118 型开关在湖北、重庆两省市较为常见

根据安装方式不同，开关插座安装盒可分为**暗装盒和明装盒**，暗装盒嵌入墙壁内，明装盒需要安装在墙壁表面，因此明装盒的底部有安装固定螺钉的孔。图 6-5 列出了两种开关插座明装盒。

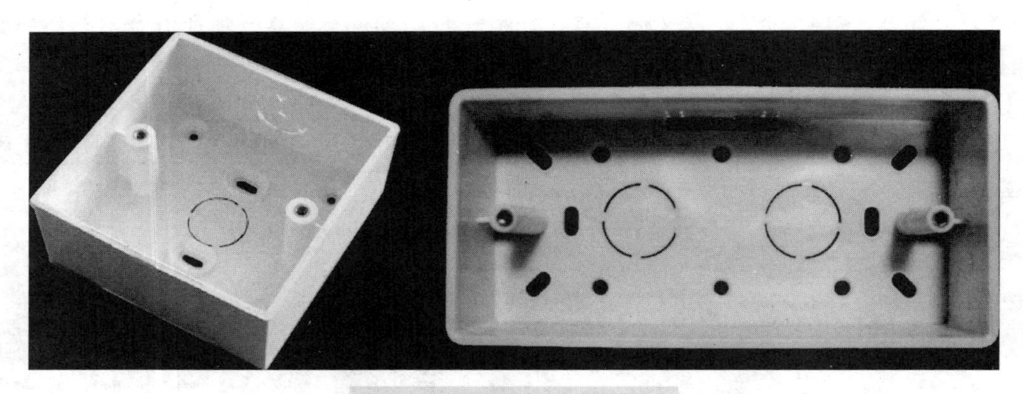

图 6-5　开关插座的明装盒

2. 灯具安装盒

灯具安装盒简称灯头盒，图 6-6 列出了一些灯具安装盒及灯座，对于无通孔的安装盒，安装时需要先敲掉盒上的敲落孔，再将套管穿入盒内，导线则通过套管进入盒内。

图6-6　一些灯具安装盒及灯座

6.2　布线定位与开槽

布线定位是家装配电一个非常重要的环节，良好的布线定位不但可以节省材料，还可以减少布线的工作量。

6.2.1　确定灯具、开关、插座的安装位置

1. 确定灯具的安装位置

灯具安装位置没有硬性要求，一般安装在房顶中央位置，也可以根据需要安装在其他位置，灯具的高度以人体不易接触到为佳。在室内安装壁灯、床头灯、台灯、落地灯、镜前灯等灯具时，如果高度低于2.4m，灯具的金属外壳均应接地以保证使用安全。

2. 确定开关的安装位置

开关的安装位置有如下要求：

1）开关的安装高度应距离地面**约1.4m**，距离门框**约20cm**，如图6-7所示。

2）控制卫生间内的灯具开关最好安装在卫生间门外，若安装在卫生间，应使用防水开关，这样可以避免卫生间的水汽进入开关，影响开关寿命或导致事故。

3）开敞式阳台的灯具开关最好安装在室内，若安装在阳台，应使用防水开关。

3. 确定插座的安装位置

插座的安装位置有如下要求：

1）客厅插座距离地面**大于30cm**。

2）厨房/卫生间插座距离地面**约1.4m**。

3）空调器插座距离地面**约1.8m**。

4）卫生间、开敞式阳台内应使用**防水插座**。

5）卧室床边的插座要避免床头柜或床板遮挡。

6）强、弱电插座之间的距离应**大于20cm**，以免强电干扰弱电信号，如图6-7所示。

7）同一室内的电源、电话、电视等插座面板应在同一水平标高上，高度差应小于5mm。

8）插座可以多装，最好房间每面墙壁都装有插座。

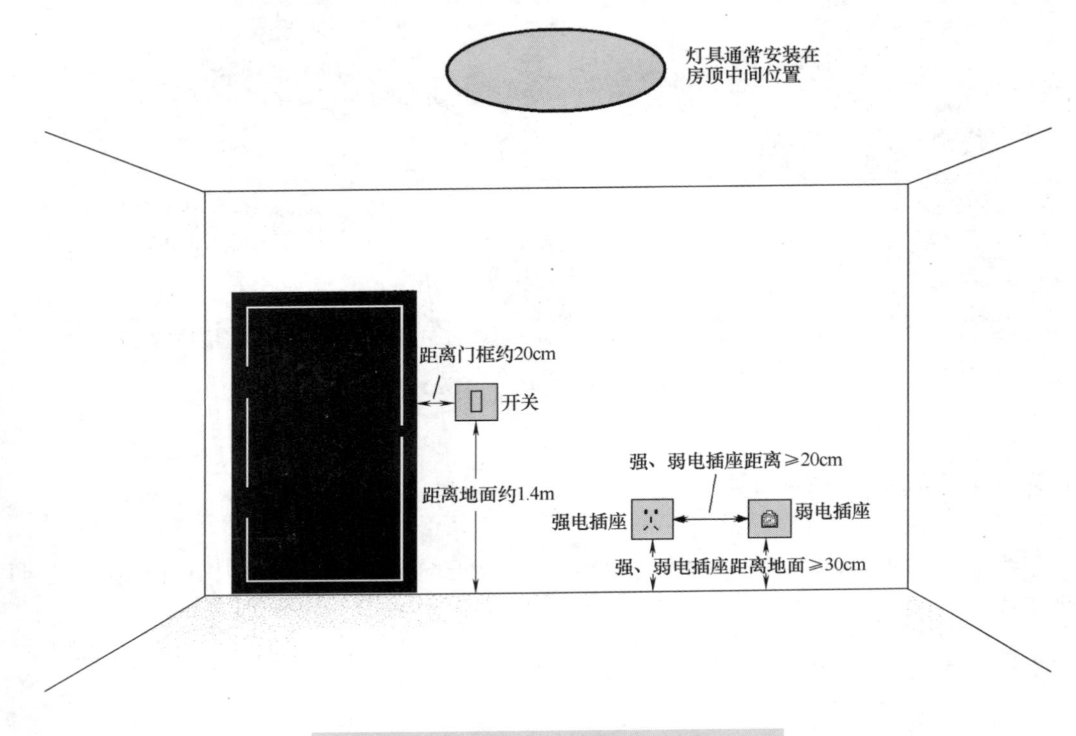

图6-7 灯具、开关和插座合理安装位置

6.2.2 确定线路（布线管）的走向

配电箱是室内线路的起点，室内各处的开关、插座和灯具是线路要连接的终点。

在确定走线时应注意以下要点：

1）走线要求横平竖直，路径短且美观实用，走线尽量减少交叉和弯折次数。如果为了节省材料和工时而随心所欲走线（特别是墙壁），在线路封埋后很难确定线路位置，在以后的一些操作（如钻孔）时可能会损伤内部的线管。图6-8给出了一些较常见的地面和墙壁走线。

2）强电和弱电不要同管槽走线，以免形成干扰，强电和弱电的管槽之间的距离应在20cm以上。如果强电和弱电的线管必须要交叉，应在交叉处用铝箔包住线管进行屏蔽，如图6-9所示。

3）电线与暖气、热水、煤气管之间的平行距离不应小于30cm，交叉距离不应小于10cm。

4）梁、柱和承重墙上尽量不要设计横向走线，若必须横向走线，长度不要超过20cm，以免影响房屋的承重结构。

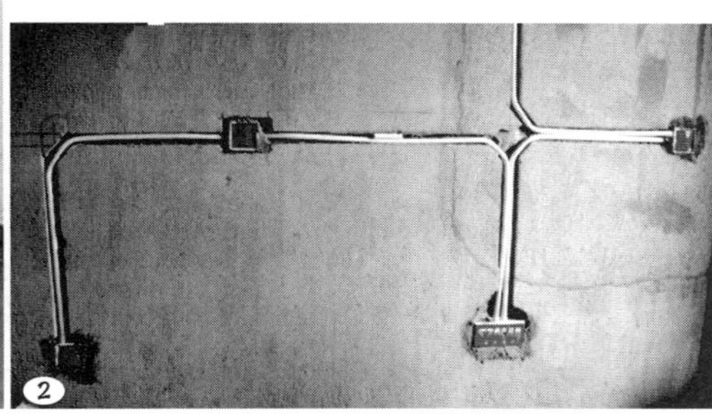

图6-8　一些常见的地面和墙壁走线

a) 多根强弱电线管交叉时

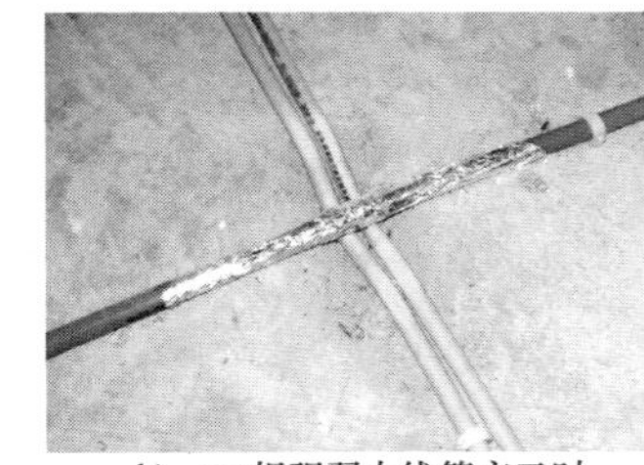

b) 一二根强弱电线管交叉时

图6-9　强弱电线管交叉时用铝箔作屏蔽处理

6.2.3　画线定位

在灯具、开关、插座的安装位置和线路走向时，需要用笔（如粉笔、铅笔）和弹线工具在地面和墙壁画好安装位置和走线标志，以便在这些位置开槽凿孔，埋设电线管。在地面和墙壁画线的常用辅助工具有水平尺和弹线器。

（1）用水平尺画线

水平尺主要用于画较短的直线。图6-10a是一种水平尺，它有水平、垂直和斜向45°3个玻璃管，每个玻璃管中有一个气泡，在水平尺横向放置时，如果横向玻璃管内的气泡处于正中间位置时，表明水平尺处于水平位置，沿水平尺可画出水平线，在水平尺纵向放置时，如果纵向玻璃管内的气泡处于正中间位置时，表明水平尺处于垂直位置，沿水平尺可画出垂直线，在水平尺斜向放置时，如果斜向玻璃管内的气泡处于正中间位置时，表明水平尺处于与水平（或垂直）成45°夹角的方向，沿水平尺可画出45°直线。利用水平尺画线如图6-11b所示。

（2）用弹线器画线

弹线器画线主要用于画较长的直线。图6-11a是一种弹线器，又称墨斗。在使用时，先将弹线器的固定端针头插在待画直线的起始端，然后压住压墨按钮同时转动手柄拉出墨线，

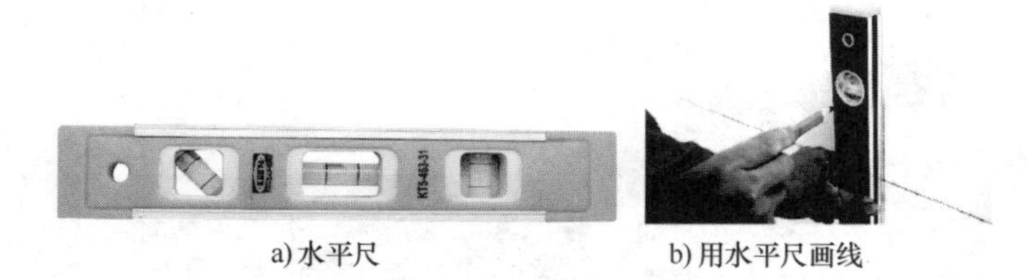

a) 水平尺　b) 用水平尺画线

图 6-10　水平尺及使用

到达合适位置后一只手拉紧墨线，另一只手往垂直方向拉起墨线，再松开，墨线碰触地面或墙壁，就画出了一条直线。利用弹线器画线如图 6-11b 所示。

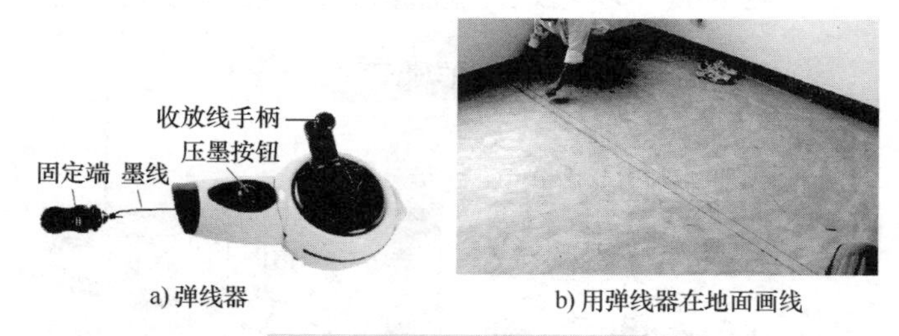

a) 弹线器　b) 用弹线器在地面画线

图 6-11　弹线器及使用

6.2.4　开槽

在墙壁和地面上画好铺设电线管和开关插座的定位线后，就可以进行开槽操作，开槽常用工具有**云石切割机、钢凿和电锤**。

在开槽时，先用云石切割机沿定位线切割出槽边沿，其深度较电线管直径**深 5～10mm**，然后用钢凿或电锤将槽内的水泥砂石剔掉。用云石切割机割槽如图 6-12 所示。用电锤剔槽如图 6-13 所示。用钢凿剔槽如图 6-14 所示。已开好的槽路如图 6-15 所示。

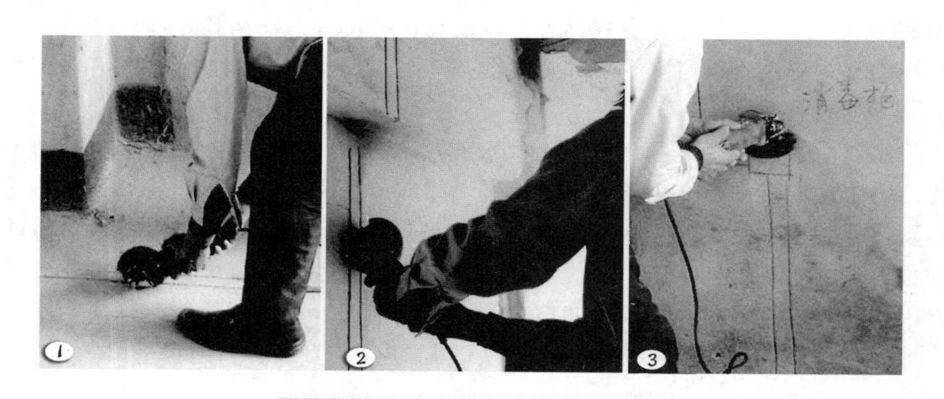

图 6-12　用云石机沿定位线割槽

图6-13　用电锤剔槽

图6-14　用钢凿剔槽

图6-15　一些已开好的槽路

6.3 线管的加工与敷设

6.3.1 线管的加工

线管加工包括断管、弯管和接管。

1. 断管

断管可以使用剪管刀或钢锯，如图 6-16 所示。由于剪管刀的刀口有限，无法剪切直径过大的 PVC 电线管，而钢锯则无此限制，但断管效率不如剪管刀。

在用剪管刀剪切 PVC 电线管时，打开剪管刀手柄，将 PVC 电线管放入刀口内，如图 6-17所示，握紧手柄并转动管子，待刀口切入管壁后用力握紧手柄将管子剪断。不管是剪断还是锯断 PVC 电线管，都应将管口修理平整。

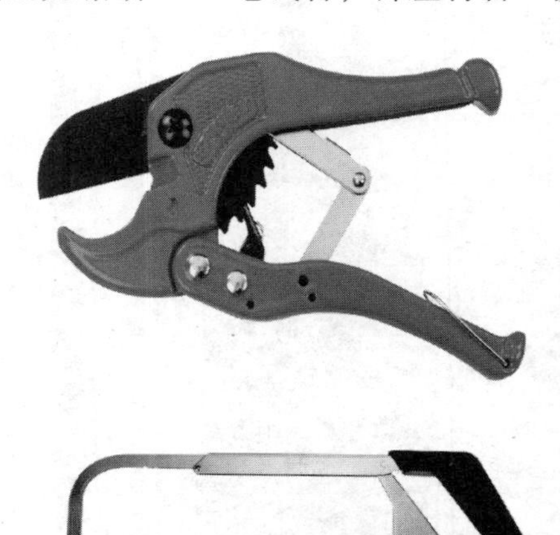

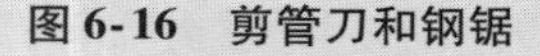

图 6-16 剪管刀和钢锯

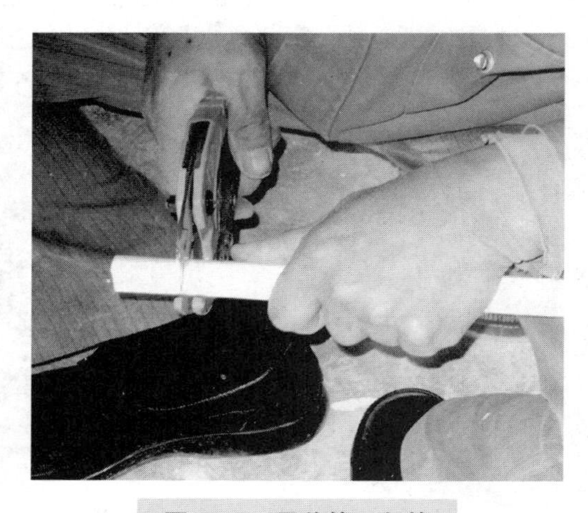

图 6-17 用剪管刀断管

2. 弯管

PVC 电线管不能直接弯折，需要借助弯管工具来弯管，否则容易弯瘪。

(1) 冷弯

对于 $\phi16 \sim \phi32$ mm 的 PVC 电线管，可使用弯管弹簧或弯管器进行冷弯。

使用弯管弹簧进行弯管操作如图 6-18 所示，将弹簧插到管子需扳弯的位置，然后慢慢弯折管子至想要的角度，再取出弹簧。由于管子弯折处内部有弹簧填充，故不会弯折，考虑到管子的回弹性，管子弯折时的角度应比所需弯度小 15°，为了便于抽送弹簧，常在弹簧两端栓系上绳子或细铁丝。弯管弹簧常用规格有 1216（4 分）、1418（5 分）、1620（6 分）和 2025（1 寸），分别适用于弯曲 $\phi16$mm、$\phi18$mm、$\phi20$mm 和 $\phi25$mm 的 PVC 电线管。

弯管器及弯管操作如图 6-19 所示，将管子插入合适规格的弯管器，然后用手扳动手柄，即可将管子弯成所需的弯度。

(2) 热弯

对于 $\phi32$ mm 以上的 PVC 电线管采用热弯法弯管。

在热弯时，对管子需要弯曲处进行加热，若有弹簧可先将弹簧插入管内，当管子变软

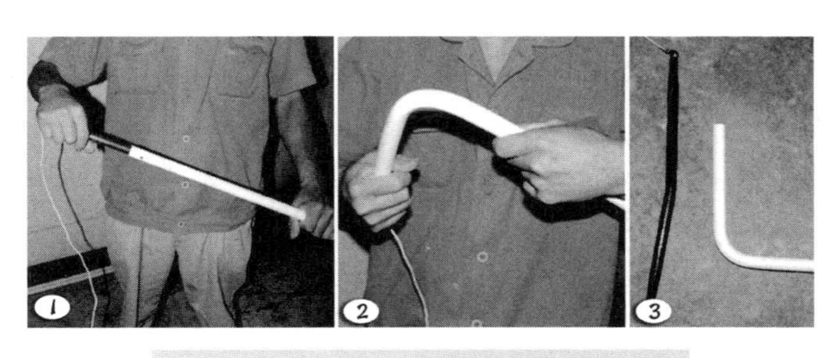

图 6-18 使用弯管弹簧进行弯管操作

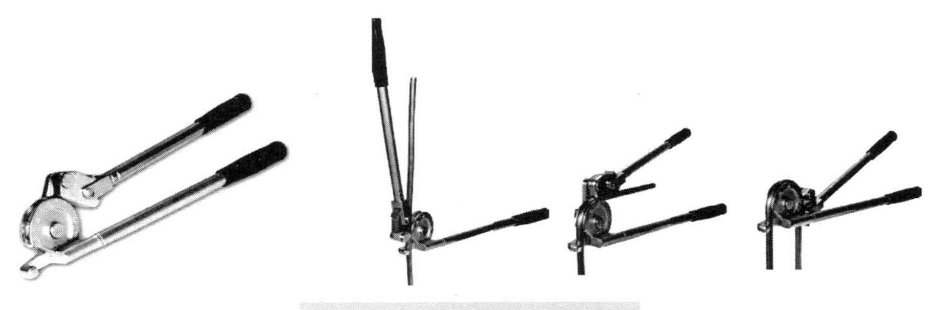

图 6-19 弯管器及弯管操作

后，马上将管子固定在木板上，逐步弯成所需的弯度，待管子冷却定型后，再将弹簧抽出，也可直接使用弯管器将管子弯成所需的弯度。对管子的加热可采用热风机，或者浸入 100～200℃的液体中，尽量不要将管子放在明火上烘烤。

在弯管时，要求明装管材的弯曲半径**应大于 4 倍管外径**，暗装管材的弯曲半径**应大于 6～10 倍管外径**。

3. 接管

PVC 电线管连接的常用方法有**管接头连接法和热熔连接法**。

（1）管接头连接法

PVC 电线管常用的管接头如图 6-20 所示，为了使管子连接牢固且密封性能好，还要用到 PVC 胶水（胶粘剂）。

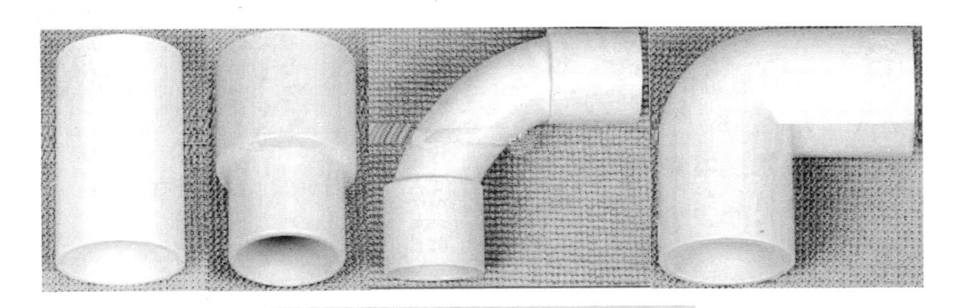

图 6-20 PVC 电线管常用的管接头

PVC 电线管的连接如图 6-21 所示，具体步骤如下：

1）选用钢锯、割刀或专用PVC断管器，将管子按要求长度垂直切断，如图6-21a所示。

2）用板锉将管子断口处毛刺和毛边去掉、并用干布将管头表面的残屑、灰尘、水、油污擦净，如图6-21b所示。

3）在管子上作好插入深度标记，再用刷子快速将PVC胶水均匀地涂抹在管接口的外表面和管接头的内表面，如图6-21c所示。

4）将待连接的两根管子迅速插入管接口内并保持至少2min，以便胶水固化，如图6-21d所示。

5）用布擦去管子表面多余的胶水，如图6-21e所示。

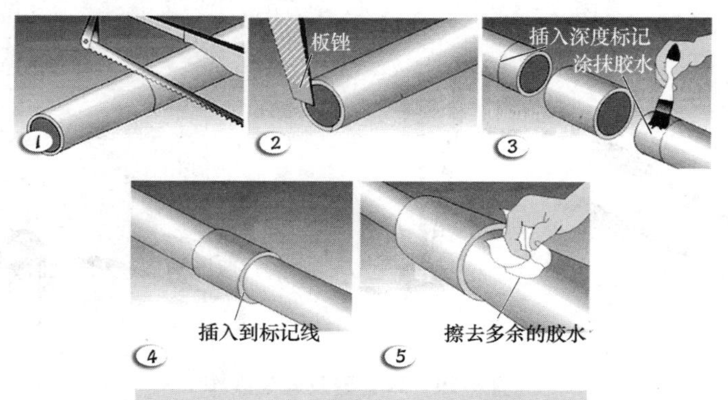

图6-21 用管接头连接PVC电线管

（2）热熔连接法

热熔法是将PVC电线管的接头加热熔化再套接在一起。在用热熔法连接PVC电线管时，常用到塑料管材熔接器（又称热熔器），如图6-22所示。图中的一套熔接器包括支架、熔接器、3对（6个）焊头、两个焊头固定螺栓和一个内六角扳手。

用塑料管材熔接器连接PVC电线管的具体步骤如下：

1）将熔接器的支脚插入配套支架的固定槽内，在使用时用双脚踩住支撑架。

2）根据管子的大小选择合适的一对焊头（凸凹），用螺栓将焊头固定在熔接器加热板的两旁。冷态安装时螺栓不能拧太紧，否则在工作状态拆卸时易将焊头螺纹损坏。在工作状态更换焊头时，要注意安全。拆下焊头应妥善保管，不能损坏焊头表面的涂层，否则容易引起塑料黏结，影响连接质量，缩短焊头寿命。

图6-22 塑料管材熔接器

3）接通熔接器的电源，红色指示灯亮（加热），待红色指示灯熄灭、绿色指示灯亮时，即可开始工作。

4）将一根管子套在凸焊头的外部，另一根管子插入凹焊头的内部，如图6-23所示，并加热数秒钟，再将两根管子迅速拔出，把一根管子垂直推入另一根已胀大的管子内，冷却数分钟即可。在推进时用力不宜过猛，以免管头弯曲。

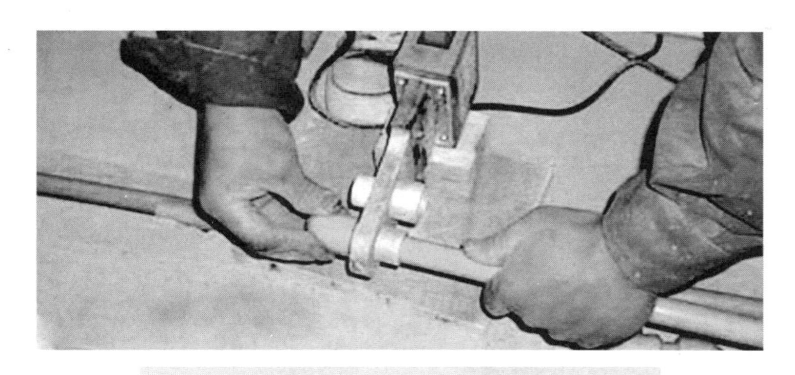

图6-23 用塑料管材熔接器连接PVC电线管

6.3.2 线管的敷设

1. 地面直接敷设线管

对于新装修且后期需加很厚垫层的地面，可以不用在地面开槽，直接将电线管横平竖直铺在地面，如图6-24所示，如果有管子需交叉时，可在交叉处开小槽，将底下的管子往槽内压，确保上面的管子能平整。

2. 槽内敷设线管

对于后期改造或垫层不厚的地面和墙壁，需要先开槽，再在槽内敷设电线管，如图6-25所示。

图6-24 地面直接敷设线管

3. 天花板敷设线管

由于灯具通常安装在天花板，故天花板也需要敷设线管。在天花板敷设线管分两种情况：一是天花板需要吊顶；二是天花板不吊顶。

如果天花板需要吊顶，可以将线管和灯具底盒直接明敷在房顶上，如图6-26所示，线管可用管卡固定住，然后用吊顶将线管隐藏起来。

如果天花板不吊顶且不批很厚的水泥砂浆，在敷设线管时，可以在房顶板开浅槽，再将管径小的线管铺在槽内并固定住，灯具底盒可不用安装，只需留出灯具接线即可，如图6-27所示。

4. 开关、插座底盒与线管的连接与埋设

在敷设线管时，线管要与底盒连接起来，为了使两者能很好连接，需要给底盒安装锁母，如图6-28a所示，它是由一个带孔的螺栓和一个管形环套组成。

在给底盒安装锁母时，先旋下环套上的螺栓，再敲掉底盒上敲落孔，螺栓从底盒内部往外伸出敲落孔，旋入敲落孔外侧的环套，底盒安装好锁母后，再将线管插入锁母，如图6-28b所示。使用锁母连接好并埋设在墙壁的底盒和线管如图6-28c所示。

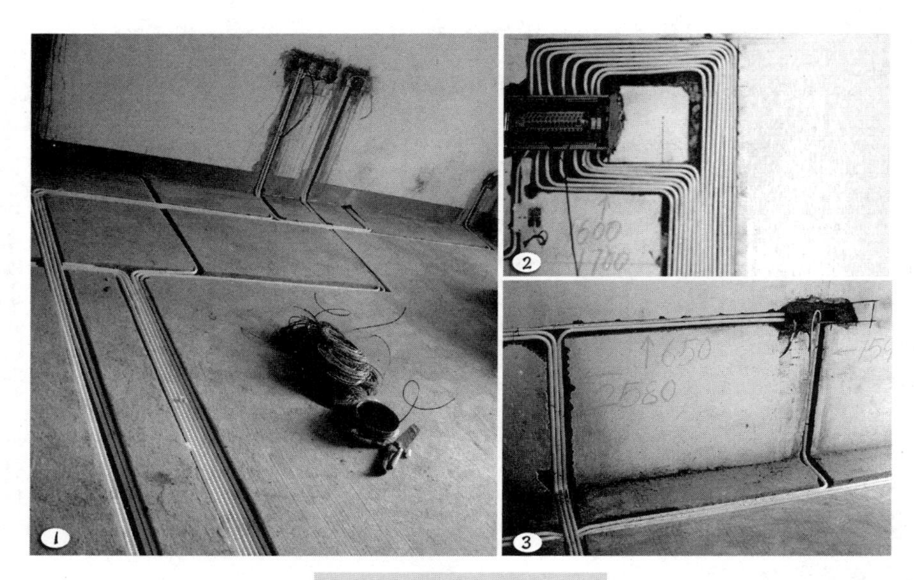

图 6-25　槽内敷设线管

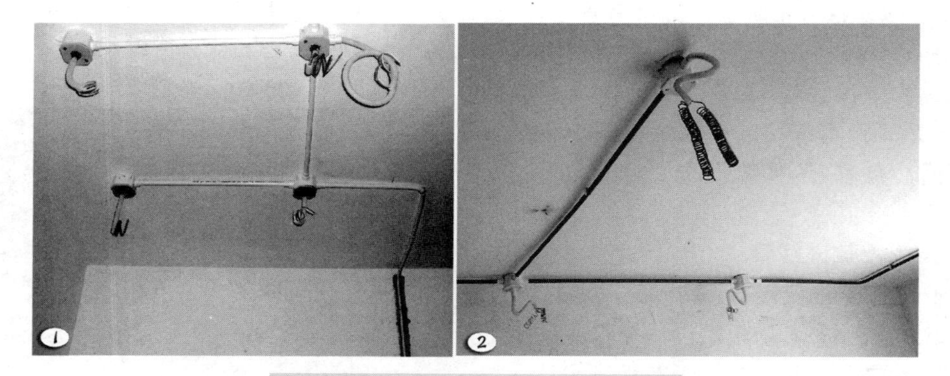

图 6-26　有吊顶的天花板敷设线管

图 6-27　无吊顶的天花板敷设线管

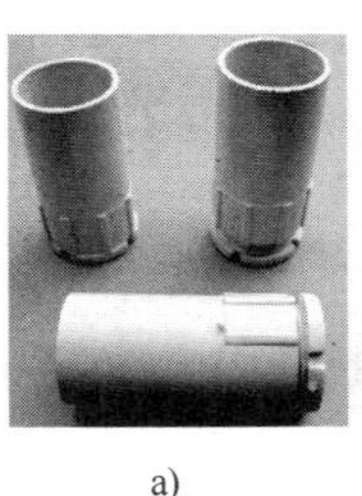
a)

b)

c)

图 6-28　用锁母连接底盒与线管

6.4　导线穿管和测试

电线管敷设好后，就可以往管内穿入导线。对于敷设好的电线管，其两端开口分别位于首尾端的底盒，穿线时将导线从一个底盒穿入某电线管，再从该电线管另一端的底盒穿出来。

6.4.1　导线穿管的常用方法

1. 短直电线管的穿线

对于短直电线管，如果穿入的导线较硬，可直接将导线从底盒的电线管入口穿入，从另一个底盒的电线管出口穿出；如果是多根导线，可将导线的头部绞合在一起，再进行穿管。短直电线管的穿线如图 6-29 所示。

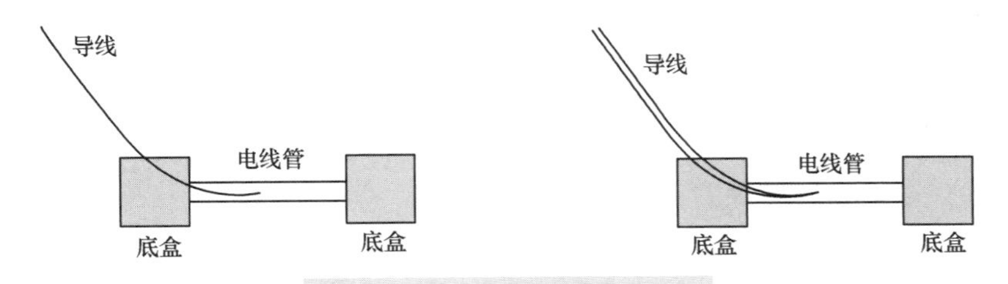

图 6-29　短直电线管的穿线

2. 有一个拐弯的电线管的穿线

对于有一个拐弯的电线管，如果导线无法直接穿管，可使用直径为 1.2mm 或 1.6mm 的钢丝来穿管。将钢丝的端头弯成小钩，从一个底盒的电线管的入口穿入，由于管子有拐弯，在穿管时要边穿边转钢丝，以便钢丝成顺利穿过拐弯处。钢丝从另一个底盒的电线管穿出后，将导线绑在钢丝一端，在另一端拉出钢丝，导线也随之穿入电线管。有一个拐弯的电线管的穿线如图 6-30 所示。

3. 有两个拐弯的电线管的穿线

对于有两个拐弯的电线管，如果使用一根钢丝无法穿管，可使用两根钢丝。先将一根端头弯成小钩的钢丝从一个底盒的电线管的入口穿入，边穿边转钢丝，同时在该电线管的出口处穿入另一根钢丝（端头也要弯成小钩），边穿边转钢丝，这两根钢丝转动方向要相反，当两根钢丝在电线管内部绞合在一起后，两根钢丝一拉一送，将一根钢丝完全穿过电线管，再

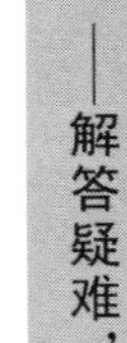

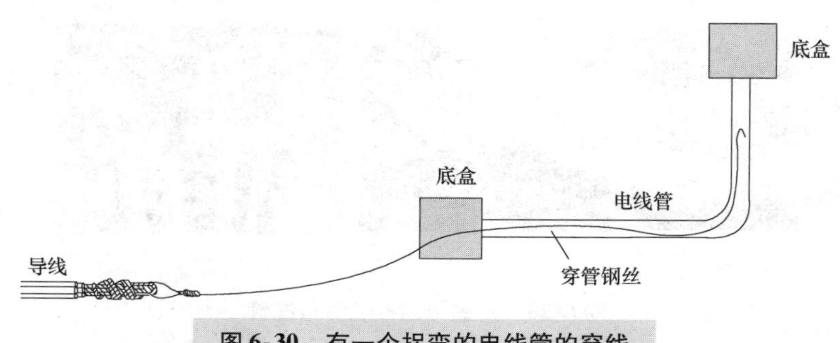

图 6-30　有一个拐弯的电线管的穿线

将导线绑在钢丝一端，在另一端拉出钢丝，导线也随之穿入电线管。有两个拐弯的电线管的穿线如图 6-31 所示。

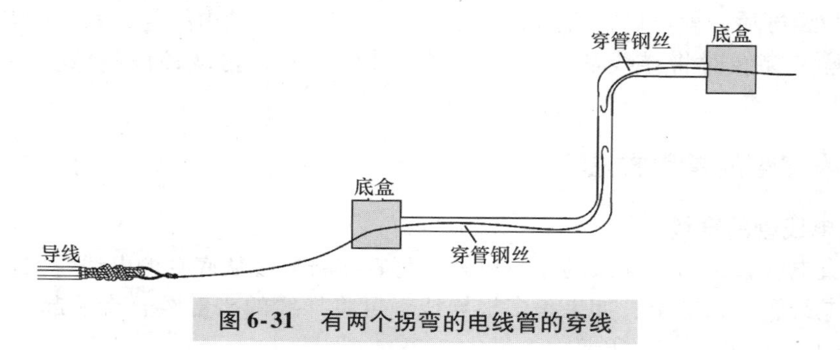

图 6-31　有两个拐弯的电线管的穿线

6.4.2　导线穿管注意事项

在导线穿管时，要注意以下事项：

1）同一回路的导线应穿入同一根管内，但管内总根数不应超过**8根**，导线总截面积（包括绝缘外皮）**不应超过管内截面积的 40%**。

2）套管内导线必须为完整的无接头导线，接头应设在开关、插座、灯具底盒或专设的接、拉线底盒内。

3）电源线与弱电线不得穿入同一根管内。

4）当套管长度超过 15m 或有两个直角弯时，应增设一个用于拉线的底盒（见图 6-32），拉线的底盒与开关插座底盒一样，但面板上无开关或插孔。

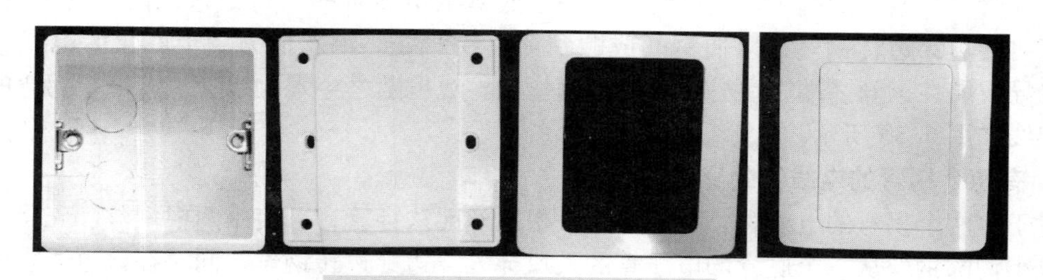
图 6-32　接、拉线底盒及面板

5）在较长的垂直套管中穿线后，应在上方固定导线，防止导线在套管中下坠。

6）在底盒中应留长度为15cm左右的导线，以便接开关、插座或灯具。

6.4.3　套管内的导线通断和绝缘性能测试

导线穿管后，为了检查导线在穿管时是否断线或绝缘层受损，可以用万用表对导线进行测试。

检测套管内的导线通断可使用万用表欧姆档，测试如图6-33所示，两个底盒间穿入3根导线，将一个底盒中的3根导线剥掉少量绝缘层，将它们的芯线绞在一起，然后万用表拨至R×1Ω档，测量另一个底盒中任意两根导线间的电阻，比如测量1、2号两根线的电阻，若测得的阻值接近0Ω，说明1、2号导线正常，若测得的阻值为无穷大，说明两根导线有断线，为了找出是哪一根线有断线，让接1号导线的表笔不动，将另一根表笔改接3号导线，若测得的阻值为0Ω，则说明2号线开路。

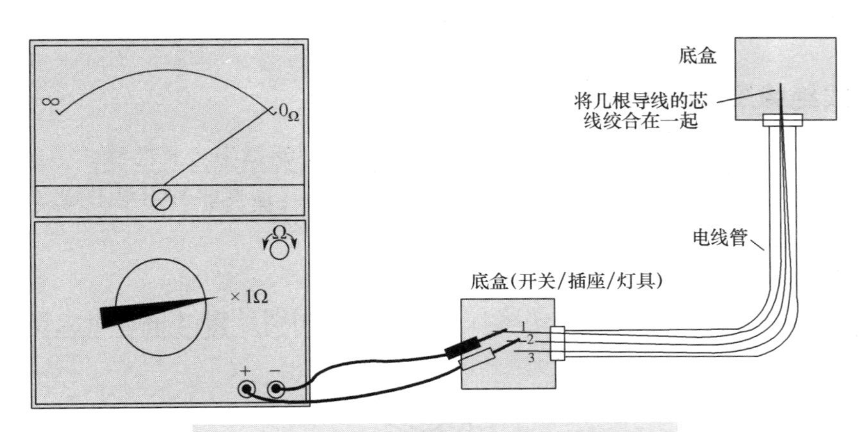

图6-33　用万用表检测套管内的导线通断

Chapter 7

第 7 章 开关、插座的接线与安装

7.1 导线的剥削、连接和绝缘恢复

7.1.1 导线绝缘层的剥削

在连接绝缘导线前，需要先**去掉导线连接处的绝缘层而露出金属芯线**，再进行连接，剥离的绝缘层的长度为**50～100mm**，通常线径小的导线剥离**短些**，线径粗的剥离**长些**。绝缘导线种类较多，绝缘层的剥离方法也有所不同。

1. 硬导线绝缘层的剥离

对于截面积在 0.4mm^2 以下的硬绝缘导线，可以使用**钢丝钳（俗称老虎钳）**剥离绝缘层，具体如图 7-1 所示。其过程如下：

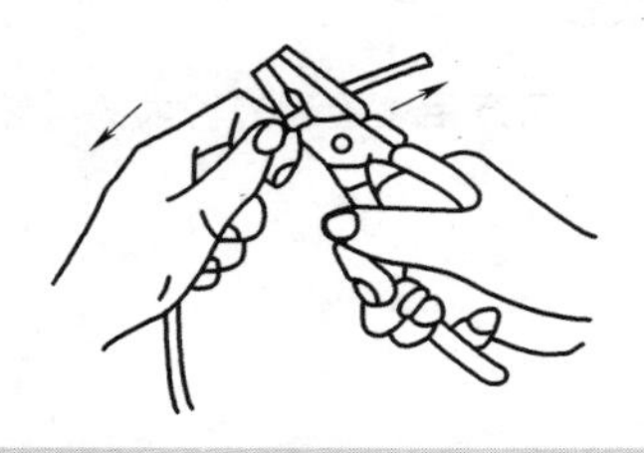

图 7-1 截面积在 0.4mm^2 以下的硬绝缘导线绝缘层的剥离

1）用左手捏住导线，右手拿钢丝钳，将钳口钳住剥离处的导线，切不可用力过大，以免切伤内部芯线。

2）左、右手分别朝相反方向用力，绝缘层就会沿钢丝钳运动方向脱离。

如果剥离绝缘层时不小心伤及内部芯线，较严重时需要剪掉切伤部分的导线，重新按上述方法剥离绝缘层。

对于截面积在 0.4mm^2以上的硬绝缘导线，可以使用**电工刀**来剥离绝缘层，具体如图 7-2 所示。其过程如下：

1）左手捏住导线，右手拿电工刀，将刀口以 **45°**切入绝缘层，不可用力过大，以免切伤内部芯线，如图 7-2a 所示。

2）刀口切入绝缘层后，让刀口和芯线保持25°，推动电工刀，将部分绝缘层削去，如图7-2b所示。

3）将剩余的绝缘层反向扳过来，如图7-2c所示，然后用电工刀将剩余的绝缘层齐根削去。

2. 软导线绝缘层的剥离

剥离软导线的绝缘层可使用钢丝钳或剥线钳，但不可使用电工刀，因为软导线芯线由多股细线组成，用电工刀剥离很易切断部分芯线。用钢丝钳剥离软导线绝缘层的方法与剥离硬导线的绝缘层操作方法一样，这里只介绍如何用剥线钳剥离绝缘层，如图7-3所示。具体操作过程如下：

1）将剥线钳钳入需剥离的软导线。

2）握住剥线钳手柄作圆周运行，让钳口在导线的绝缘层上切成一个圆周，注意不要切伤内部芯线。

3）往外推动剥线钳，绝缘层就会随钳口移动方向脱离。

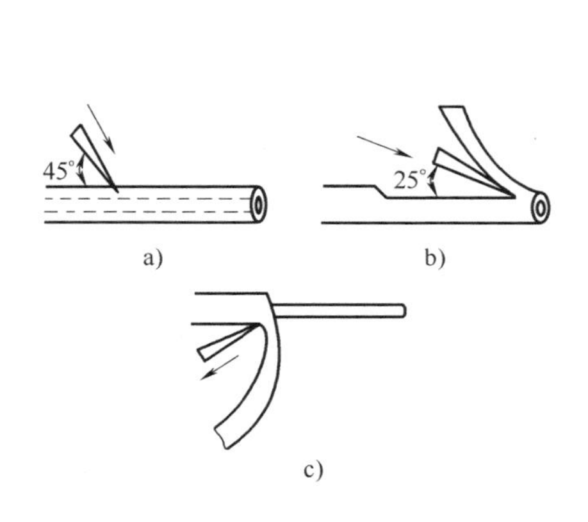

图7-2　截面积在0.4mm² 以上的硬绝缘导线绝缘层的剥离

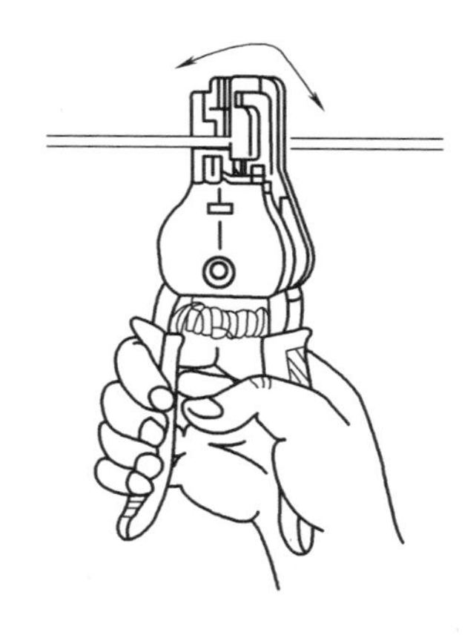

图7-3　用剥线钳剥离绝缘层

3. 护套线绝缘层的剥离

护套线除了内部有绝缘层外，在外面还有护套。在剥离护套线绝缘层时，先要剥离护套，再剥离内部的绝缘层。剥离护套常用电工刀，剥离内部的绝缘层根据情况可使用钢丝钳、剥线钳或电工刀。护套线绝缘层的剥离如图7-4所示。具体过程如下：

1）将护套线平放在木板上，然后用电工刀尖从中间划开护套，如图7-4a所示。

2）将护套线折弯，再用电工刀齐根削去，如图7-4b所示。

3）根据护套线内部芯线的类型，用钢丝钳、剥线钳或电工刀剥离内部绝缘

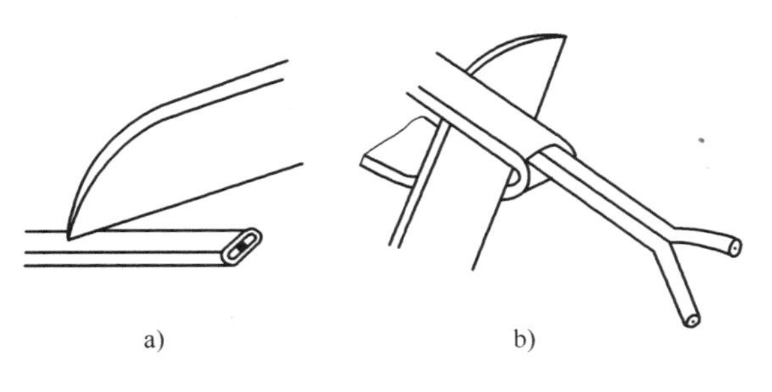

图7-4　护套线绝缘层的剥离

『行』——学以致用，攻坚克难

层。若芯线是较粗的硬导线，可使用电工刀；若是细硬导线，可使用钢丝钳；若是软导线，则使用剥线钳。

7.1.2 导线与导线的连接

当导线长度不够或接分支线路时，需要将导线与导线连接起来。导线连接部位是线路的薄弱环节，正确进行导线连接可以增强线路的安全性、可靠性，使用电设备能稳定可靠运行。在连接导线前，要求先去除芯线上污物和氧化层。

1. 铜芯导线之间的连接

（1）单股铜芯导线的直线连接

单股铜芯导线的直线连接如图7-5所示。具体过程如下：

1）将去除绝缘层和氧化层的两根单股导线作 **X形相交**，如图7-5a所示。

2）将两根导线向两边紧密斜着缠绕 **2~3圈**，如图7-5b所示。

3）将两根导线扳直，再各向两边绕 **6圈**，多余的线头用钢丝钳剪掉，连接好的导线如图7-5c所示。

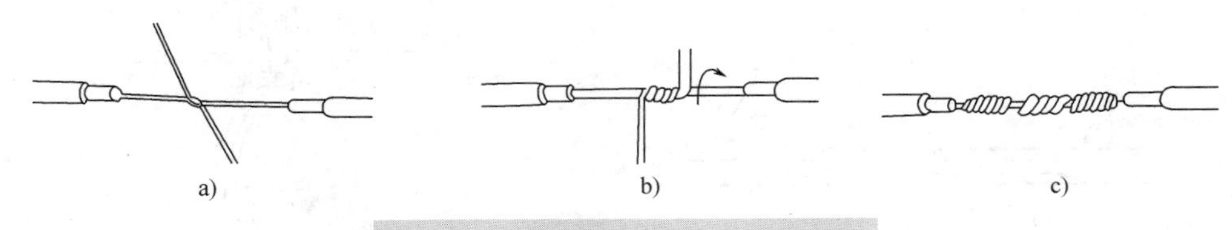

图7-5 单股铜芯导线的直线连接

（2）单股铜芯导线的T字形分支连接

单股铜芯导线的T字形分支连接如图7-6所示。具体过程如下：

1）将除去绝缘层和氧化层的支路芯线与主干芯线十字相交，然后将支路芯线在主干芯线上绕一圈并跨过支路芯线（即打结），再在主干线上缠绕 **8圈**，如图7-6a所示，多余的支路芯线剪掉。

2）对于截面积小的导线，**也可以不打结**，直接将支路芯线在主干芯线缠绕几圈，如图7-6b所示。

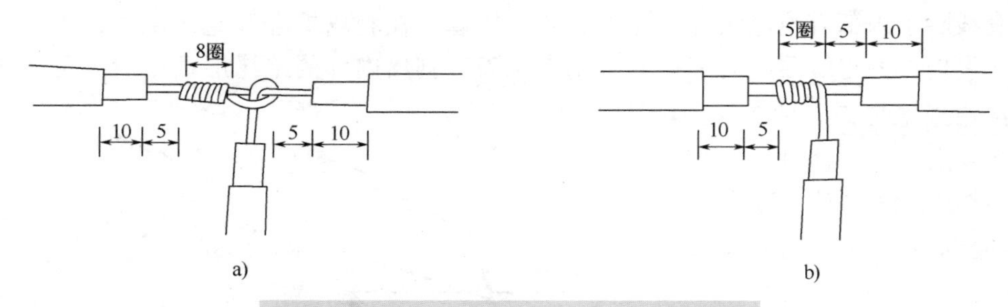

图7-6 单股铜芯导线的T字形分支连接

（3）7股铜芯导线的直线连接

7股铜芯导线的直线连接如图7-7所示。具体过程如下：

1）将去除绝缘层和氧化层的两根导线7股芯线散开，并将绝缘层旁约2/5的芯线段绞紧，如图7-7a所示。

2）将两根导线分散成开的芯线隔根对叉，如图7-7b所示，然后压平两端对叉的线头，并将中间部分钳紧，如图7-7c所示。

3）将一端的7股芯线按**2、2、3**分成三组，再把第一组的2根芯线扳直（即与主芯线垂直），如图7-7d所示，然后按顺时针方向在主芯线上紧绕**2圈**，再将余下的扳到主芯线上，如图7-7e所示。

4）将第二组的2根芯线扳直，然后按顺时针方向在第一组芯线及主芯线上**紧绕2圈**，如图7-7f所示。

5）将第三组的3根芯线扳直，然后按顺时针方向在第一、二组芯线及主芯线上**紧绕2圈**，如图7-7g所示，三组芯线绕好后把多余的部分剪掉，已绕好一端的导线如图7-7h所示。

6）按同样的方法缠绕另一端的芯线。

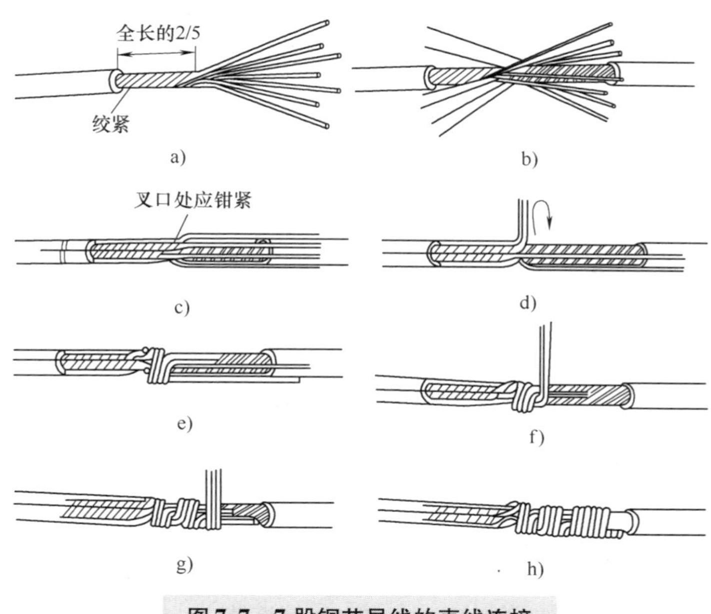

图7-7　7股铜芯导线的直线连接

（4）7股铜芯导线的T字形分支连接

7股铜芯导线的T字形分支连接如图7-8所示。具体过程如下：

1）将去除绝缘层和氧化层的分支线7股芯线散开，并将绝缘层旁约1/8的芯线段绞紧，如图7-8a所示。

2）将分支线7股芯线按**3、4**分成两组，并叉入主干线，如图7-8b所示。

3）将3股的一组芯线在主芯线上按顺时针方向**紧绕3圈**，再将余下的剪掉，如图7-8c所示。

4）将4股的一组芯线在主芯线上按顺时针方向**紧绕4圈**，再将余下的剪掉，如图7-8d所示。

『行』——学以致用，攻坚克难

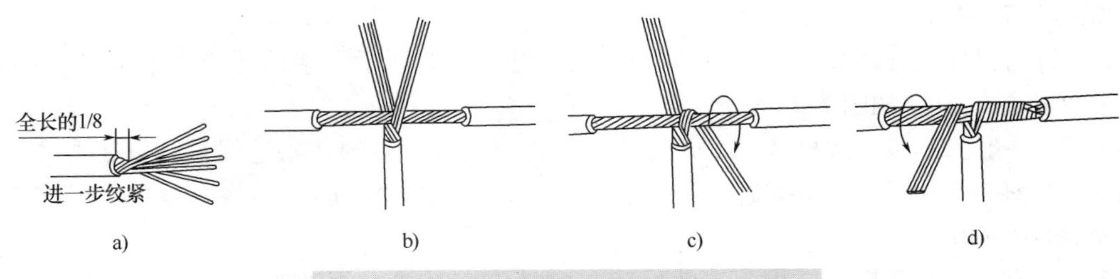

图7-8　7股铜芯导线的T字形分支连接

（5）不同直径铜导线的连接

不同直径的铜导线连接如图7-9所示。具体过程是：将细导线的芯线在粗导线的芯线上绕**5~6圈**，然后将粗芯线弯折压在缠绕细芯线上，再把细芯线在弯折的粗芯线上绕**3~4圈**，最后将多余的细芯线剪去。

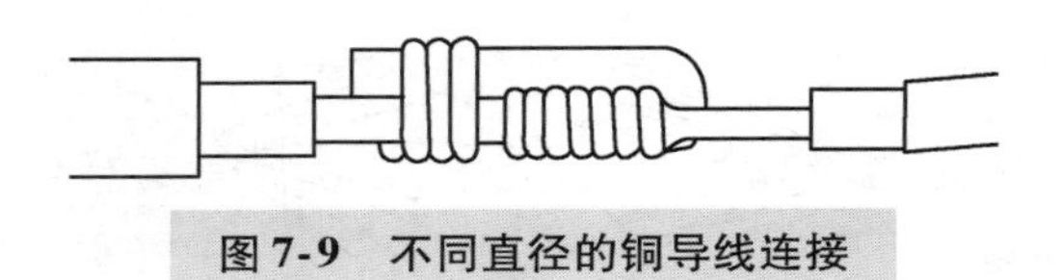
图7-9　不同直径的铜导线连接

（6）多股软导线与单股硬导线的连接

多股软导线与单股硬导线的连接如图7-10所示。具体过程是：先将多股软导线拧紧成一股芯线，然后将拧紧的芯线在硬导线上缠绕**7~8圈**，再将硬导线折弯压紧缠绕的软芯线。

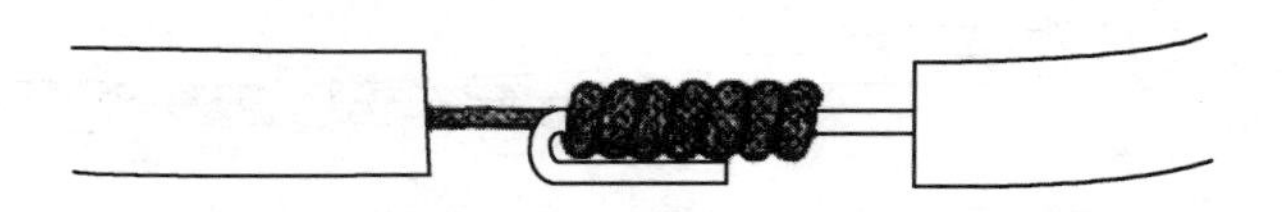
图7-10　多股软导线与单股硬导线的连接

（7）多芯导线的连接

多芯导线的连接如图7-11所示。从图中可以看出，多芯导线之间的连接关键在于各芯线连接点应相互错开，这样可以防止芯线连接点之间短路。

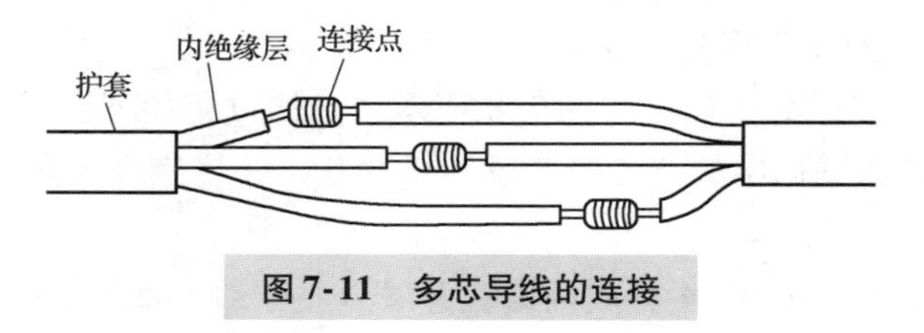

图7-11　多芯导线的连接

（8）导线的并头连接

在家庭安装电气线路时，导线不可避免地会出现分支接点，由于导线分支接点是线路的薄弱点，为了查找和维护方便，分支接点不能放在**导线保护管（PVC电线管）**内，应安排在**开关、插座或灯具安装盒**内，如图7-12所示。电源三根线进入灯具安装盒后，需要与开关线、灯具线和下一路电源线连接，它们之间的连接一般采用并头连接。

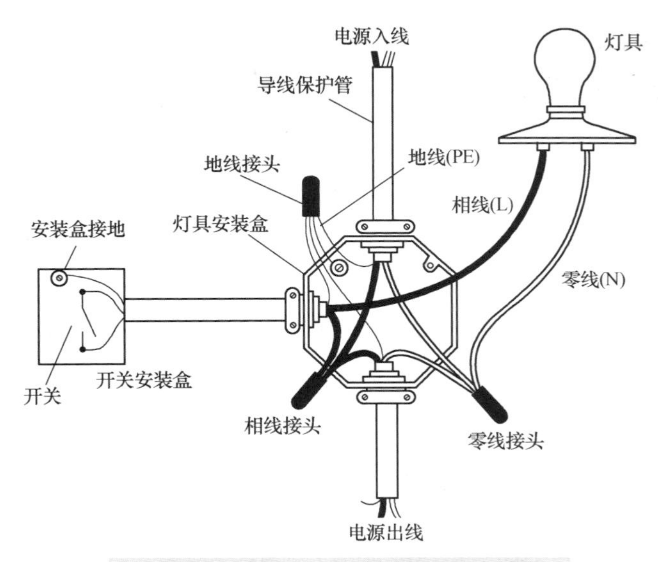

图7-12　导线分接点安排在安装盒例图

导线的并头连接的具体方法如下：

1）对于两根导线，可剥掉绝缘层后直接绞合在一起，如图7-13所示。

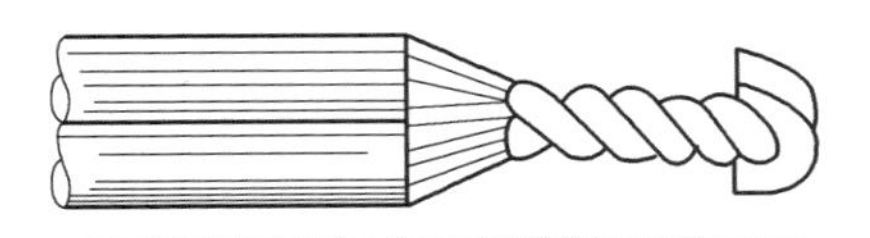

图7-13　两根导线的并头连接

2）对于多根导线，可将其中一根导线绝缘层剥长一些（以让芯线露出更长），然后将这些导线的绝缘层根部对齐，再用芯线长的导线缠绕其他几根芯线短的导线，缠绕**5**圈后，将被缠的几根导线的芯线往回弯，并用钳子夹紧，如图7-14所示。

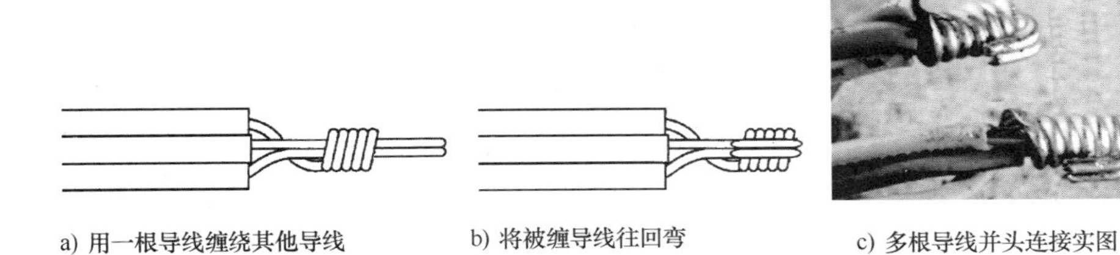

图7-14　多根导线的并头连接

导线并头连接后，为了使接触面积增大且更牢固，常需要对接头进行**涮锡**处理。在涮锡时，用锡炉将锡块熔化，再将导线接头浸入熔化的液锡中，接头蘸满锡后取出，如图7-15所示。

a) 锡炉

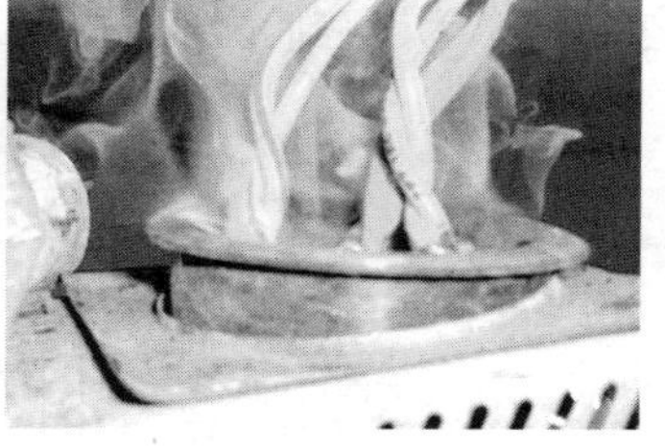

b) 将导线接头浸入熔化的液锡中

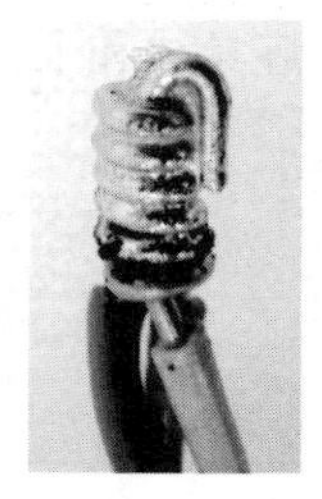

c) 涮锡效果

图 7-15 导线接头涮锡

3）导线并头连接还可以使用压线帽。压线帽如图 7-16 所示，其外部是绝缘防护帽，内部是镀银铜管。用压线帽压接导线接头如图 7-17 所示，先将待连接的几根导线绝缘层剥掉 **2～3cm**，对齐后用钢丝钳将它们绞紧，再将接头伸入压线帽内，再用压线钳合适的压口夹住压线帽，用力压紧压线帽，压线帽内压扁的铜管将各导线紧紧压在一起，使用压线帽压接导线接头不用涮锡，也不用另加绝缘层。

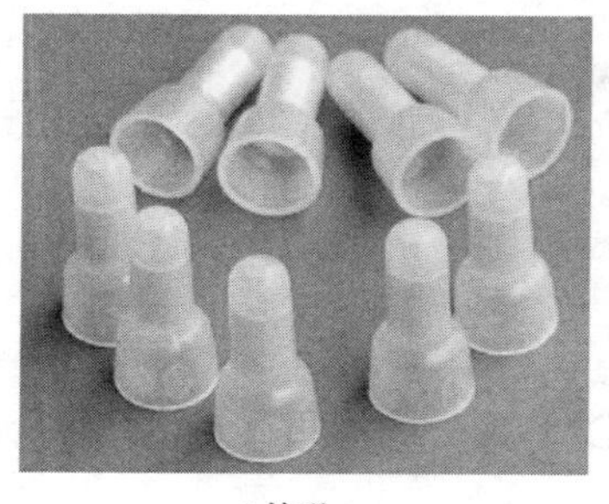

a) 外形

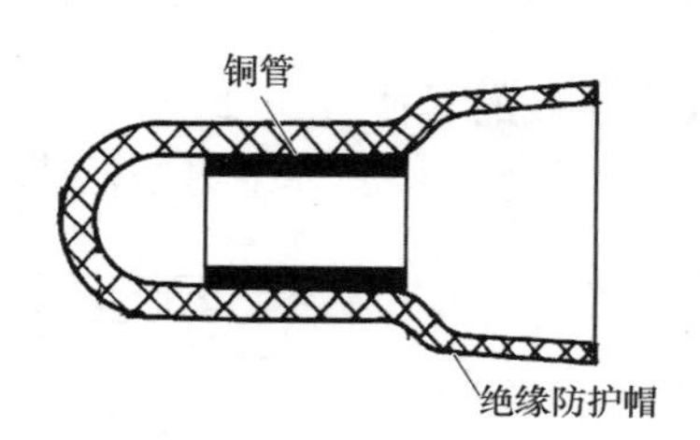

b) 结构

图 7-16 压线帽

a) 将导线绞合在一起

b) 将导线接头伸入压线帽

c) 用压线钳压紧压线帽

图 7-17 用压线帽压接导线并接头

在图 7-18 所示的底盒内，有些导线接头采用压线帽压接，有的导线接头直接绞接，并用绝缘胶带缠绕进行绝缘处理。

2. 铝芯导线之间的连接

铝芯导线由于采用铝材料作芯线，而铝材料易氧化从而在表面形成氧化铝，氧化铝的电阻率又比较高，如果线路安装要求比较高，铝芯导线之间一般不采用铜芯导线之间的连接方

图7-18　底盒中导线的并头连接实图

法，而常用**铝压接管**（见图7-19）进行连接。

图7-19　铝压接管

用压接管连接铝芯导线方法如图7-20所示。具体操作过程如下：

1）将待连接的两根铝芯线穿入压接管，并穿出一定的长度，如图7-20a所示，芯线截面积截越大，**穿出越长**。

2）用压接钳对压接管进行压接，如图7-20b所示，铝芯线的截面积越大，要求**压坑越多**。

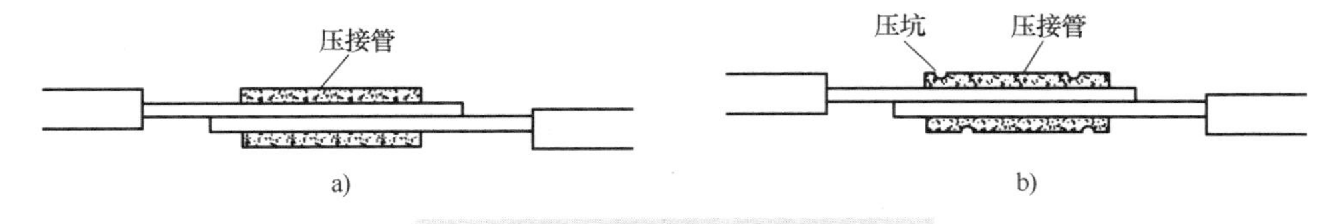

图7-20　用压接管连接铝芯导线

如果需要将三根或四根铝芯线压接在一起，可按图7-21所示方法进行。

3. 铝芯导线与铜芯导线的连接

当铝和铜接触时容易发生**电化腐蚀**，所以铝芯导线和铜芯导线不能直接连接，连接时需要用到**铜铝压接管**，这种套管是由铜和铝制作而成的，如图7-22所示。

铝芯导线与铜芯导线的连接方法如图7-23所示。具体操作过程如下：

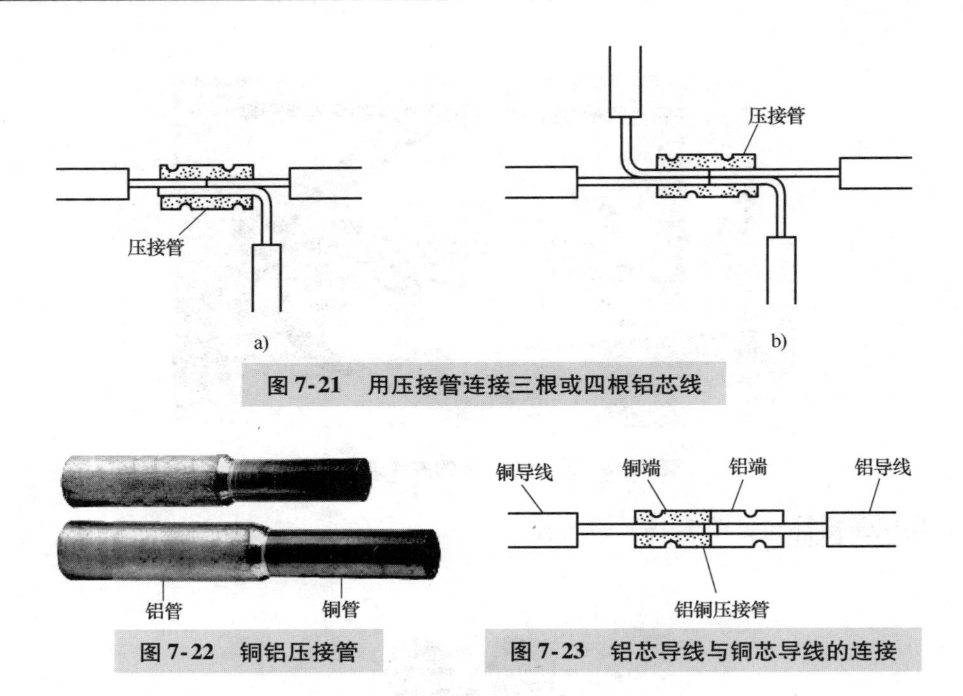

图 7-21　用压接管连接三根或四根铝芯线

图 7-22　铜铝压接管

图 7-23　铝芯导线与铜芯导线的连接

1）将铝芯线从压接管的铝端穿入，芯线不要超过压接管的铜材料端，铜芯线从压接管的铜端穿入，芯线不要超过压接管的铝材料端。

2）用压接钳压挤压接管，将铜芯线与压接管的铜材料端压紧，铝芯线与压接管的铝材料端压紧。

7.1.3　导线与接线柱的连接

1. 导线与针孔式接线柱的连接

导线与针孔式接线柱的连接方法如图 7-24 所示。具体操作过程是：旋松接线柱上的螺钉，再将芯线插入针孔式接线柱内，然后旋紧螺钉。如果芯线较细，可把它折成两股再插入接线柱并旋紧。

2. 导线与螺钉平压式接线柱的连接

导线与螺钉平压式接线柱的连接如图 7-25 所示。具体操作过程是：将导线的芯线弯成

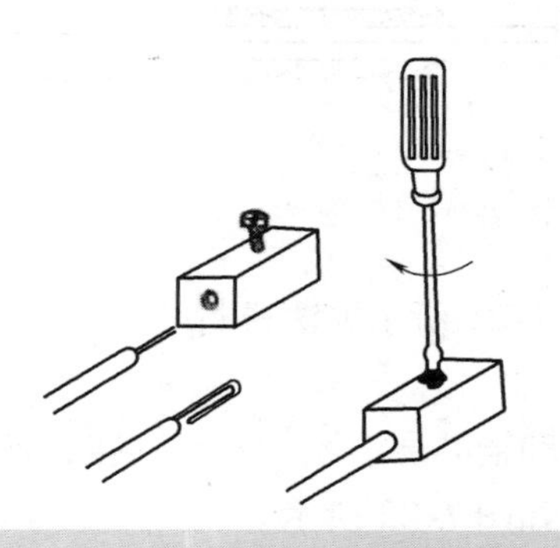

图 7-24　导线与针孔式接线柱的连接

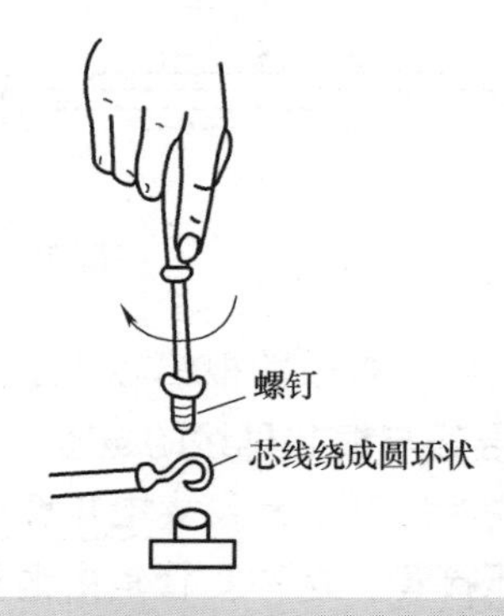

图 7-25　导线与螺钉平压式接线柱的连接

圆环状，保证芯线处于平分圆环位置，然后将圆环套在螺钉上，再往螺母上旋紧螺钉。芯线就被紧压在螺钉和螺母之间，由于螺钉一般往顺时针方向为旋紧，故圆环的缺口应处于顺时针方向，这样在旋转螺钉时圆环才不会变松。

7.1.4　导线绝缘层的恢复

导线芯线连接好后，为了安全起见，需要在芯线上缠绕绝缘材料，即恢复导线的绝缘层。缠绕的绝缘材料主要有黄蜡带、黑胶带和涤纶薄膜胶带。

在导线上缠绕绝缘带的方法如图7-26所示。具体过程如下：

1）从导线的左端绝缘层约两倍胶带宽处开始缠绕黄蜡胶带，缠绕时，胶带保持与导线成55°的角度，并且缠绕时胶带要压住上圈胶带的1/2，缠绕到导线右端绝缘层约两倍胶带宽处停止。

2）在导线右端将黑胶带与黄蜡胶带粘贴连接好，然后从右往左斜向缠绕黑胶带，缠绕方法与黄胶带相同，缠绕至导线左端黄腊带的起始端结束。

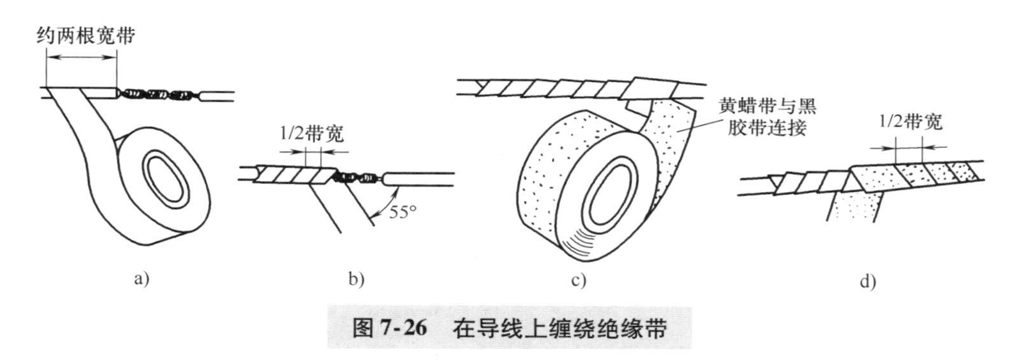

图7-26　在导线上缠绕绝缘带

7.2　开关的安装与接线

7.2.1　开关的安装

1. 暗装开关的拆卸与安装

（1）暗装开关的拆卸

拆卸是安装的逆过程，在安装暗装开关前，先了解一下如何拆卸已安装的暗装开关。单联暗装开关的拆卸如图7-27所示。先用一字螺丝刀插入开关面板的缺口，用力撬下开关面板，再撬下开关盖板，然后旋出固定螺钉，就可以拆下开关主体。多联暗装开关的拆卸与单联暗装开关大同小异。

（2）暗装开关的安装

由于暗装开关是安装在暗盒上的，在安装暗装开关时，要求暗盒（又称安装盒或底盒）已嵌入墙内并已穿线，如图7-28所示，暗装开关的安装如图7-29所示，先从暗盒中拉出导线，接在开关的接线端，然后用螺钉将开关主体固定在暗盒上，之后再依次装好盖板和面板即可。

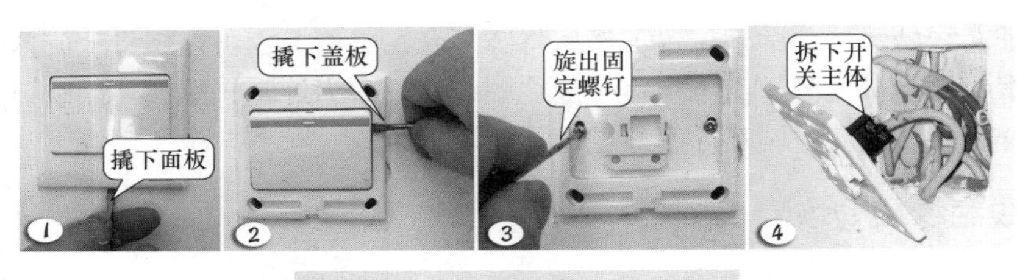

图 7-27　单联暗装开关的拆卸

图 7-28　已埋入墙壁并穿好线的暗盒

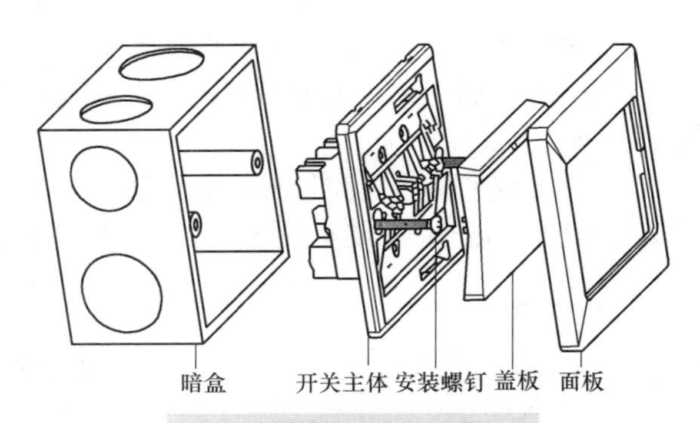

图 7-29　暗装开关的安装

2. 明装开关的安装

明装开关直接安装在建筑物表面。明装开关有分体式和一体式两种类型。

分体式明装开关如图 7-30 所示，分体式明装开关采用明盒与开关组合。在安装分体式明装开关时，先用电钻在墙壁上钻孔，接着往孔内敲入膨胀管（胀塞），然后将螺钉穿过明盒的底孔并旋入膨胀管，将明盒固定在墙壁上，再从侧孔将导线穿入底盒并与开关的接线端连接，最后用螺钉将开关固定在明盒上。明装与暗装所用的开关是一样的，但底盒不同，由于暗装底盒嵌入墙壁，底部无须螺钉固定孔。

图 7-30　分体式明装开关（明盒 + 开关）

一体式明装开关如图 7-31 所示，在安装时先要撬开面板盖，才能看见开关的固定孔，用螺钉将开关固定在墙壁上，再将导线引入开关并接好线，然后合上面板盖即可。

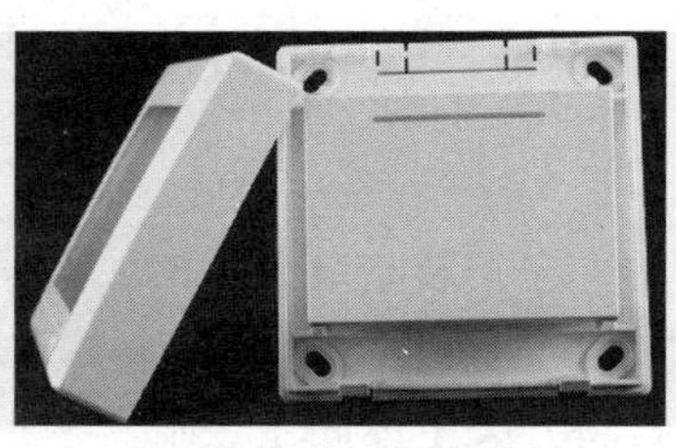

图 7-31　一体式明装开关

3. 开关的安装要点

开关的安装要点如下：

1）开关的安装位置为距地约 **1.4m**，距门口约 **0.2m** 处为宜。

2）为避免水汽进入开关而影响开关寿命或导致电气事故，卫生间的开关最好安装在卫生间门外，若必须安装在卫生间内，应给开关加装**防水盒**。

3）开敞式阳台的开关最好安装在室内，若必须安装在阳台，应给开关加装**防水盒**。

4）在接线时，必须要将相线接开关，相线经开关后再去接灯具，零线直接灯具。

7.2.2　单控开关的种类及接线

1. 种类

单控开关采用一个开关控制**一条线路的通断**，是一种最常用的开关。单控开关具体可分为单联单控（又称单极单控或一开单控）、双联单控、三联单控、四联单控和五联单控开关等。

2. 接线

单控开关接线比较简单，零线直接接到灯具，相线则要经开关后再接到灯具。单控开关接线如图 7-32 所示。

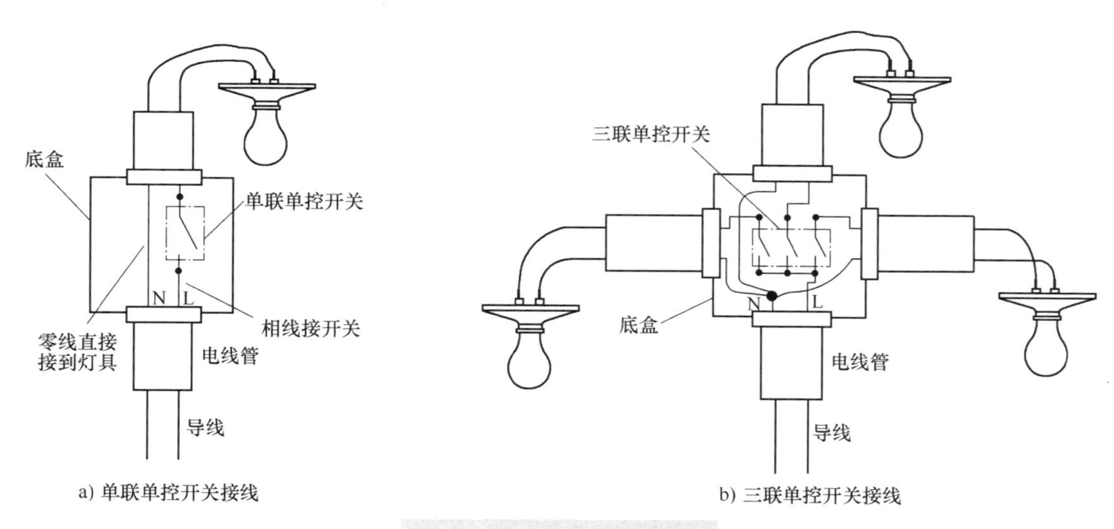

图 7-32　单控开关的接线

7.2.3　双控开关的种类及接线

1. 种类

双控开关是**一种带有常开和常闭触点的开关**。双控开关具体可分为**单联双控、双联双控、三联双控和四联双控开关**等。

2. 接线端的判别

双控开关每联均含有**一个常开触点和一个常闭触点**，每联有 3 个接线端，分别为**常开端、常闭端和公共端**。双控开关结构如图 7-33 所示。

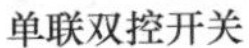
单联双控开关

双联双控开关

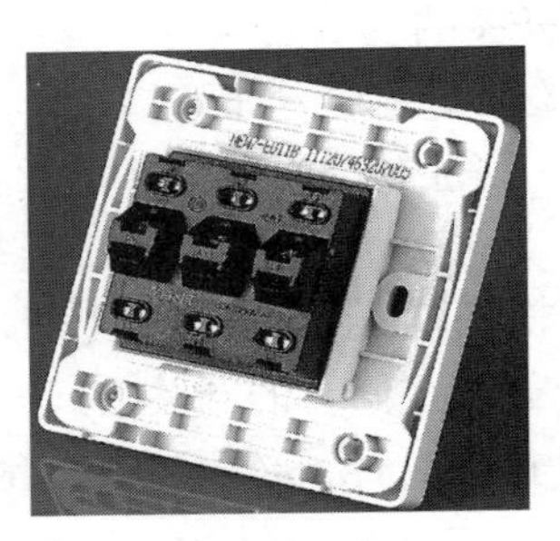
三联双控开关

图 7-33 双控开关的接线端

在判别双控开关的接线端时，可以直接查看接线端旁的标注，如公共端一般用 **L** 表示，常开端和常闭端用 **L1、L2** 表示，也有的开关采用其他表示方法。如果无法从标注判别出各接线端，可使用万用表来检测。不管开关如何切换，常开端和常闭端之间的电阻始终为**无穷大**，而公共端与常开端或常闭端之间的电阻会随开关切换在 **0 和∞之间**变换。

在检测单联双控开关时，万用表选择 R×1Ω 档，红、黑表笔接任意两个接线端，如果测得电阻为 0Ω，一根表笔不动，另一根表笔接第三个接线端，测得电阻应为∞，再切换开关，如果电阻变为 **0Ω**，则不动的表笔接的为**公共端**，如果电阻仍为 ∞，则当前两表笔所接之外的那个端子为**公共端**。常开端和常闭端通常不作区分。多联双控开关可以看成多个单联双控开关组成，各联开关之间接线端区分明显，检测各联开关三个接线端的方法与检测单联双控开关是一样的。

3. 应用接线

（1）用两个双控开关在两地控制一盏灯的接线

双控开关最典型的应用就是实现两地控制一盏灯，它需要用到两个双控开关，其接线如图 7-34 所示。该电路可以实现 A 地开灯、B 地关灯或 A 地关灯、B 地开灯。

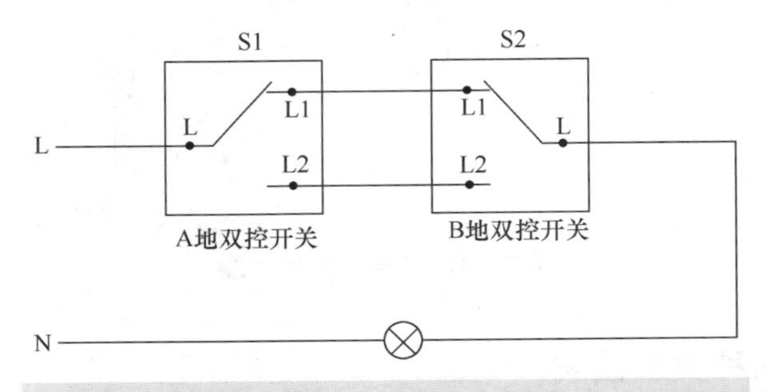

图 7-34 用两个双控开关在两地控制一盏灯的接线

（2）用两个多联双控开关在两地控制多盏灯的接线

用两个多联双控开关在两地控制多盏灯的接线如图 7-35 所示，该线路采用两个三联双控开关控制餐厅灯、射灯和灯带，在 A 地打开某种灯，在 B 地可将该灯关掉。

（3）切换工作电器的接线（见图 7-36）

（4）切换工作电源的接线（见图 7-37）

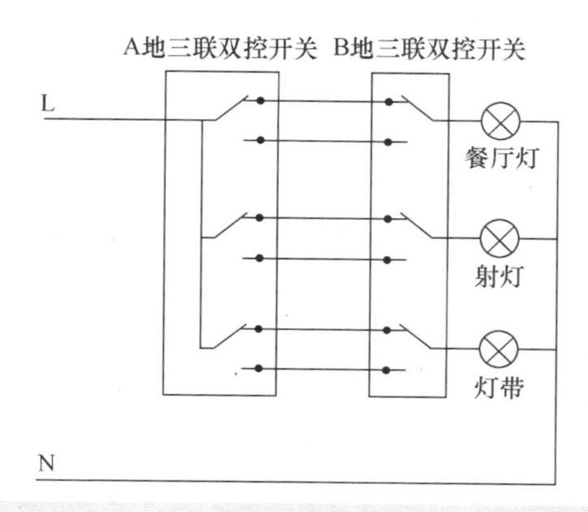

图7-35 用两个多联双控开关在两地控制多盏灯的接线

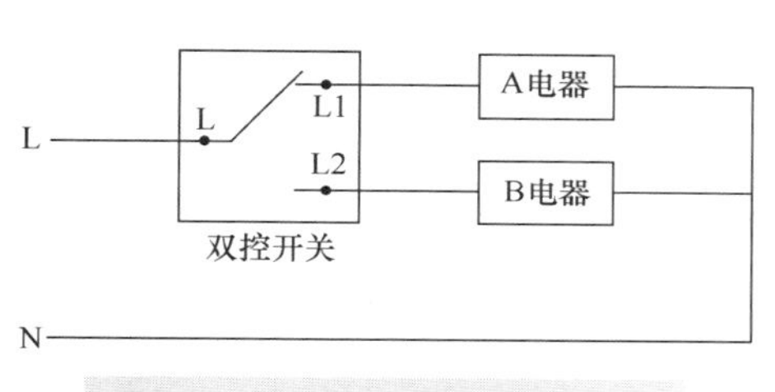

图7-36 切换工作电器的接线

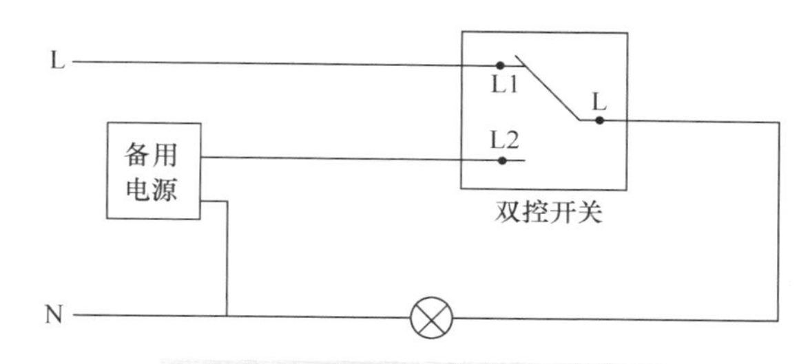

图7-37 切换工作电源的接线

7.2.4 中途开关的种类及接线

1. 种类

中途开关又称双路换向开关，常用作多地（三地及以上）控制，它有四接线端和六接线端两种类型。图7-38为四接线端中途开关，若开关切换前1、2接通，3、4接通，那么开关切换后，1、4接通，2、3接通。图7-39为六接线端中途开关，开关内部已用导线将1、6端及3、4端接通，若开关切换前1、2接通，4、5接通，那么开关切换后，2、3接通，5、6接通。

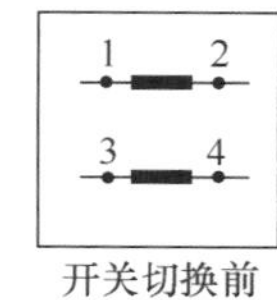

图7-38 四接线端中途开关

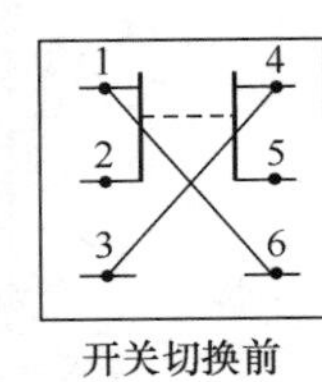

开关切换前

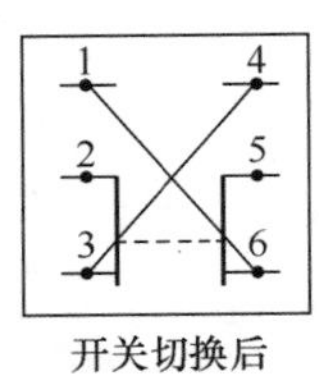

开关切换后

图 7-39　六接线端中途开关

2. 应用接线

利用中途开关与双控开关配合，可以实现多地控制一个用电器，如三个房间都能控制客厅灯。多地控制接线如图 7-40 所示。

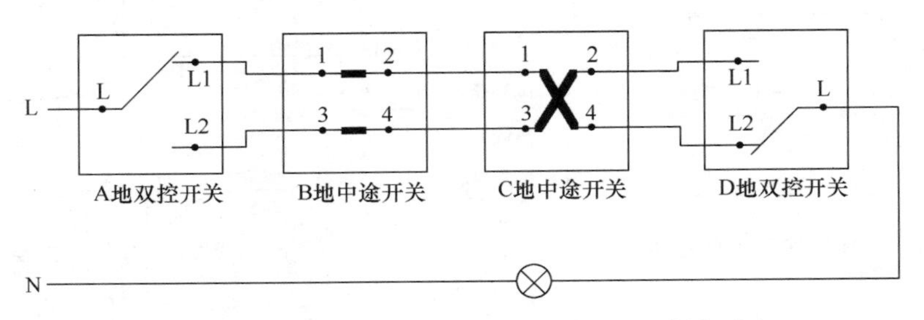

a) 2个四接线端中途开关配合2个双控开关实现四地控制一盏灯

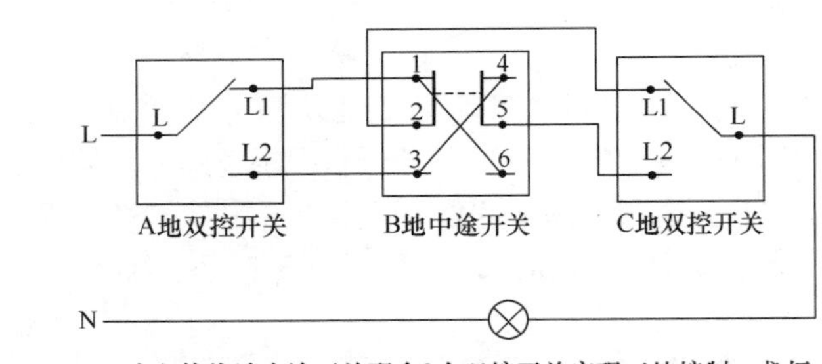

b) 1个六接线端中途开关配合2个双控开关实现三地控制一盏灯

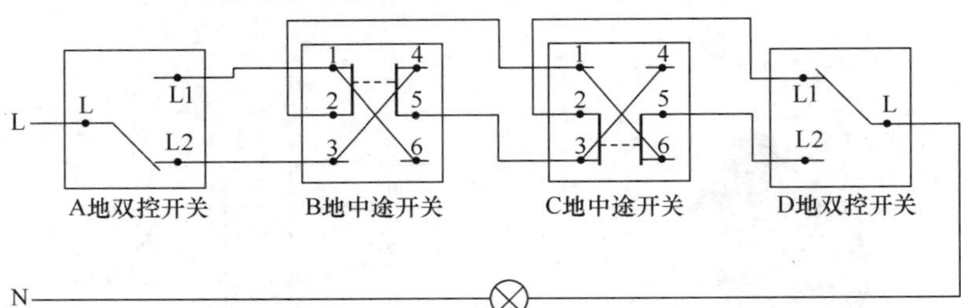

c) 2个六接线端中途开关配合2个双控开关实现四地控制一盏灯

图 7-40　多地控制接线

7.2.5 触摸延时和声光控开关的接线

1. 触摸延时开关

触摸延时开关常用于控制楼梯灯，在使用时，触摸一下开关的触摸点，开关会闭合一段时间（常为**1min左右**）再自动断开。触摸延时开关外形如图7-41a所示，在开关的背面通常会标明**接线方法、负载类型和负载最大功率**，如图7-41b所示。

2. 声光控开关

声光控开关常用于控制楼梯灯，其通断受**声音和光线的双重控制**，当开关所在环境的亮度暗至一定程度且有声音出现时，开关马上接通，接通一段时间后自动断开。声光控开关外形如图7-42a所示，在开关的背面通常会标明**接线方法、负载类型和负载功率范围**，如图7-42b所示。

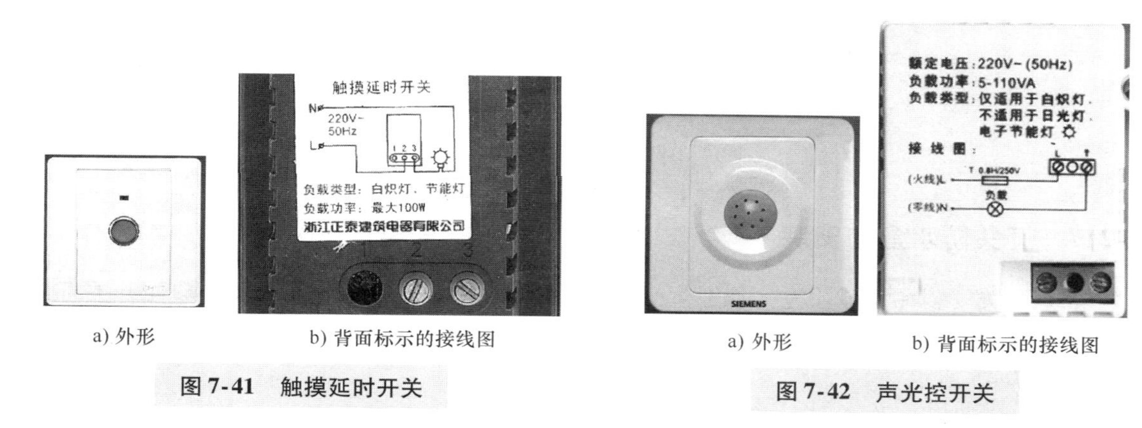

a) 外形　b) 背面标示的接线图

图7-41 触摸延时开关

a) 外形　b) 背面标示的接线图

图7-42 声光控开关

7.2.6 调光和调速开关的接线

1. 调光开关

调光开关的功能是调节灯具的电压来实现调光，调光开关一般只能接**纯阻性**灯具（如白炽灯）。调光开关外形如图7-43a所示，在开关的背面标注有接线方法、负载类型和负载最大功率，如图7-43b所示。在调光时，旋转开关上的旋钮，灯具两端的电压在220V以下变化，灯具发出的光线也就发生变化。

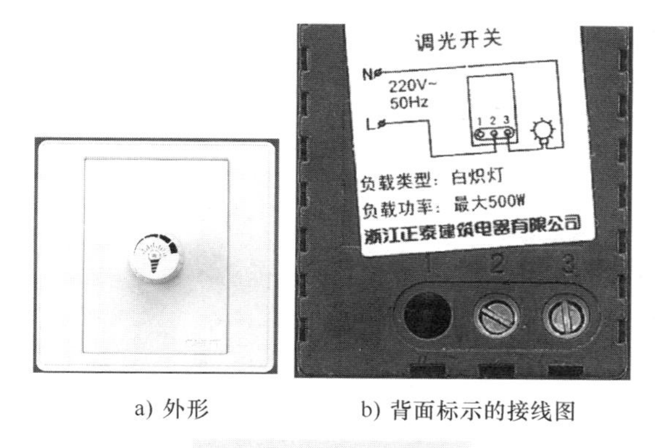

a) 外形　b) 背面标示的接线图

图7-43 调光开关

2. 调速开关

调速开关的功能是调节风扇电动机的电压来实现调速，调速开关接的负载类型为**风扇电动机**。调速开关外形如图 7-44a 所示，在开关的背面标注有接线方法、负载类型和负载功率范围，如图 7-44b 所示。在调速时，旋转开关上的旋钮，风扇电动机两端的电压在 220V 以下变化，风扇的风速也就变化。

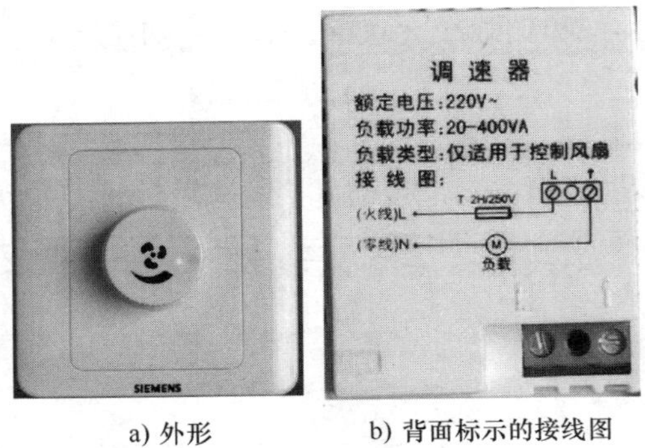

a) 外形　　b) 背面标示的接线图

图 7-44　调速开关

7.2.7　开关防水盒的安装

如果开关安装在潮湿环境（如卫生间和露天阳台），水分容易进入开关，会使开关寿命缩短和绝缘性能下降，为此可给潮湿环境中的开关和插座安装防水盒。防水盒又称防溅盒的外形如图 7-45 所示。

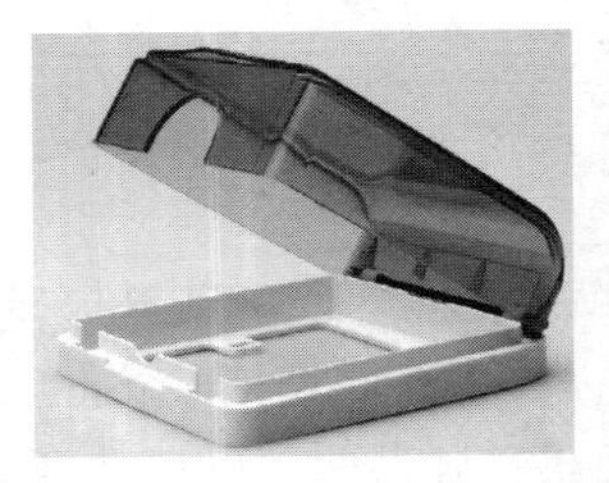

图 7-45　开关、插座的防水盒

在给开关安装防水盒时，将防水盒的螺钉孔与底盒的螺钉孔对齐后粘贴在墙壁上，然后将开关放入防水盒内，开关的螺钉孔要与防水盒和底盒螺钉孔对齐，再用螺钉将开关、防水盒固定在底盒上。插座防水盒的安装与开关是一样的，在外形上，开关、插座的防水盒有一定的区别，开关防水盒是全封闭的，而插座防水盒有一个缺口，用于引出插头线。

7.3　插座的安装与接线

7.3.1　插座的种类

插座种类很多，常用的基本类型有**三孔、四孔、五孔插座和三相四线插座**，还有带开关插座，如图7-46所示。从图中可以看出，三孔插座有三个接线端，四孔插座有两个接线端（对应的上下插孔内部相通），五孔插座有三个接线端，三相四线插座有四个接线端，一开三孔插座有五个接线端（两个为开关端，三个为插座端），一开五孔插座也有五个接线端。

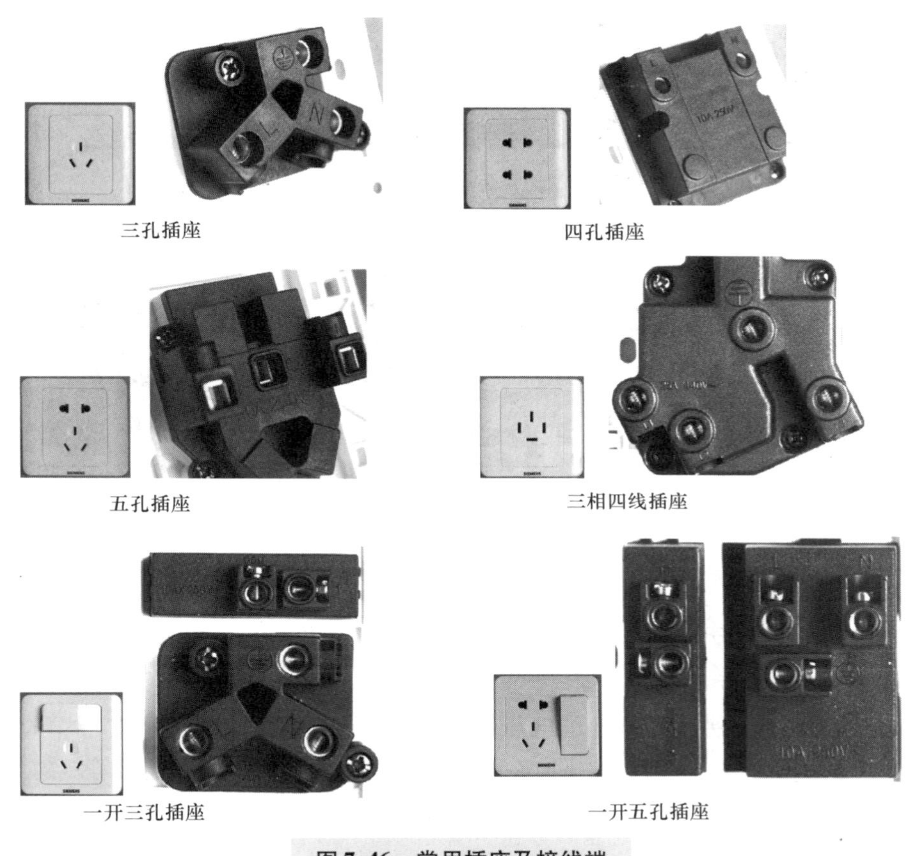

图7-46　常用插座及接线端

7.3.2　插座的拆卸与安装

1. 暗装插座的拆卸与安装

暗装插座的安装（拆卸）与暗装开关是一样的，先从暗盒中拉出导线，按极性规定将导线与插座相应的接线端连接，然后用螺钉将插座主体固定在暗盒上，再盖好面板即可。

2. 明装插座的安装

与明装开关一样，明装插座也有**分体式和一体式**两种类型。

分体式明装插座如图7-47所示，分体式明装插座采用明盒与插座组合，明装与暗装所用的插座是一样的。安装分体式明装插座与安装分体式明装开关一样，将明盒固定在墙壁上，再从侧孔将导线穿入底盒并与插座的接线端连接，最后用螺钉将插座固定在明盒上。

一体式明装插座如图7-48所示，在安装时要先撬开面板盖，看到插座上的螺钉孔和接线端，用螺钉将插座固定在墙壁上，并接好线，然后合上面板盖即可。

图 7-47　分体式明装插座（明盒 + 插座）

图 7-48　一体式明装插座

7.3.3　插座安装接线的注意事项

在安装插座时，要注意以下事项：

1）在选择插座时，要注意插座的电压和电流规格，住宅用插座电压通常规格为 220V，电流等级有 10A、16A、25A 等，插座所接的负载功率越大，要求**插座电流等级越大**。

2）如果需要在潮湿的环境（如卫生间和开敞式阳台）安装插座，应给插座安装防水盒。

3）在接线时，插座的插孔一定要按规定与相应极性的导线连接。插座的接线极性规律如图 7-49 所示。单相两孔插座的左极接 **N 线**（零线），右极接 **L 线**（相线）；单相三孔插座的左极接 **N 线**，右极接 **L 线**，中间极接 **E 线（地线）**；三相四线插座的左极接 **L3 线（相线 3）**，右极接 **L1 线（相线 1）**，上极接 **E 线**，下极接 **L2 线（相线 2）**。

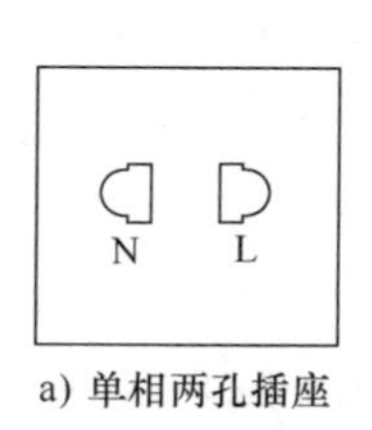

a) 单相两孔插座

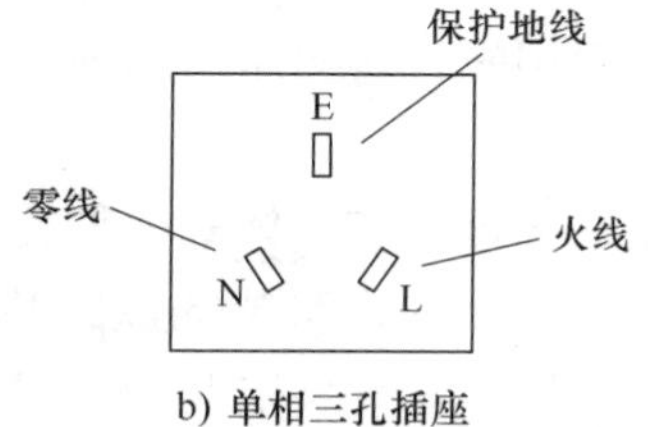

b) 单相三孔插座

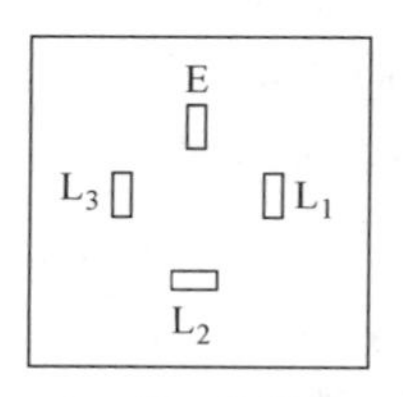

c) 三相四线插座

图 7-49　插座的接线极性规律

Chapter 8
第 8 章 灯具、浴霸的接线与安装

8.1 白炽灯的接线与安装

8.1.1 结构与原理

白炽灯是一种最常用的照明光源，有**卡口式和螺口式**两种（见图 8-1），安装时需要相应的灯座或灯头。

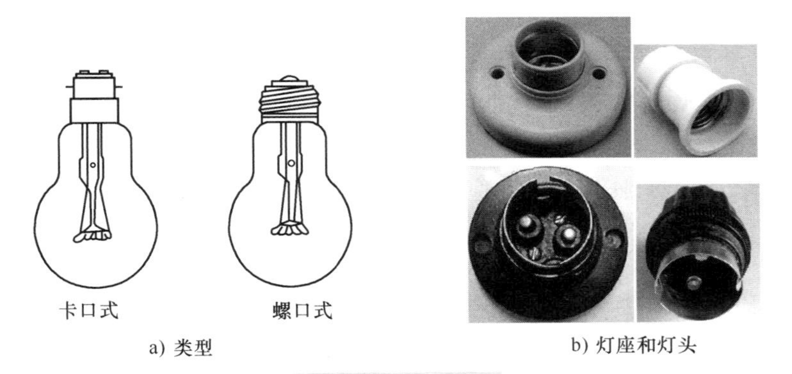

a) 类型

b) 灯座和灯头

图 8-1 白炽灯

白炽灯内的灯丝为钨丝，当通电后钨丝温度升高到 2200～3300℃ 而发出强光，当灯丝温度太高时，会使钨丝蒸发过快而降低寿命，且蒸发后的钨沉积在玻璃壳内壁上，使壳内壁发黑而影响亮度，为此通常在 60W 以上的白炽灯玻璃壳内充有适量的惰性气体（氦、氩、氪等），这样可以减少钨丝的蒸发。

8.1.2 白炽灯的常用控制线路

白炽灯的常用控制线路如图 8-2 所示。在实际接线时，导线的接头应安放在灯座和开关内部的接线端子上，这样做不但可减少线路连接的接头数，在线路出现故障时查找也比较容易。

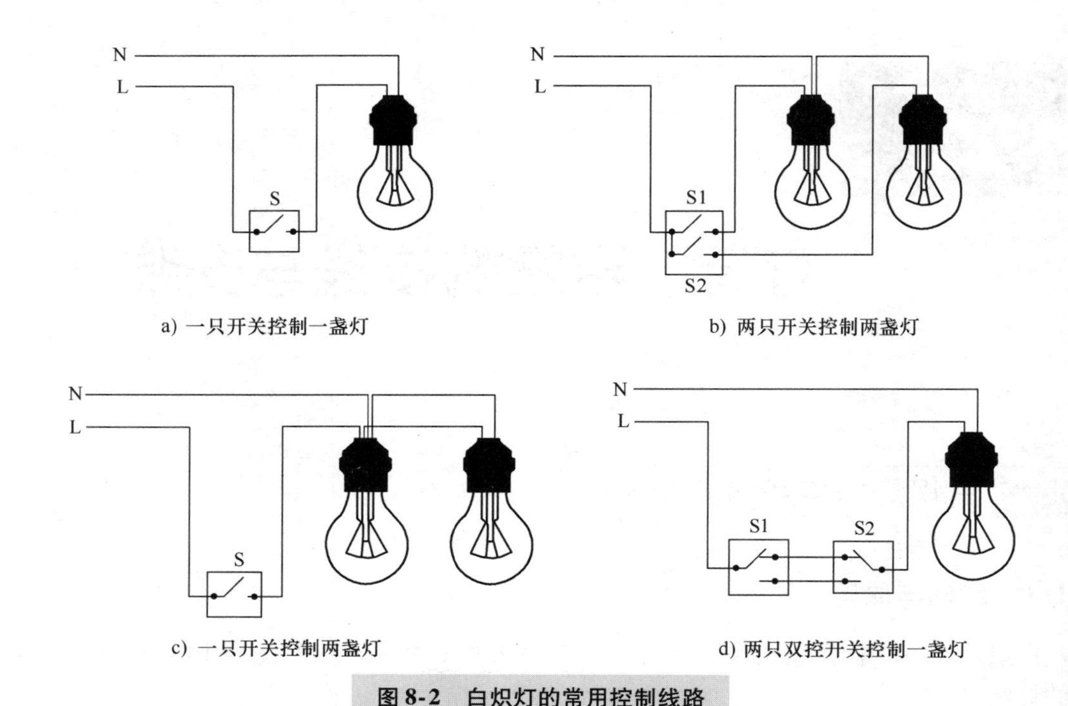

图 8-2 白炽灯的常用控制线路

8.1.3 白炽灯安装注意事项

在安装白炽灯时，要注意以下事项：

1）白炽灯座安装高度通常应在 **2m 以上**，环境差的场所应达 **2.5m** 以上。

2）在给螺口灯头或灯座接线时，应将灯头或灯座的螺旋铜圈极与市电的**零线（或称中性线）**相连，相线（即火线）与**灯座中心铜极**连接。

8.2 荧光灯的安装与接线

8.2.1 普通荧光灯的安装与接线

荧光灯又称日光灯，它是一种利用气体放电而发光的光源。荧光灯具有光线柔和、发光效率高和寿命长等特点。

1. 原理电路

荧光灯主要由**荧光灯管、辉光启动器和镇流器**组成。荧光灯的结构及电路连接如图 8-3 所示。

2. 荧光灯各部分说明

（1）荧光灯管

荧光灯管的结构如图 8-4 所示。

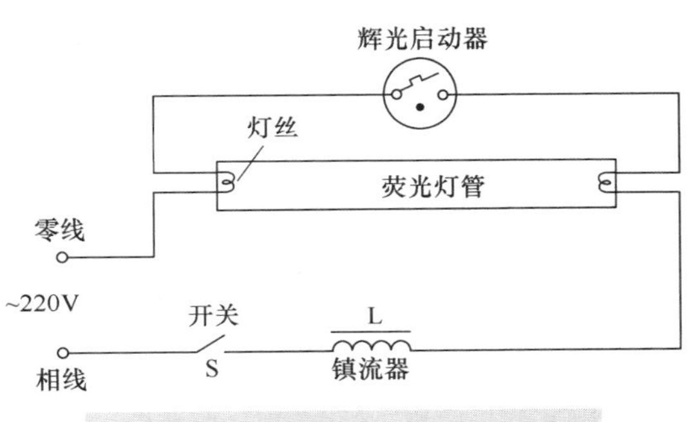

图 8-3 荧光灯的结构及电路连接

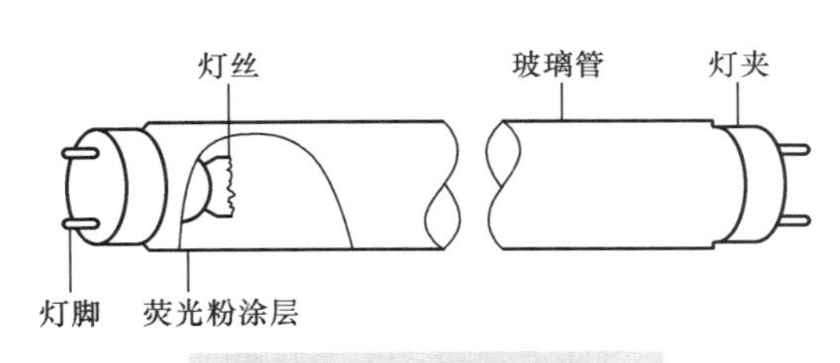

图 8-4 荧光灯管的结构

荧光灯管的功率与**灯管长度、管径大小**有一定的关系，一般来说灯管**越长**，管径**越粗**，其功率**越大**。表 8-1 列出了一些荧光灯管的管径尺寸与对应的功率。

表 8-1 荧光灯管的管径尺寸与对应的功率

管径代号	T5	T8	T10	T12
管径尺寸/mm	15	25	32	38
灯管功率/W	4、6、8、12、13	10、15、18、30、36	15、20、30、40	15、20、30、40、65、80、85、125

荧光灯管最易出现的故障是内部灯丝烧断，由于灯管不透明，无法看见内部灯丝情况，故可使用万用表欧姆档来检测。在检测时，将万用表拨至 R×1Ω 档，红、黑表笔接灯管一端的两个灯脚，如图 8-5 所示。如果内部灯丝正常，测得的阻值很小，如果阻值无穷大，表明内部灯丝已开路，灯管不能使用，再用同样的方法检测灯管另一端的两个灯脚，正常阻值同样很小。一般灯管两端灯丝的电阻相同或相近，如果差距较大，则说明电阻大的灯丝老化严重。

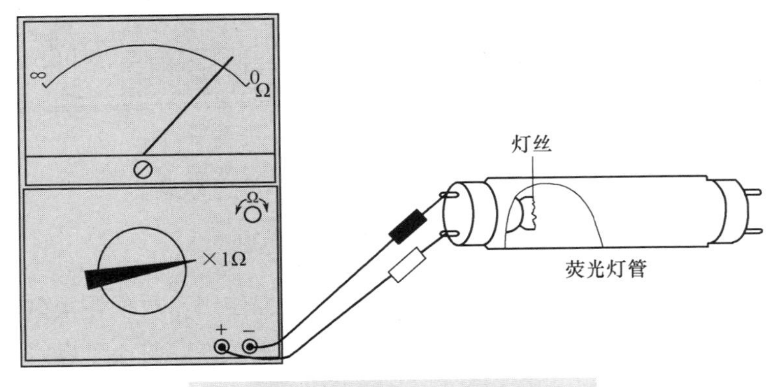

图 8-5 检测荧光灯管的灯丝好坏

（2）辉光启动器

辉光启动器是由一只辉光放电管与一只小电容器并联而成的。辉光启动器的外形和结构如图 8-6 所示。辉光放电管的外形与内部结构如图 8-7 所示。

『行』——学以致用，攻坚克难

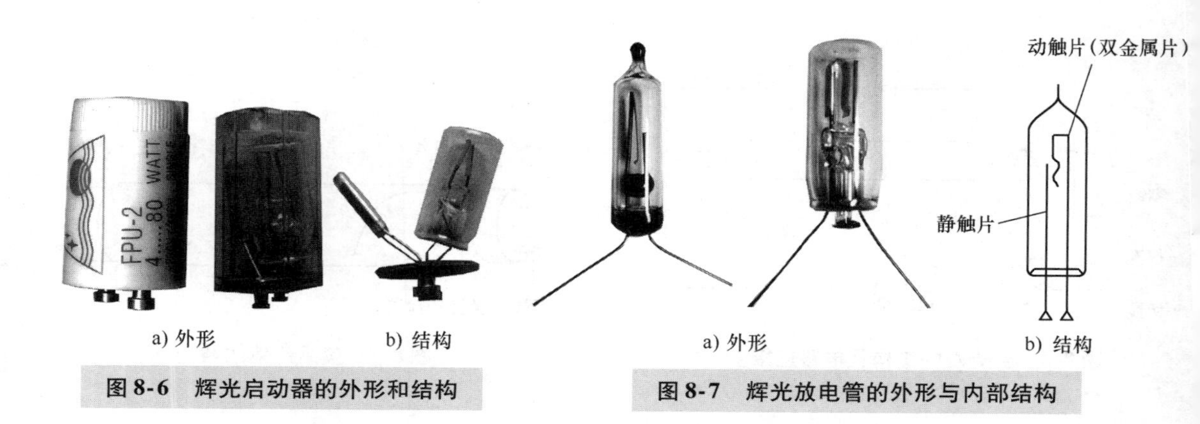

a) 外形　b) 结构

图 8-6　辉光启动器的外形和结构

a) 外形　b) 结构

图 8-7　辉光放电管的外形与内部结构

从图 8-7 可以看出，辉光放电管内部有一个动触片（U 形双金属片）和一个静触片，在玻璃管内充有氖气或氩气，或氖氩混合惰性气体。当动、静触片之间加有一定的电压时，中间的惰性气体被击穿导电而出现辉光放电，动触片被辉光加热而弯曲与静触片接通。动、静触片接通后不再发生辉光放电，动触片开始冷却，经过 1 ~ 8s 的时间，动触片收缩回原来状态，动、静触片又断开。此时因灯管导通，辉光放电管的动、静触片两端的电压很低，无法再击穿惰性气体产生辉光。另外，在辉光放电管两端一般并联一个电容，用来消除动、静触片通断时产生的干扰信号，防止干扰无线电接收设备（如电视机和收音机）。

（3）镇流器

镇流器实际上是一个电感量较大的**电感器**，它是由线圈绕制在铁心上构成的。镇流器的外形及结构如图 8-8 所示。

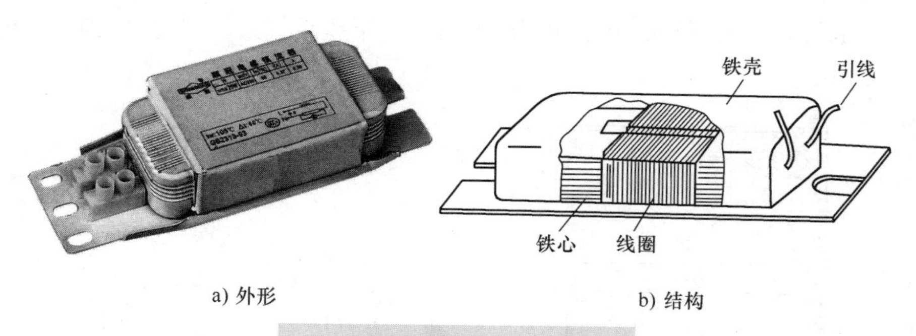

a) 外形　b) 结构

图 8-8　镇流器的外形与结构

电感式镇流器体积大、笨重，并且成本高，现在很少使用，故现在很多荧光灯采用电子式镇流器。电子式镇流器采用电子电路来对荧光灯进行启动，同时还可以省去启辉器。

3. 荧光灯的安装

荧光灯的安装形式主要有**直装式、吊装式和嵌装式**。其中吊装式可以避免振动且有利于镇流器散热；直装式安装简单；嵌装式是将荧光灯嵌装吊顶内，适合同时安装多根灯管，常用于公共场合（如商场）高亮度照明。

荧光灯的吊装式安装如图 8-9 所示，安装时先将辉光启动器和镇流器安装在灯架上，再按图 8-3 所示的接线方法将各部件连接起来，最后用吊链（或钢管等）进行整体吊装。

荧光灯的直装式安装与吊装式安装基本相同，只是接线后用钉子将灯架固定在房顶或墙壁上。

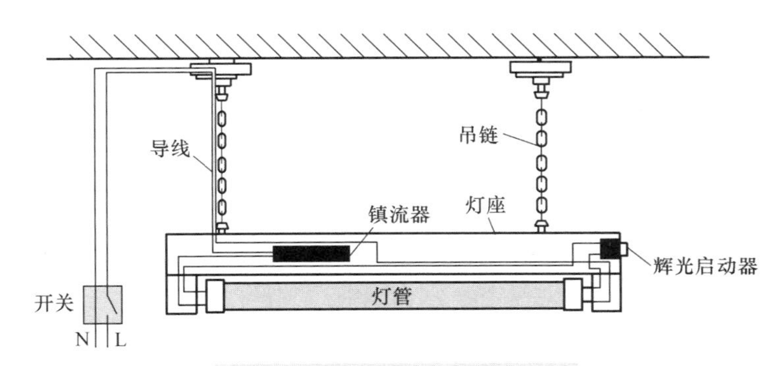

图8-9　荧光灯的吊装式安装

4. 电子镇流器荧光灯的接线

普通的荧光灯采用电感式镇流器，其缺点有电能利用率低、易产生噪声（镇流器发出）和低电压启动困难等，而采用电子式镇流器的荧光灯可有效克服这些缺点，故电子镇流器荧光灯使用越来越广泛。

电子镇流器荧光灯采用普通荧光灯的灯管，其镇流器内部为电子电路，其功能相当于普通荧光灯的镇流器和辉光启动器。电子镇流器的外形和内部结构如图8-10所示。它有6根线，2根接220V电源，其他4根线接灯管。电子镇流器荧光灯的接线如图8-11所示。

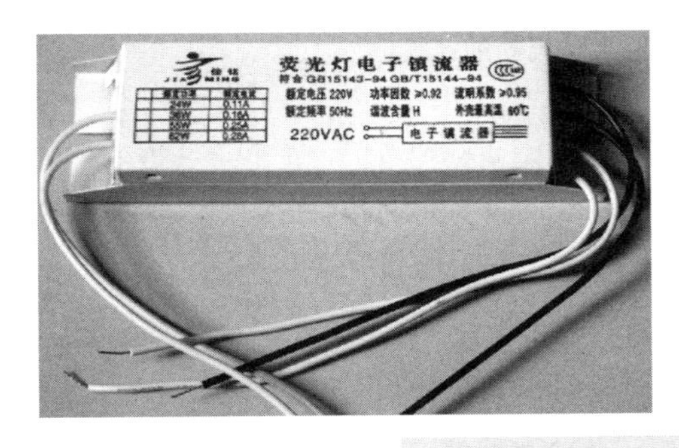

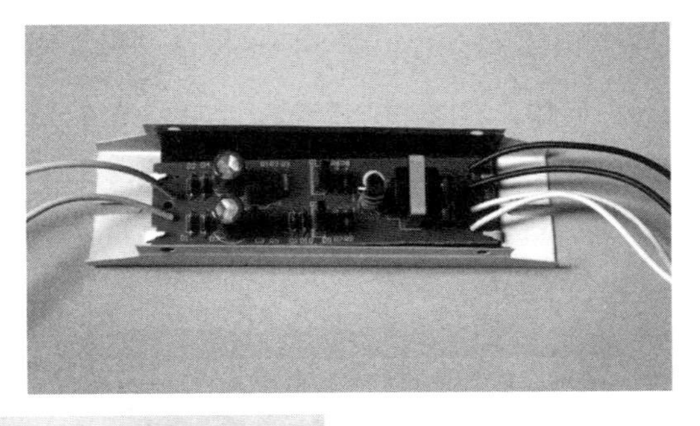

图8-10　电子镇流器的外形和内部结构

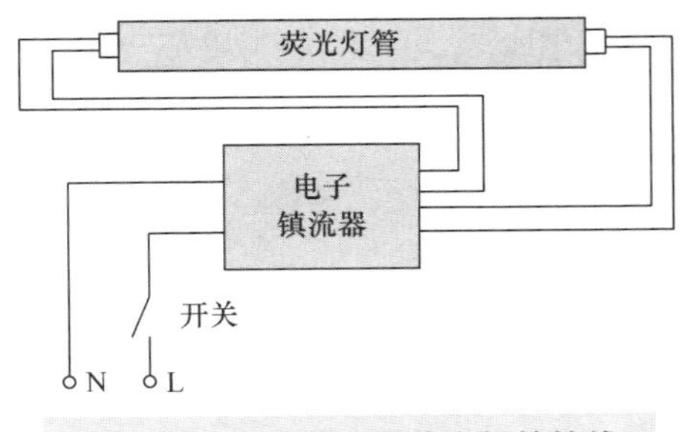

图8-11　电子镇流器荧光灯的接线

『行』——学以致用，攻坚克难

8.2.2 多管荧光灯的安装与接线

单管荧光灯的亮度有限，如果室内空间很大，可以考虑安装多管荧光灯。

1. 接线

多管荧光灯有两个或两个以上的荧光灯管，这些灯管在工作时也需要安装镇流器。多管荧光灯配接镇流器有两种方式：一是**各灯管使用独立的镇流器**；二是**各灯管使用一拖多电子镇流器**。

（1）使用独立镇流器的多管荧光灯的接线方法

多管荧光灯使用独立镇流器（电感镇流器）的接线方法如图 8-12 所示。

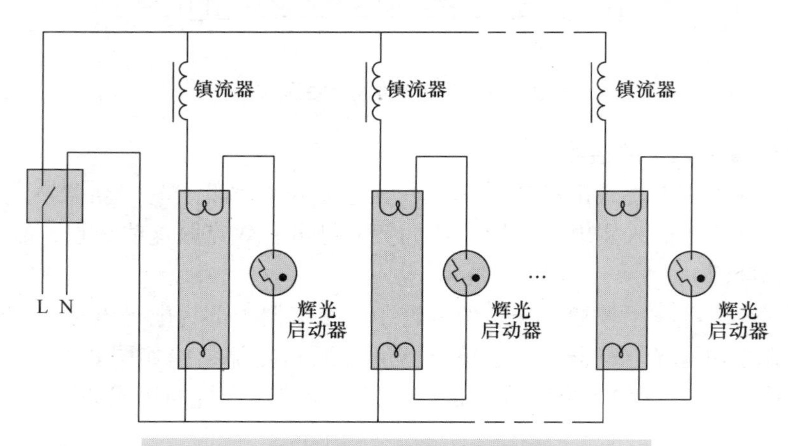

图 8-12 多管荧光灯使用独立镇流器的接线

（2）使用一拖多镇流器的多管荧光灯的接线方法

如果多管荧光灯的各灯管使用一拖多电子镇流器，根据电子镇流器不同，接线方法也不尽相同，具体可查看电子镇流器的接线说明。图 8-13 是一种一拖三电子镇流器外形，其接线如图 8-14 所示。

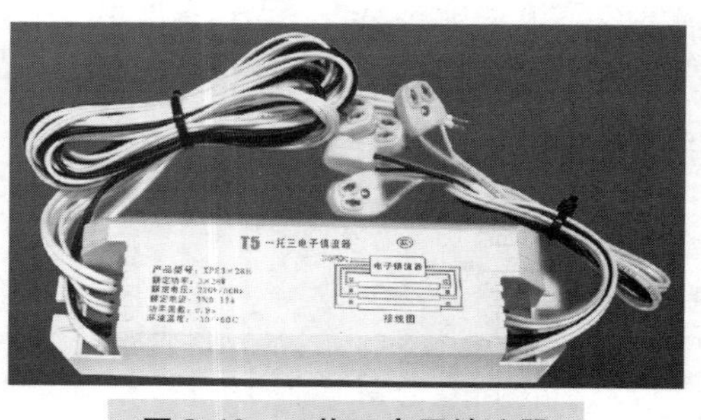

图 8-13 一拖三电子镇流器

图 8-14 多管荧光灯使用一拖多电子镇流器的接线

2. 安装

多管荧光灯主要有两种安装方式：**吸顶安装和嵌入式安装**。

（1）吸顶安装

吸顶安装是指**将灯具紧贴在房顶表面的安装方式**。多管荧光灯的吸顶安装如图 8-15 所示。

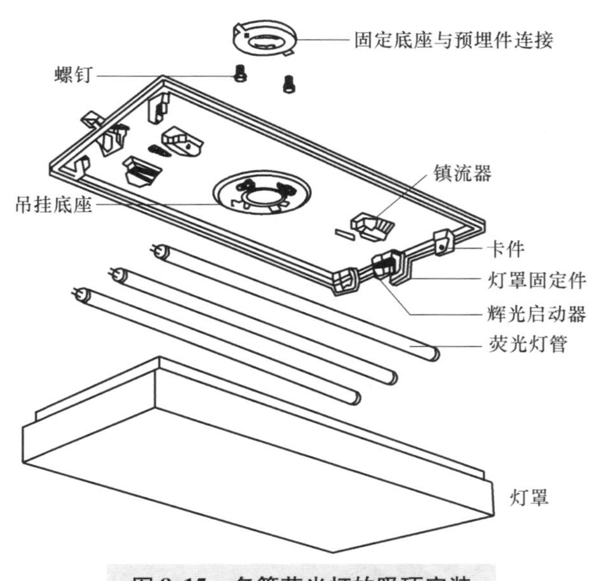

图 8-15　多管荧光灯的吸顶安装

（2）嵌入式安装

如果室内有吊顶，通常以嵌入的方式将多管荧光灯安装吊顶内。多管荧光灯的嵌入式安装如图 8-16 所示。

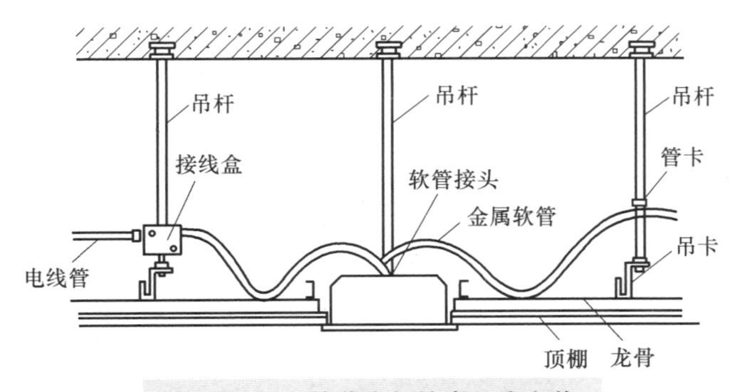

图 8-16　多管荧光灯的嵌入式安装

（3）格栅灯的安装

格栅灯是一种较为常见的多管荧光管，其外形结构如图 8-17 所示。格栅灯通常采用嵌入式安装，其安装如图 8-18 所示。

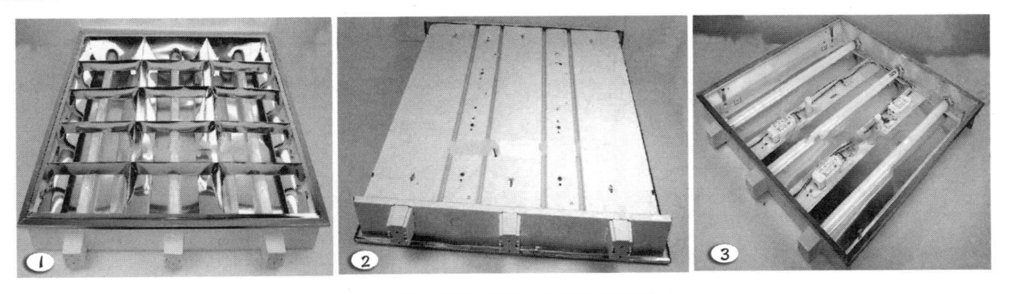

图 8-17　格栅灯的外形结构

图 8-18 格栅灯的安装

8.2.3 环形（或方形）荧光灯的接线与吸顶安装

除了直管外，荧光灯管还可以做成环形和方形等各种形状，这些灯管在工作时也需要连接镇流器。环形、方形荧光灯管（蝴蝶管）及镇流器如图 8-19所示。

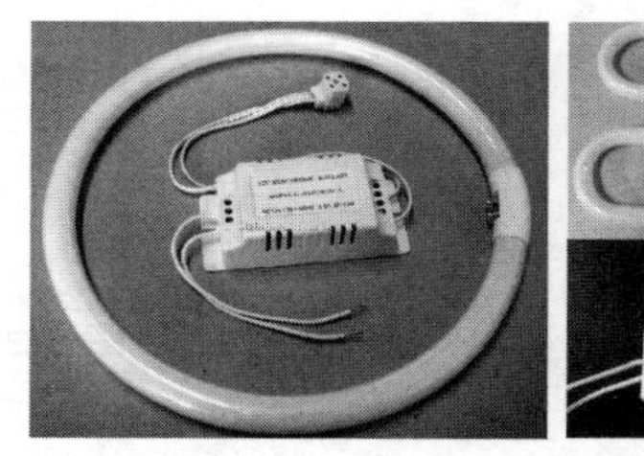

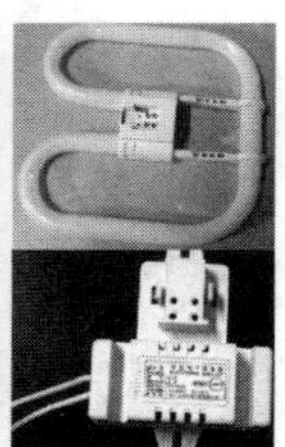

图 8-19 环形、方形荧光灯管及镇流器

1. 接线

与直管荧光灯一样，环形、方形荧光灯工作时也需要用镇流器来驱动，如果使用电感镇流器，则还需要辉光启动器，如果使用电子镇流器，就无须辉光启动器。环形荧光灯（或方荧光灯）的接线如图 8-20 所示。

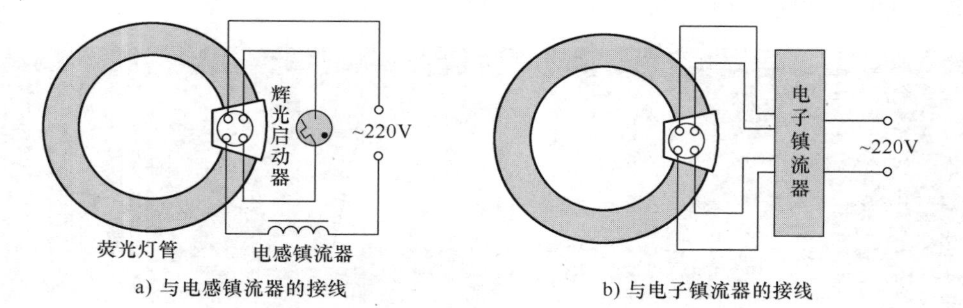

图 8-20 环形（或方形）荧光灯的接线

2. 吸顶安装

方形（或环形）荧光灯通常以**吸顶方式安装**。

方形（或环形）荧光灯其安装如图8-21所示，具体过程如下：

1）用螺钉将底盘固定在房顶，并将镇流器输入线接电源后固定在底盘内，如图8-21中①所示。

2）将方形灯管安装在镇流器上，如图8-21中②所示。在安装时，灯管方位一定要适合镇流器，否则无法安装，方位正确后就可以将灯管压入镇流器，灯管的引脚会自然正确插入镇流器的插孔。

3）将透明底盖安装在灯具底盘上，如图8-21中③所示。

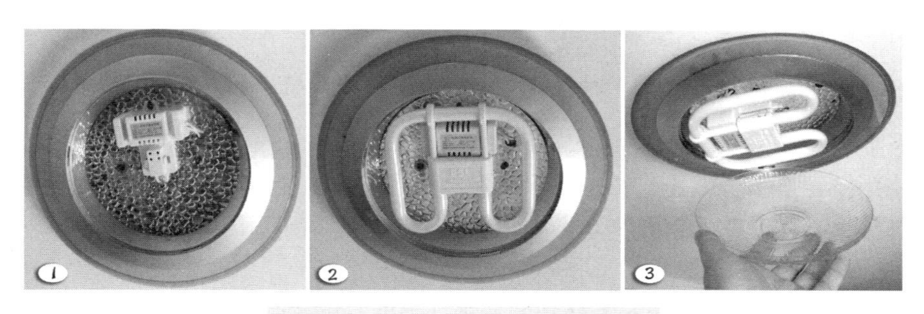

图8-21 方形荧光灯的吸顶安装

8.3 吊灯的安装

8.3.1 外形

图8-22列出一些常见的吊灯，吊灯通常使用**吊杆或吊索**吊装在房顶。

图8-22 一些常见的吊灯

8.3.2 安装

在安装吊灯时，需要先将底座**固定在房顶上**，再用吊杆或吊索将吊灯主体部分吊在底座上。固定吊灯底座通常使用**塑料胀管螺钉或膨胀螺栓**。对于重量轻的吊灯底座，可用**塑料胀管螺钉固定**。对于体积大的重型吊灯底座，需要用**膨胀螺栓**来固定。

1. 膨胀螺栓的安装

膨胀螺栓如图 8-23 所示，它分为普通膨胀螺栓、钩形膨胀螺栓和伞型膨胀螺栓。普通膨胀螺栓的结构如图 8-24 所示。

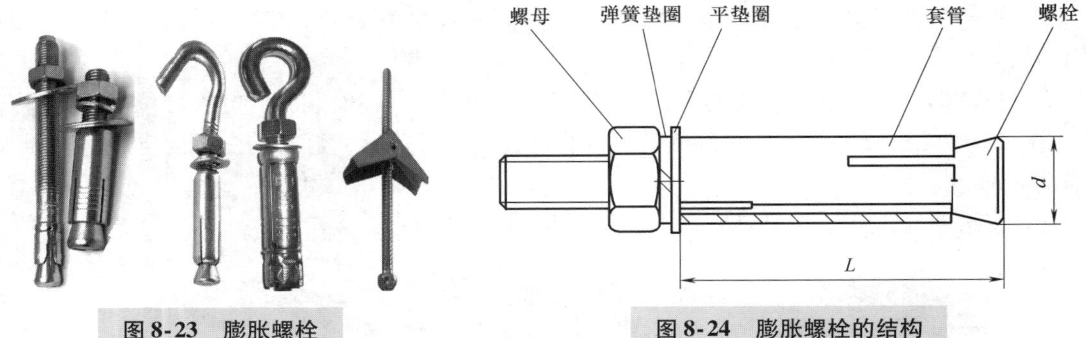

图 8-23　膨胀螺栓

图 8-24　膨胀螺栓的结构

普通膨胀螺栓（或钩形膨胀螺栓）的安装如图 8-25 所示。首先用冲击电钻或电锤在墙壁上钻孔，孔径要略小于螺栓直径，孔深较螺栓要长一些，然后用工具将孔内的残留物清理干净，将需要固定在墙壁的带孔物（图中为黑色部分）对好孔洞，再用锤子将膨胀螺栓往孔洞内敲击，待螺栓上的垫圈夹着带孔物体靠着墙壁后停止敲击，用扳手旋转螺栓上的螺母，螺栓被拉入套管内，套管胀起而紧紧卡住孔壁，螺栓上的螺母垫圈也就将带孔物固定在墙壁上。

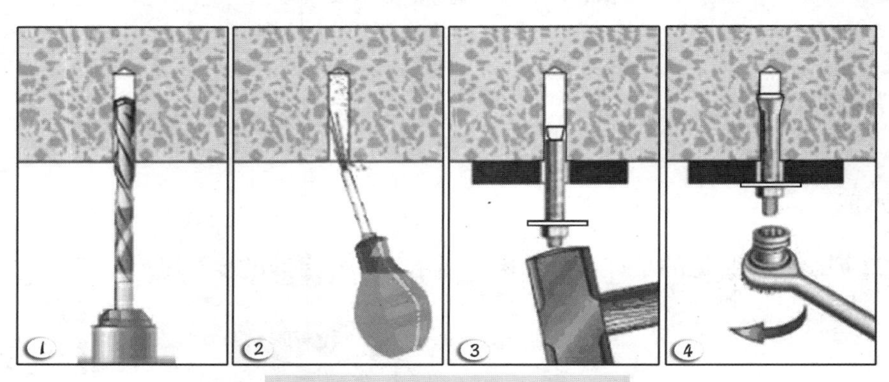

图 8-25　普通膨胀螺栓的安装

伞形膨胀螺栓的安装比较简单，具体如图 8-26 所示。

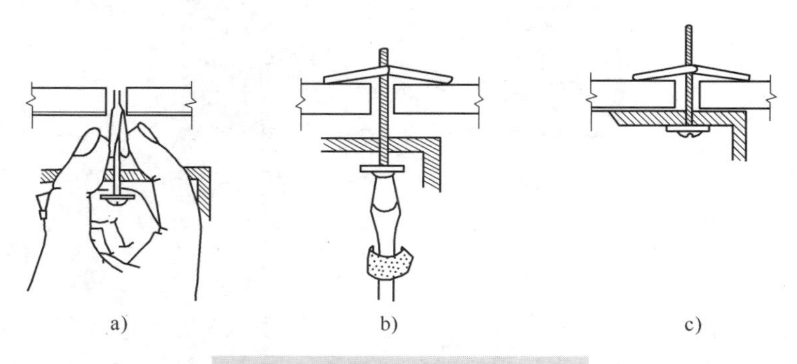

图 8-26　伞形膨胀螺栓的安装

『行』——学以致用，攻坚克难

2. 吊灯底座的安装

吊灯可分主体和底座两部分。吊灯底座的安装如图 8-27 所示。具体过程如下：

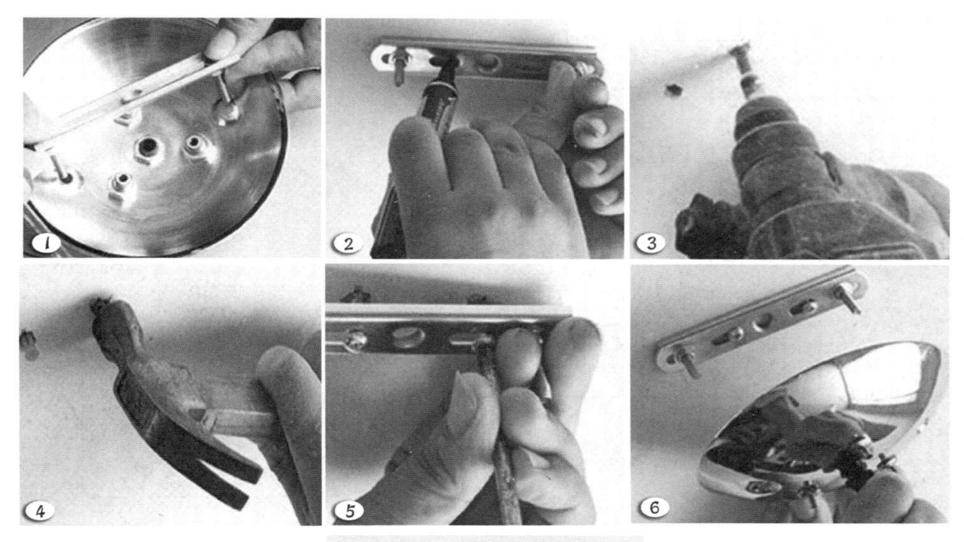

图 8-27　吊灯底座的安装

1）从吊灯底座上取下挂板。

2）将挂板贴近房顶，用记号笔做好钻孔标志，以便安装固定螺钉或螺栓。

3）用电钻在钻孔标志处钻孔。

4）向钻好的孔内用锤子敲入塑料胀管。

5）用螺钉穿过挂板旋入胀管，将挂板固定在房顶上。

6）将底座上的孔对准挂板上的螺栓并插放在挂板上。

吊灯主体部分通过吊杆或吊索吊在底座上，如果主体部分是散件，需要将它们组装起来(可凭经验或查看吊灯配套的说明书)，再吊装在底座上。

8.4　筒灯与 LED 灯带的安装

8.4.1　筒灯的安装

1. 外形

筒灯通常是以嵌入式安装在天花板内。筒灯外形如图 8-28 所示，筒灯内可安装节能灯、白炽灯等光源。

2. 安装

图 8-28　筒灯

筒灯的安装如图 8-29 所示。在安装时，先按筒灯大小在天花板上开孔，如图 8-29a 所示，然后从天花板内拉出电源线并接在筒灯上，如图 8-29b 所示，再将筒灯上的弹簧扣扳直，并将筒灯推入天花板孔内，如图 8-29c 所示，当筒灯弹簧扣进入天花板后，将弹簧扣下扳，同时往天花板完全推入

『行』——学以致用，攻坚克难

筒灯，依靠弹簧扣下压天花板的力量支撑住筒灯，如图 8-29d 所示。

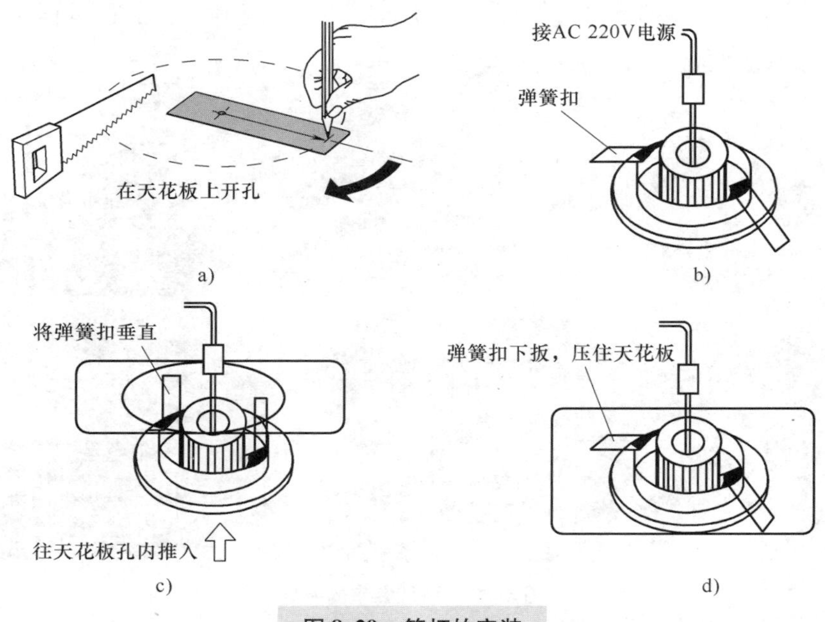

图 8-29 筒灯的安装

8.4.2 LED 灯带的电路结构与安装

LED 灯带简称灯带，它是一种将 LED（发光二极管）组装在带状 FPC（柔性线路板）或 PCB 硬板上而构成的形似带子一样的光源。LED 灯带具有节能环保、使用寿命长（可达 8～10万 h）等优点。

1. 外形与配件

LED 灯带外形如图 8-30a 所示，安装灯带需要用到电源转换器、插针、中接头、固定夹和尾塞，如图 8-32b 所示。电源转换器的功能是将 220V 交流电转换成低压直流电（通常为

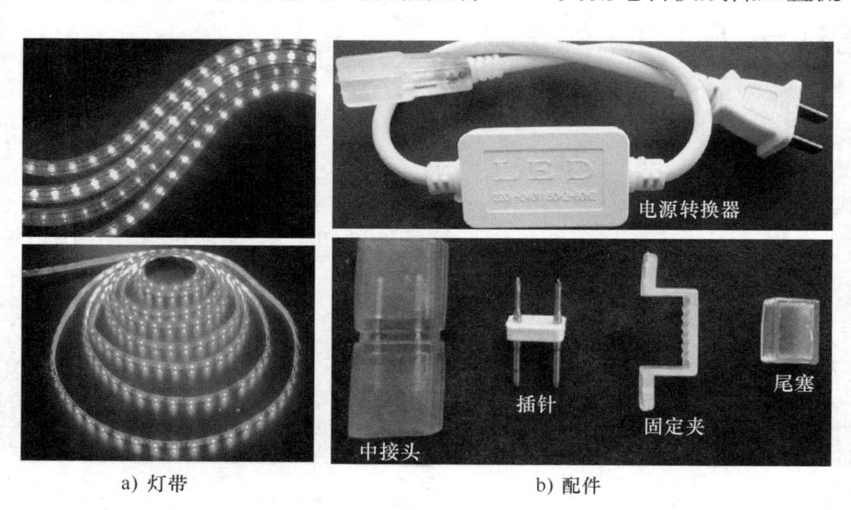

a) 灯带　　b) 配件

图 8-30 灯带与配件

+12V)，为灯带供电；插针用于连接电源转换器与灯带；中接头用于将两段灯带连接起来；尾塞用于封闭和保护灯带的尾端；固定夹配合钉子可用来固定灯带。

2. 电路结构

灯带内部的LED通常是以串并联电路结构连接的。LED灯带的典型电路结构如图8-31所示。

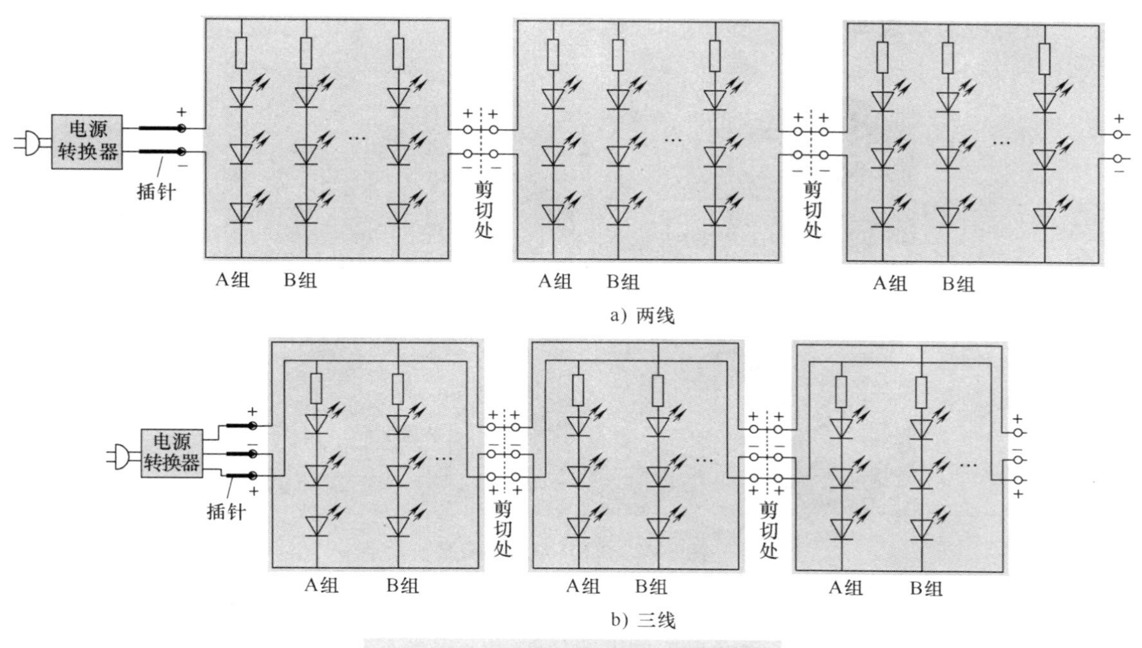

图8-31 LED灯带的典型电路结构

图8-31a为两线灯带电路，它以3个同色或异色发光二极管和1个限流电阻构成一个发光组，多个发光组并联组成一个单元，一个灯带由一个或多个单元组成，每个单元的电路结构相同，其长度一般在1m或1m以下。如果不需要很长的灯带，可以对灯带进行剪切，在剪切时，需在两单元之间的剪切处剪切，这样才能保证剪断后两条灯带上都有与电源转换器插针连接的接触点。

图8-31b为三线灯带电路。这种灯带用3根电源线输入两组电源（单独正极、负极共用），两组电源提供到不同类型的发光组，如A组为红光LED、B组为绿光LED，如果电源转换器同时输出两组电源，则灯带的红光LED和绿光LED同时亮，如果电源转换器交替输出两组电源，则灯带的红光LED与绿光LED交替发光。此外，还有四线、五线灯带，线数越多的灯带，其光线色彩变化越多，配套的电源转换器的电路越复杂。

在工作时，LED灯带的每个LED都会消耗一定的功率（约为0.05W），而电源转换器输出功率有限，故一个电源转换器只能接一定长度的灯带，如果连接的灯带过长，灯带亮度会明显下降，此时可剪断灯带，增配电源转换器。

3. 安装

灯带安装的具体过程（见图8-32）如下：

1）用剪刀从灯带的剪切处剪断灯带。

2）准备好插针。将插针对准灯带内的导线插入，让插针与灯带内的导线良好接触。

3）将插针的另一端插入电源转换器的专用插头。

4）给电源转换器接通220V交流电源，如果灯带不亮，可能是提供给灯带的电源极性不对，此时可将插针与专用插头两极调换。

在安装灯带时，一般将灯带放在灯槽里摆直就可以了，也可以用细绳或细铁丝固定。如果外装或竖装，需要用固定夹固定，并在灯带尾端安装尾塞，若是安装在户外，最好在尾塞和插头处打上**防水玻璃胶**，以提高防水性能。

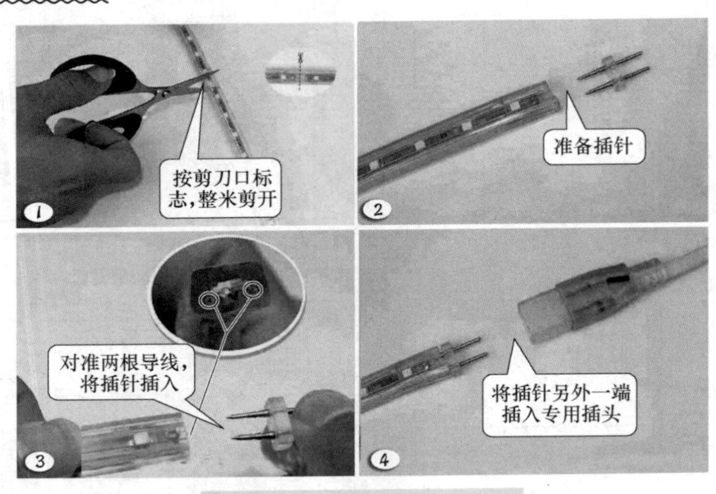

图8-32 LED灯带的安装

4. 常见问题及注意事项

灯带安装时的常见问题及注意事项如下：

1）在剪切灯带时，一定要在**剪切处**剪断灯带，否则灯带剪断后，在靠近剪口处会出现一段不亮，不好维修，剪错的1m报废。

2）若灯带通电后，出现一排灯不亮或每隔1m有一段不亮，原因是插头没有插好。

3）对于两线和四线灯带，如果插头插反，灯带不会损坏也不会亮，调换插头极性即可，对于三线和五线灯带，**插头不分正反**。

4）如果灯带通电时插接处冒烟，一定是插针插歪导致短路，每根针要正对相应的导线，切不可一根针穿过两根导线。

8.5 浴霸的安装

浴霸是一种在浴室使用的具有取暖、照明、换气和装饰等多种功能的浴用电器。

8.5.1 种类

根据发热体外形不同，浴霸可分为**灯泡发热型和灯管发热型**，两种类型的浴霸外形如图8-33所示。灯泡型浴霸发热快、不需要预热，有一定的照明功能；灯管型浴霸通常使用PTC（陶瓷发热材料）或碳纤维发热材料等，其发热稍慢、需要短时预热，但热效率高、使用寿命较长。

根据安装方式不同，浴霸可分为吊顶式和壁挂式，如图 8-34 所示。

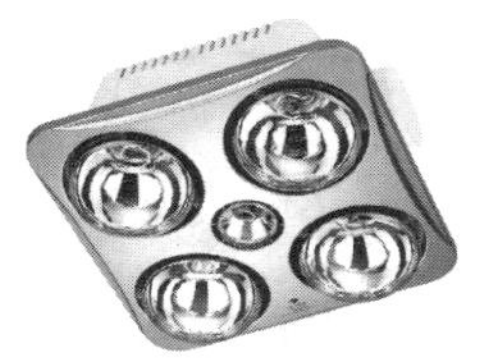

图 8-33　灯泡发热型和灯管发热型浴霸

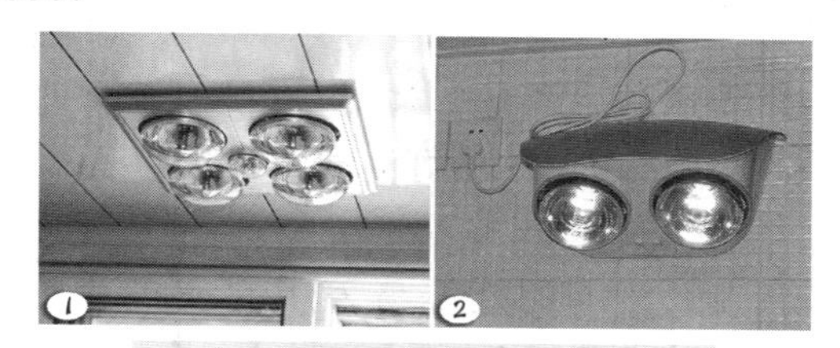

图 8-34　吊顶式和壁挂式浴霸

8.5.2　结构

下面从图 8-35 所示的拆卸过程来了解浴霸的结构。具体说明如下：

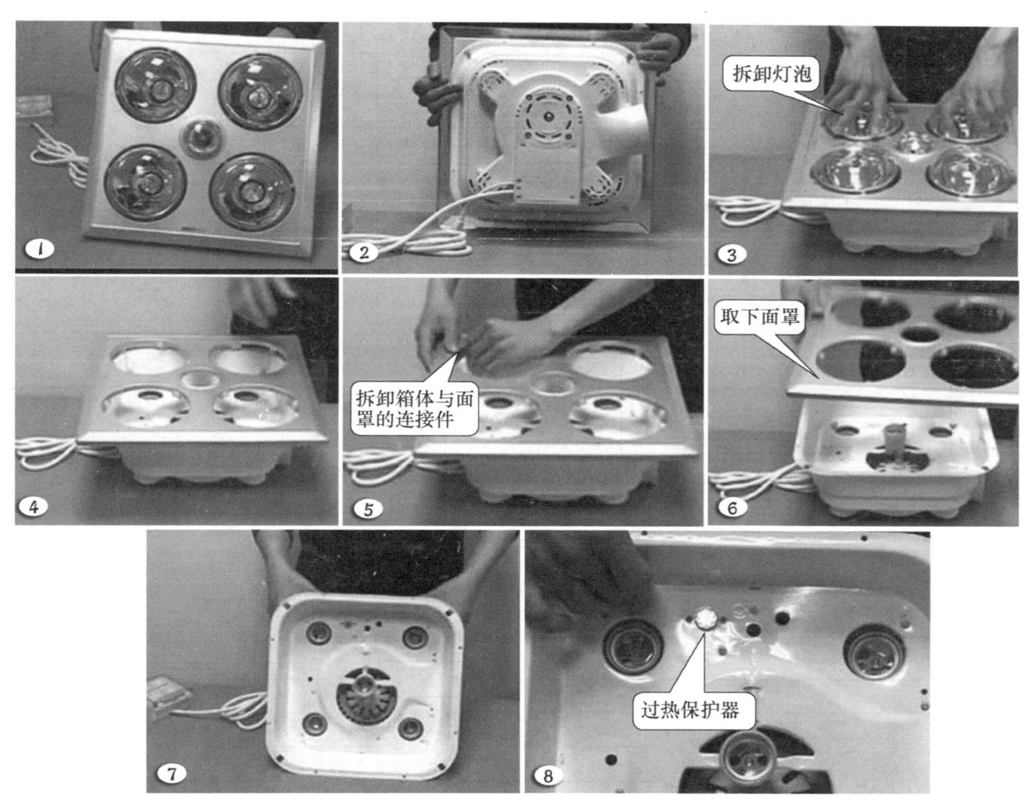

图 8-35　浴霸的拆卸

1）浴霸的正面有 5 个灯泡，周围 4 个为加热取暖灯泡，中间为照明灯泡。

2）浴霸的背面有一个换气口，内部有换气风扇，浴霸的开关线和电源线也由背部接入内部。

3）将浴霸正面朝上，旋下 5 个灯泡。

4）拆下主机箱体与面罩的连接件（通常为连接弹簧），再从主机箱体上取下面罩。

5）面罩取下后，可以从主机箱体内部看到 5 个灯泡座。

6）在主机箱体内表面有一个过热保护器，当浴霸工作时温度过高，过热保护器会启动换气扇工作。

『行』——学以致用，攻坚克难

8.5.3 接线

普通的浴霸有2对（4个）取暖灯泡、1个照明灯泡和1个换气扇，其工作与否受浴霸开关控制。浴霸的接线与采用的浴霸开关类型有关，图8-36是普通浴霸广泛使用的两种类型开关，它们与浴霸的接线如图8-37所示。

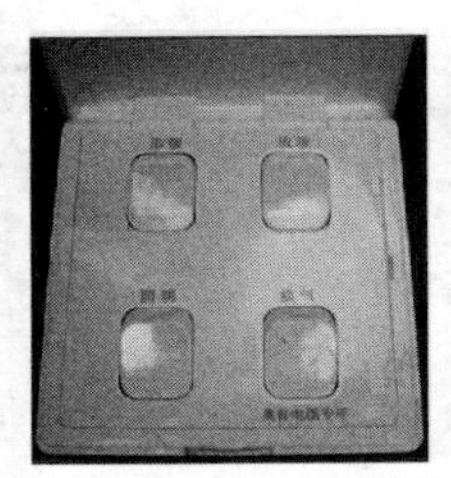

图8-36 两种类型的浴霸开关

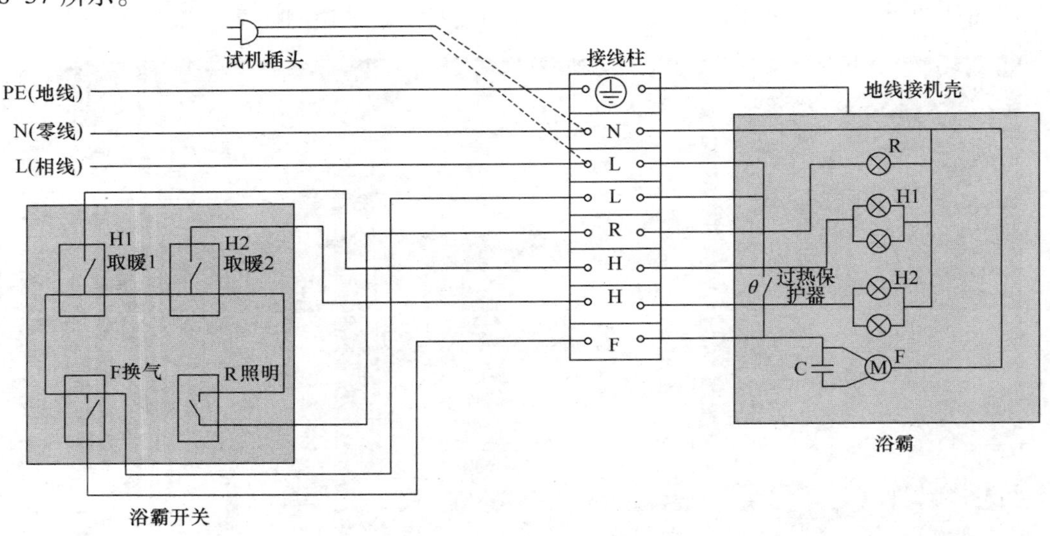

a)

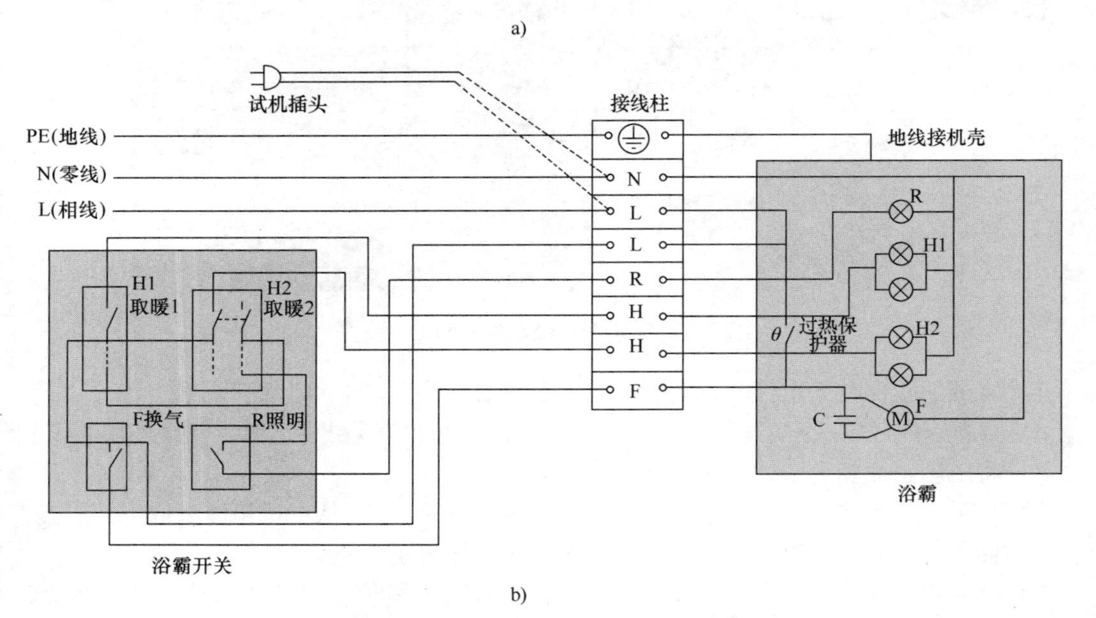

b)

图8-37 普通浴霸使用不同开关的接线图

图 8-37a 中采用的浴霸开关是一个四联单控开关。4 个开关的一端都接在一起并与相线连接，另一端分别接出线与 2 对取暖灯泡、照明灯泡和换气扇连接，即各个开关分别控制各自的控制对象，互不影响。在浴霸上有一个热保护器（温控开关），当取暖时出现浴霸过热，热保护器的开关闭合，为换气风扇接通电源进行散热，无须人为按下换气开关。对于新购买的浴霸，通常有一条试机插头，可以在安装前测试浴霸及开关的控制是否正常，它接图示位置，在安装浴霸时需要拆掉。

图 8-37b 中采用的浴霸开关的内部结构和接线稍为复杂，当取暖开关上拨（开）时，取暖灯泡亮，该灯泡在发热时有一定的照明功能，此时闭合照明开关无法为照明灯供电，即取暖灯泡亮时开不了照明灯，有的浴霸开关内部已将 H1、H2 开关中的中、下触点按虚线所示进行了连接，那么在取暖灯泡亮时可开启照明灯。

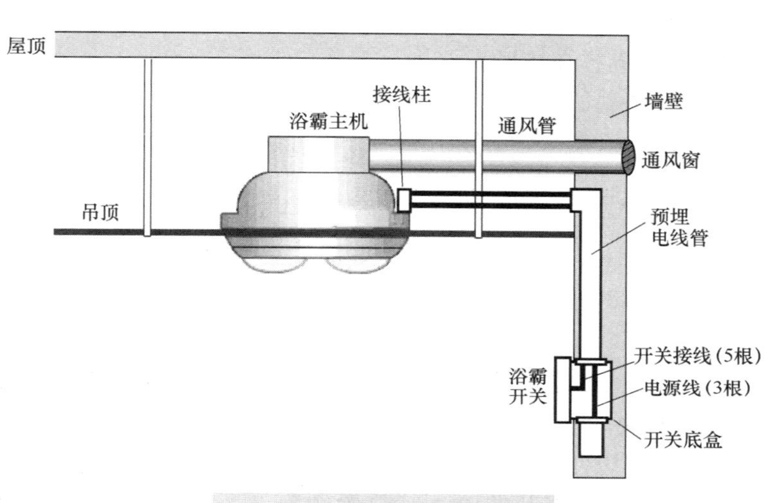

图 8-38 浴霸的布线示意图

在浴霸实际接线时，从墙壁埋设的电线管内拉出电源线（3 根），接到浴霸接线柱相应端子，将浴霸配送的开关线（5 根）穿管后，一端接浴霸接线柱的相应端子，另一端接浴霸开关，浴霸的布线如图 8-38 所示。

8.5.4 壁挂式浴霸的安装

在安装壁挂式浴霸时，浴霸的安装高度一般为浴霸下端较人体高约 20cm。壁挂式浴霸的安装比较简单，如图 8-39 所示。具体过程如下：

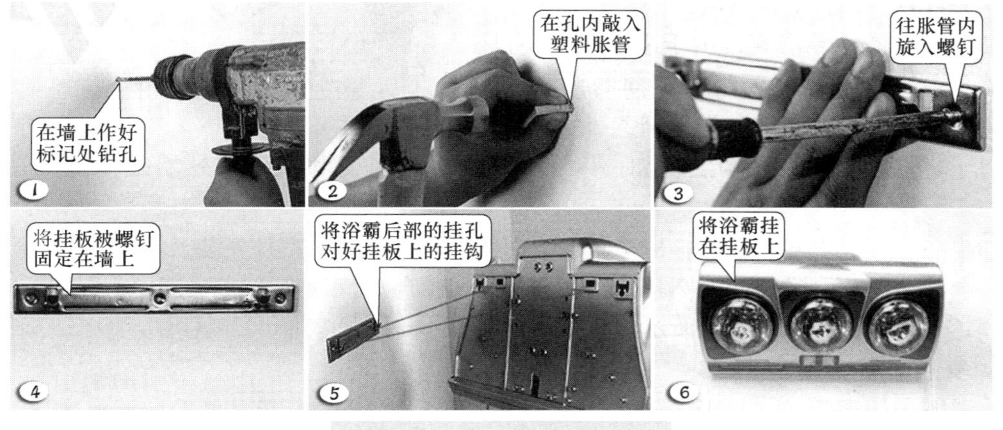

图 8-39 壁挂式浴霸的安装

『行』——学以致用，攻坚克难

1）在需要安装浴霸的位置，将挂板贴在墙上，用笔透过挂板的螺钉孔，在墙上作好钻孔标记。

2）用电钻在墙上的钻孔标记处钻孔。

3）用锤子往钻好的孔内敲入塑料胀管。

4）将挂板的螺丝孔对准塑料胀管贴在墙上，用螺丝刀往胀管旋入螺钉。

5）螺钉旋入胀管后，挂板被固定在墙上。

6）将浴霸后部的挂孔对好挂板上的挂钩。

7）将浴霸挂在挂板上。

壁挂式浴霸的开关一般位于机体上，**不需要另外单独安装**，只要将浴霸的电源线插头插入在插座，再直接操作浴霸上的开关即可让浴霸开始工作。

8.5.5 吊顶式浴霸的安装

1. 安装注意事项

1）开关底盒和电线管（用于穿电源线、开关控制线）一般应在水电安装及贴墙砖前进行。

2）在选择电源线和开关控制线时，要求导线能承载**10A 或 15A** 以上的负载（线径在 **1.5～4mm²** 之间的铜线）。开关控制线可选用浴霸原配的互连软线，如果自行配线，各线颜色应有区别，以便于浴霸接线时区分。

3）在安装浴霸开关时，其位置距离沐浴花洒不可**小于 100cm**，高度离地面应不**小于 140cm**。

4）为了取得最佳的取暖效果，浴霸应安装在浴缸或沐浴房中央正上方的吊顶上，浴霸安装完毕后，灯泡离地面的高度应在 **2.1～2.3m** 之间，位置过高或过低都会影响使用效果。

2. 安装通风管和通风窗

在安装吊顶式浴霸时，先要在墙上开通风孔，以便浴霸换气时能通过通风管将室内空气由通风孔排到室外。通风管和通风窗外形如图 8-40所示，通风管可以拉长或缩短，通风窗在换气是叶片打开，非换气时关闭。

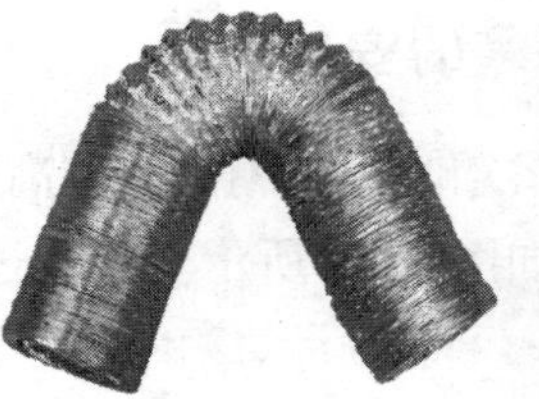
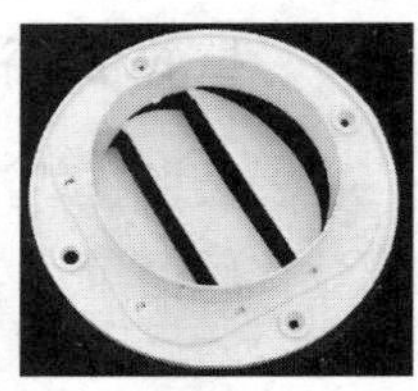

图 8-40　通风管和通风窗

如果在一楼安装浴霸，由于距离地面不高，可在墙上开一个与通风管直径相同的圆孔，将通风管穿孔而过，在室外给通风管装上通风窗，并用钉子将通风窗固定在墙上，如图 8-41a 所示，通风窗和通管与外墙之间缝隙用水泥填封。

如果在二楼以上安装浴霸，由于距离地面较高，不适合在室外安装通风窗，因此可在墙上开一个与通风窗直径相同的圆孔，在室内将通风窗与通风管连接后，再用钉子在室内将通风窗固定在墙上，如图 8-41b 所示。

3. 安装浴霸

普通浴霸的安装如图 8-42 所示，具体说明如下：

1）在吊顶上确定好安装浴霸的位置，在该处用笔画一个 **30cm×30cm 正方形**（与浴霸

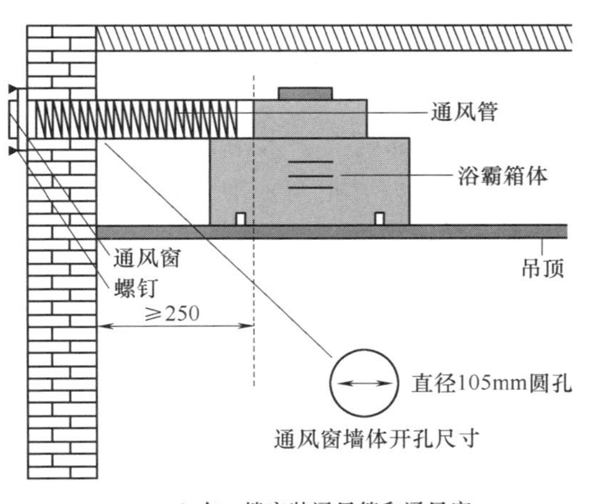

a) 在一楼安装通风管和通风窗

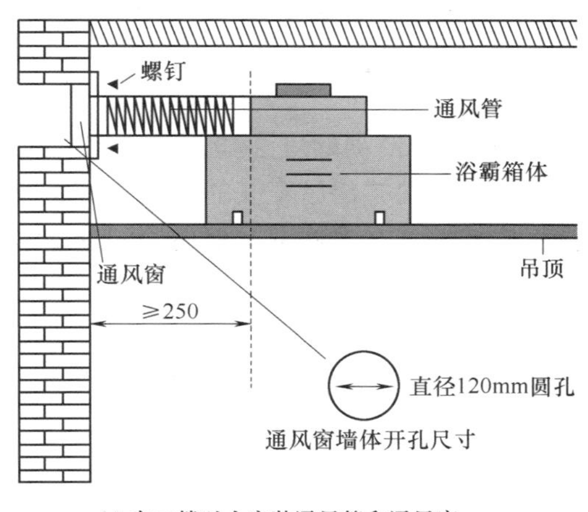

b) 在二楼以上安装通风管和通风窗

图8-41　浴霸通风管和通风窗的安装

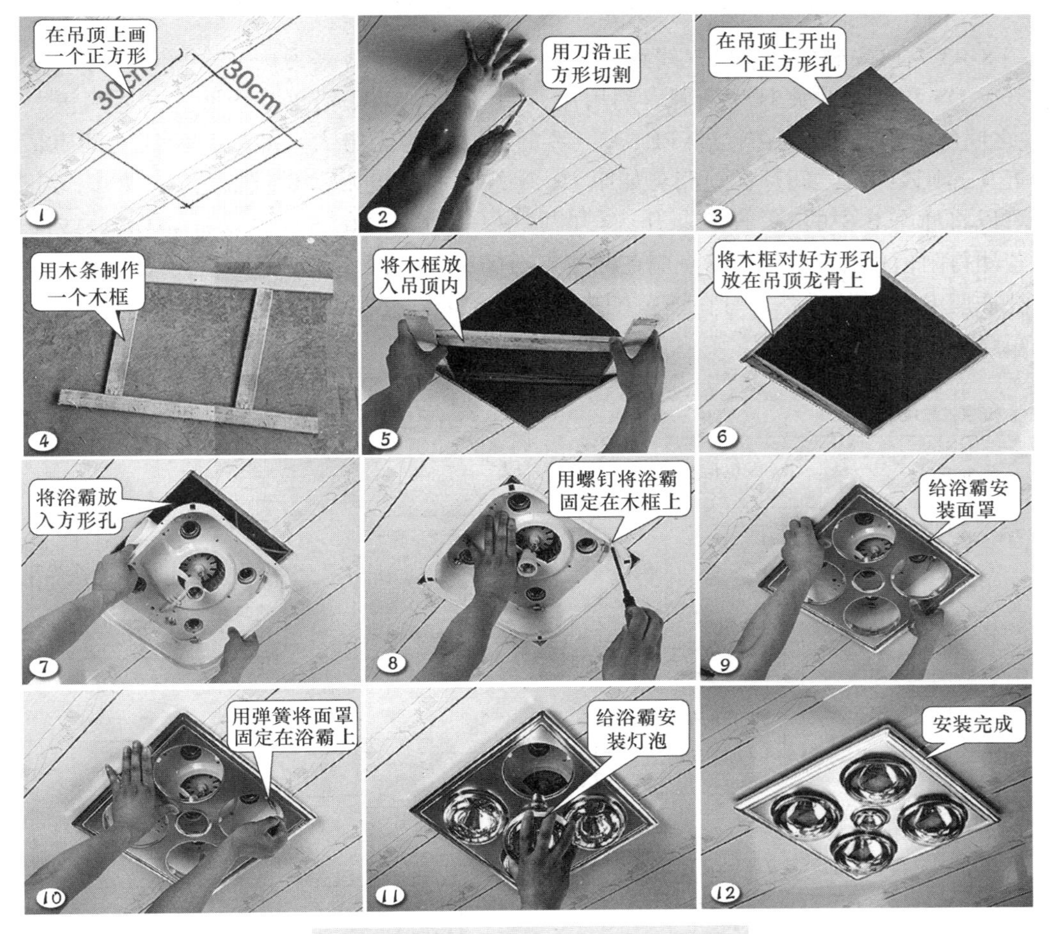

图8-42　普通浴霸的嵌入式吊顶安装

『行』——学以致用，攻坚克难

有关，具体可查看说明书)，用刀沿正方形边沿进行切割，切割出一个 30cm×30cm 方孔。

2）用木条制作一个内径为30cm×30cm 木框，再将木框放入吊顶并架在吊顶内部的龙骨上。

3）拆下浴霸的灯泡和面罩，给浴霸接好线后，将浴霸底部朝上放入吊顶方孔，在放入前，从吊顶内拉出已安装的通风管，将通风管与浴霸通风口接好，把浴霸推入方孔后，用螺钉将浴霸固定在木框上。然后给浴霸安装面罩，并用连接弹簧将面罩固定好。

4）给浴霸安装灯泡，至此安装完成。

8.6 电气线路安装后的检测

插座和照明电气线路安装完成后，为了安全起见不要马上通电，应在通电前对安装的电气线路进行检测，确定线路没有短路和漏电故障时才可接通 220V 电源。检测内容主要有检查电气线路有无短路、漏电、开路和极性是否接错等。

8.6.1 用万用表检测电气线路有无短路及查找短路点

图 8-43 是已安装的插座电气线路，以检测卫生间插座线路为例，检测时先将配电箱内的总开关 QS 和支路开关 QS5 断开，然后用万用表 R×10kΩ 档在 QS5 开关之后测量 L、N、PE 线之间的电阻，正常 L-N、L-PE、N-PE 的电阻均为无穷大，如果某两线之间阻值为 0 或接近 0，则该两线之间存在短路。如果 L、N 线之间的电阻为 0 或接近 0，为了找出短路点，可以将插座 B 中的 L、N 线断开（可断其中一根），再在图示位置测量 L、N 线间的电阻，若测得阻值仍为 0，则短路点应在测量点至插座 B 之间，若测得阻值为无穷大，则短路点应在插座 B 之后的线路，可在该范围内进一步检查。之后再用同样的方法检测其他支路有无短路。

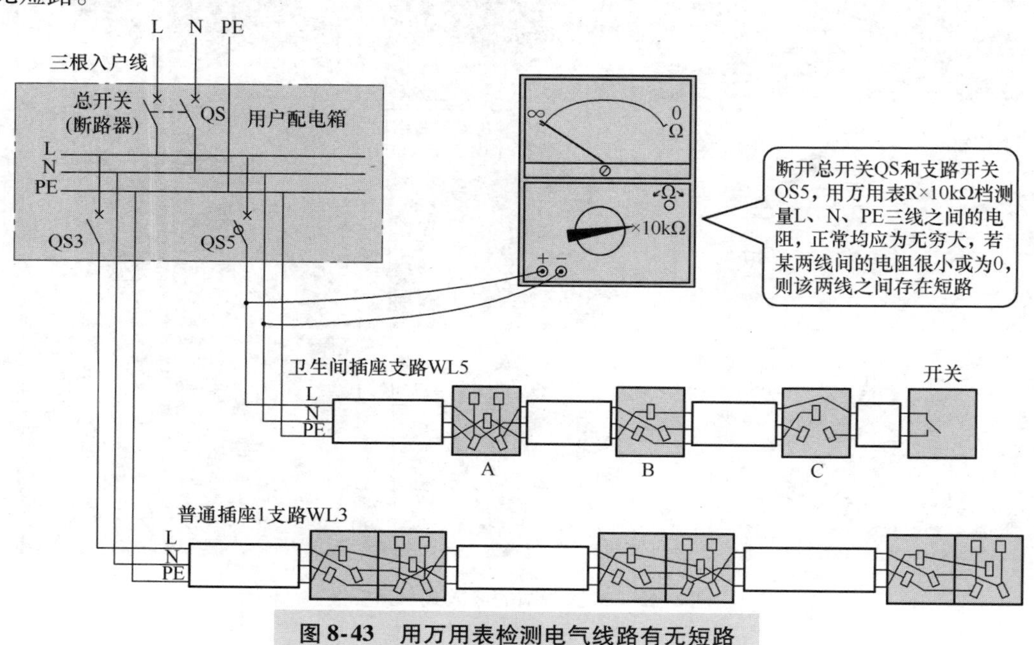

图 8-43 用万用表检测电气线路有无短路

8.6.2　用校验灯检查插座是否通电

在插座接线时，如果导线与插座未接好，插座就无法往外供电，因此住宅电气线路安装结束后，需要通电检查所有的插座有无电源。

在检查插座有无电源时，可以按图8-44所示的方法制作一个校验灯，给住宅电气线路接通电源后，将校验灯插头依次插入各插座，插到某插座时灯亮表示插座有电源，不亮表示插座无电源，应拆开插座检查内部接线。除校验灯外，也可以使用一些小型220V供电的电器来检查插座有无电源，如台灯、电吹风和电风扇等通电即刻有响应的小电器。

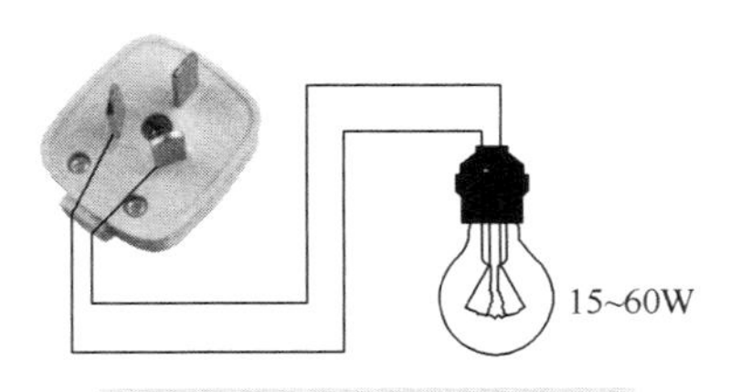

图8-44　校验灯的制作

8.6.3　用测电笔检测插座的极性

不管是两极插座还是三极插座，其插孔必须是**左零（N）右相（L）**，两极接反虽然不影响电器正常工作，但存在安全隐患。在通电检查所有插座均有电源后，再用测电笔依次检测所有插座的右插孔，测电笔插入插座的右插孔时，若该插孔内部接L线，测电笔的指示灯会亮，若指示灯不亮，则表示插孔内部所接不是L线，应拆开插座调换接线。

『行』——学以致用，攻坚克难

Chapter 9

第 9 章 住宅给水管道的安装

住宅给排水系统由**给水系统和排水系统**组成。给水系统也称供水系统，用于将住宅外部的水（如自来水公司送来的水）通过管道送到室内各个用水点（如各处的水龙头）；排水系统用于将住宅室内的污水排放到室外的下水道。

9.1 住宅的两种供水方式

住宅给水有**一次供水和二次供水**两种方式，一次供水用于为**低层建筑（不超过 7 层）**供水，二次供水用于为**高层建筑（超过 7 层）**供水。

9.1.1 一次供水方式（低层住宅供水）

一次供水是将自来水公司接来的给水管道直接与用户的给水管道连接，即由自来水公司直接为用户供水。由于自来水公司提供的水压较低，只能为 7 层以下的住宅直接供水。图 9-1 是低层住宅的一次供水图，由自来水公司接来的引水管接出多个分支水管，在每个分支水管接上阀门和水表后再引到各层的用户室内。

图 9-1 低层住宅的一次供水

9.1.2　二次供水方式（高层住宅供水）

二次供水是让自来水公司送来的水先进入蓄水池（或水箱）储存，然后用水泵从蓄水池抽水加压后提供给7层以上的用户。对于7层以上的高层住宅，1~7层住宅采用**一次供水**，7层以上（也可以是更低层，如5层以上）住宅采用**二次供水**。图9-2为高层住宅供水示意图，图9-3为二次供水的给水立管，在每层接出一个干分支管，每个干分支管再分出多个分支管接至该层的各个住宅室内，在每个分支管路中通常会接水阀和水表，如图9-4所示。

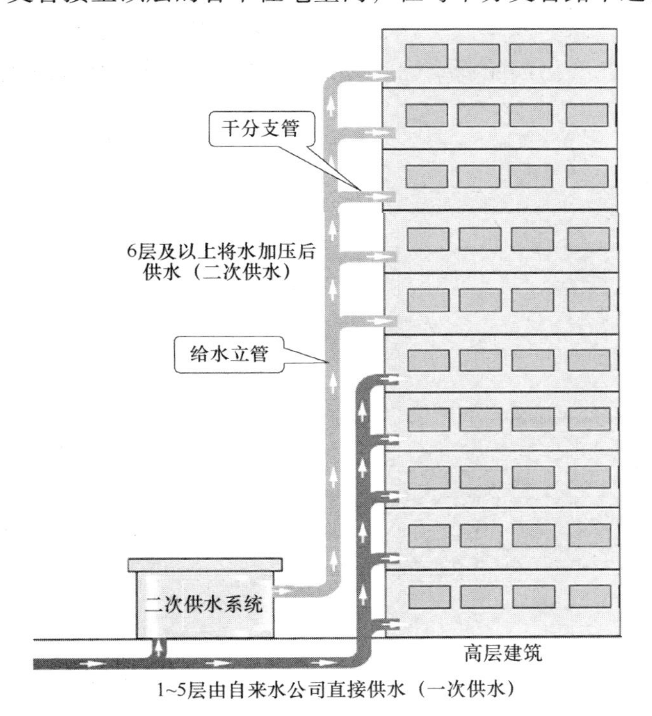

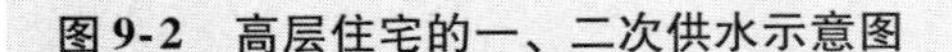

图9-2　高层住宅的一、二次供水示意图

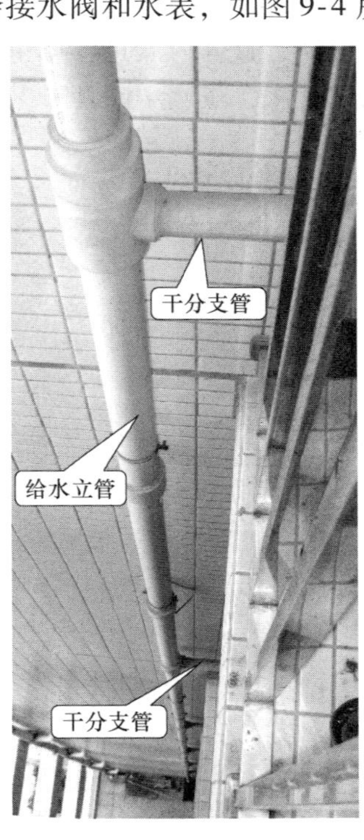

图9-3　二次供水的给水立管和干分支管

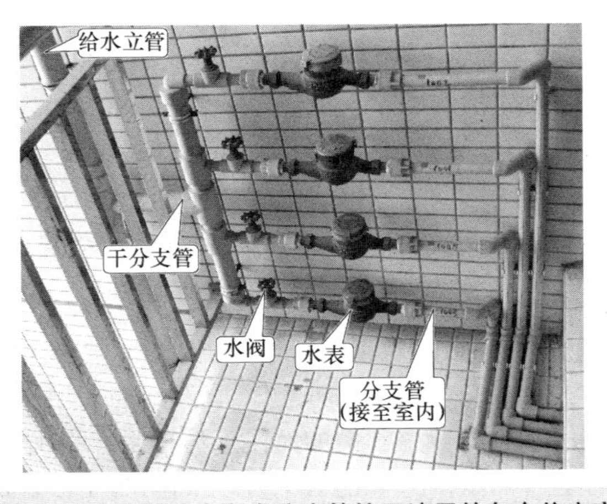

图9-4　干分支管分出多个分支管接至该层的各个住宅室内

9.1.3 二次供水系统的组成及工作原理

二次供水系统主要有两种形式：水塔式二次供水和恒压二次供水。早期高层建筑多采用水塔式二次供水，现在高层建筑一般采用变频恒压二次供水。

1. 水塔式二次供水系统

水塔式二次供水系统的组成如图 9-5 所示，自来水先流入蓄水池储存，水泵再将蓄水池内的水抽到高层建筑顶层的水塔内，然后再提供给各层用户。由于水塔很高，水塔内的水具有较高的水压，这样可满足各层用户用水要求。水塔式二次供水系统除了用蓄水池蓄水外，还使用水塔蓄水，供水中间环节多，产生二次污染的概率也就大，故现在高层住宅较少使有这种供水方式。

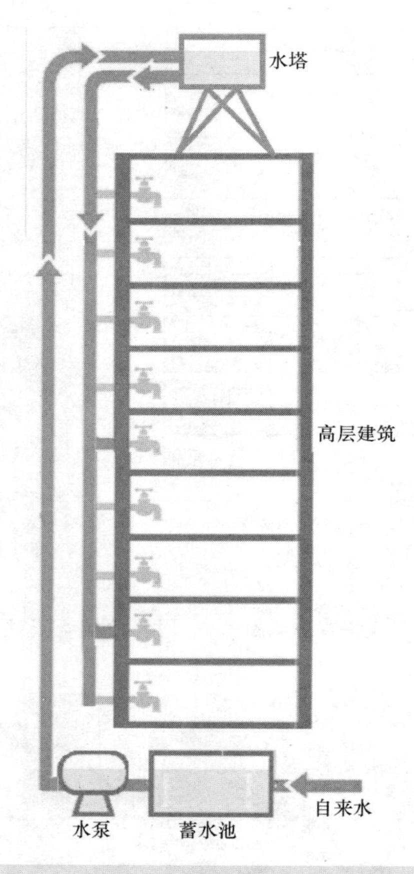

图 9-5 水塔式二次供水系统的组成示意图

2. 变频恒压二次供水系统

变频恒压二次供水系统的组成如图 9-6 所示。自来水先流入水箱（或水池），水泵再将水箱内的水抽往高处管道，随着管道内的水不断增多，水挤压气压罐内的空气，由于气压罐内空气的缓冲作用，管道内水压不会急剧增加而使管道爆裂，当水泵停止工作时，气压罐内的压缩空气膨胀作用使管道内的水维持一定的压力。水泵采用变频器驱动，当用户用水量增多时，管道内的水压降低，远传压力表检测到水压降低后，将压力信号送到变频控制柜内的控制器，控制器马上发出控制信号送给驱动水泵运转的变频器，让变频器输出电源频率升高，水泵转速加快，单位时间内抽水量增多，使管道内的水压升高，这样在用水量大时仍有足够的水压。如果水压仍不足，控制器会控制另一台水泵也工作，如果用水量少，控制器会控制变频器输出电源频率降低，水泵转速变慢，单位时间内抽水量减少。

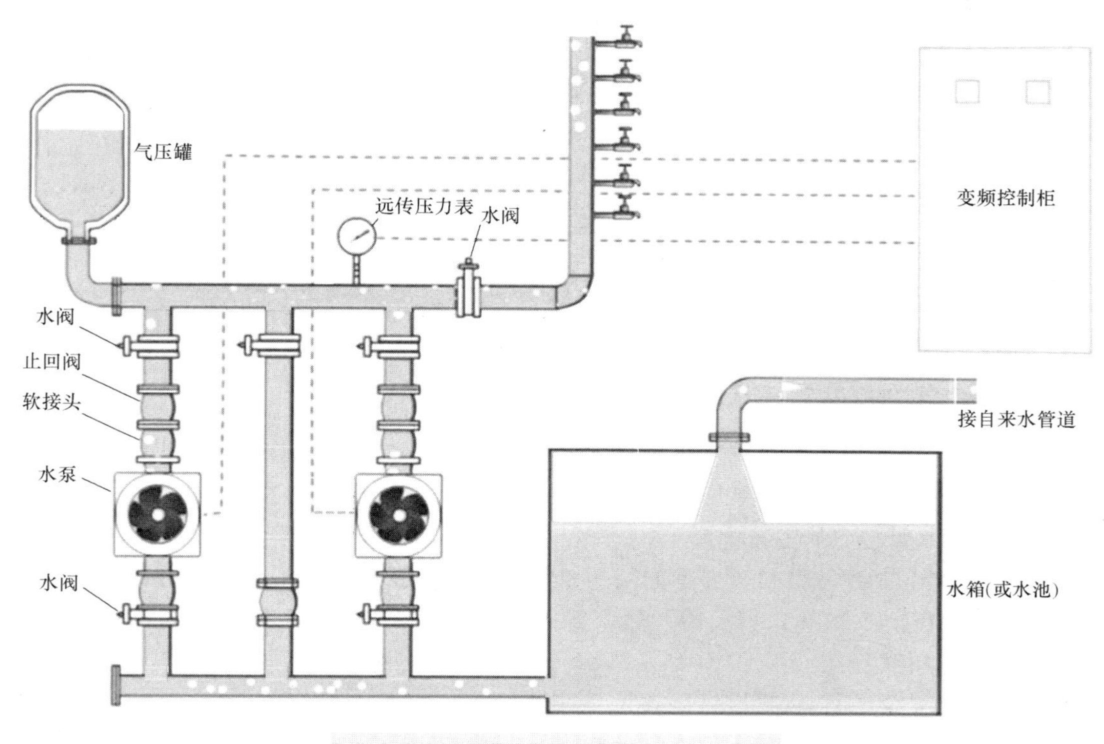

图 9-6 变频恒压二次供水系统的组成

9.2 住宅给水管道的安装规划

9.2.1 了解住宅各处的用水设备并绘制给水管道连接图

住宅给水管道的功能是**将室外引入的自来水供给室内各个用水设备**。在安装给水管道前，先要了解住宅各处（厨房、阳台和卫浴间等）用水设备，然后绘制给水管道图将这些设备连接起来。

图 9-7 是一个典型的住宅给水管道图。由供水系统送来的自来水由给水立管进入第 8 层的干分支管，再流入该层各住宅的给水分支管。以 801 房间给水为例，自来水经室外水阀和水表进入室内给水管道，室内给水管道开始端安装一个室内总水阀，自来水进入室内后，一方面通过冷水管道将冷水直接提供给厨房、小阳台、公用卫浴间、主卧卫浴间的用水设备，另一方面还分别进入两台热水器进行加热，一台热水器流出的热水通过热水管道提供给厨房、小阳台、公用卫浴间的用水设备，另一台热水器流出的热水通过热水管道提供给主卧卫浴间的用水设备。

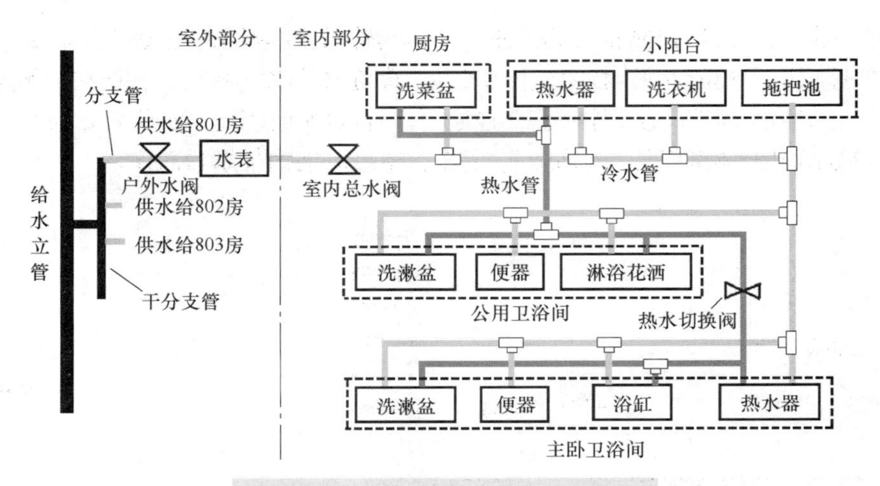

图 9-7　一个典型的住宅给水管道图

9.2.2　确定各处用水设备的水管接口位置

给水管道是通过管道接口向用水设备供水的，在安装给水管道前，需要确定各处用水设备的水管接口安装位置，在安装时，给水管道必须要经过这些位置并往外接出接口。

1. 热水器水管接口的安装位置

热水器水管接口的安装位置要求如图 9-8 所示。燃气热水器的冷、热水管接口距离地面一般为 **130～140cm**，电热水器的冷、热水管接口距离地面一般为 **170～190cm**。热水器的冷、热水管接口相距不要太远，为 **15～20cm** 较为合适，多数热水器的冷水进口在右边，热水出口在左边，故冷、热水管接口也应为“左热右冷”。

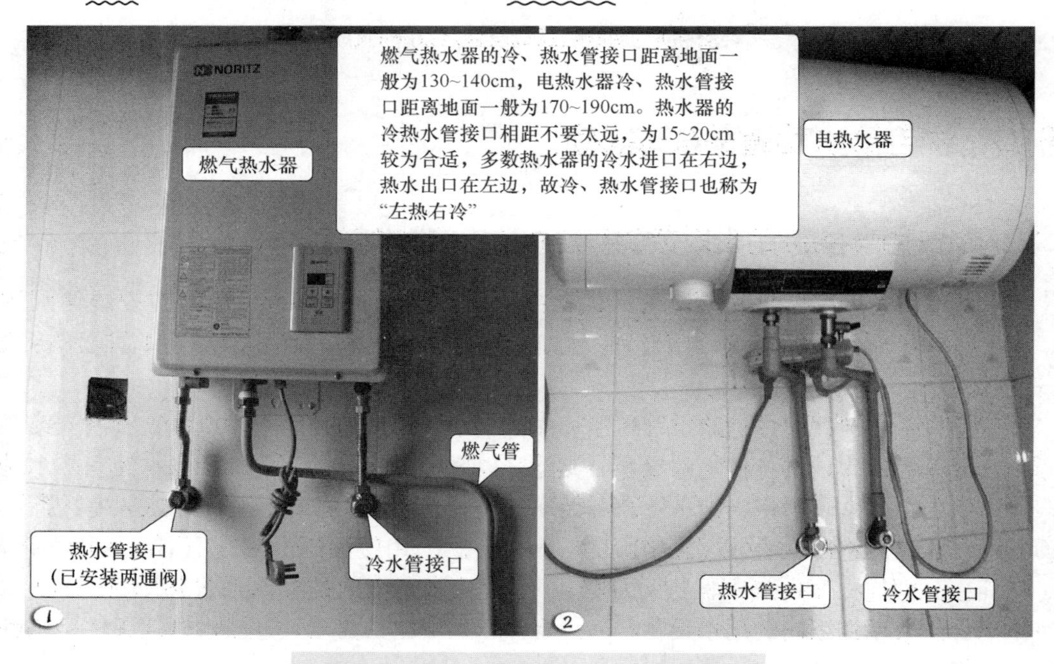

图 9-8　热水器水管接口的安装位置要求

2. 洗菜盆和洗漱盆水管接口的安装位置

洗菜盆和洗漱盆及水管接口如图9-9所示，安装位置为：①冷、热水管接口距离地面的

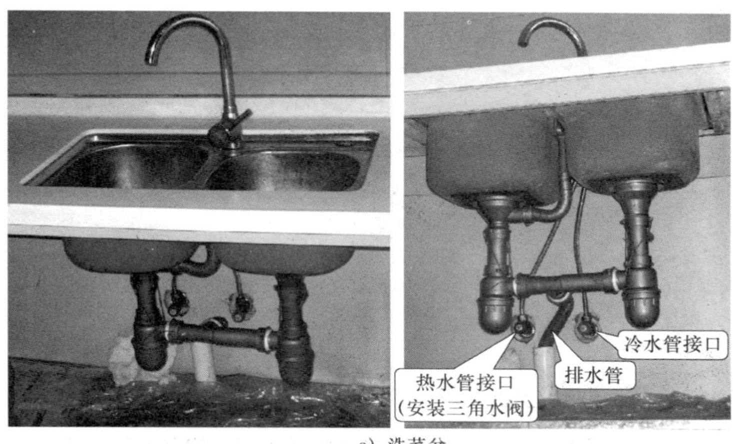

a）洗菜盆

b）洗漱盆

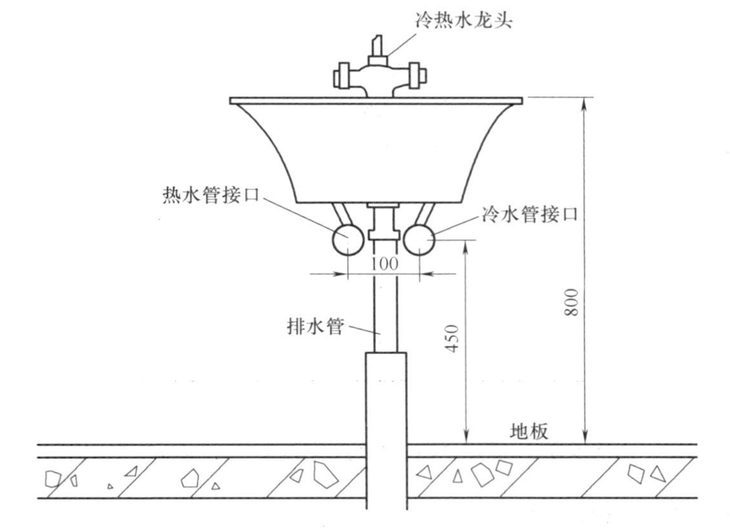

c）洗菜盆和洗漱盆接口安装位置

图9-9 洗菜盆和洗漱盆及水管接口安装位置要求

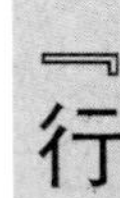

高度应为 **450 ±20mm**；②冷、热水管接口的间距为 **100 ~ 120mm**；③盆面高度应为从地面到盆面为 **800mm**。对于采用墙面上方出水的洗菜/洗漱盆，水管接口距离地面高度为 **950mm**，如图 9-10 所示。

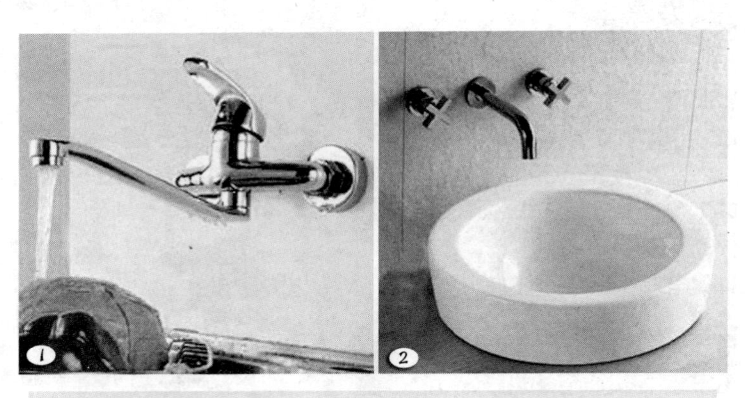

图 9-10　墙面上方出水的洗菜/洗漱盆水管接口安装位置要求

3. 淋浴花洒水管接口的安装位置

淋浴花洒水管接口的安装位置要求如图 9-11 所示，冷、热水管接口相距 **150mm ±5mm**，距离地面 **800 ~ 900mm**。

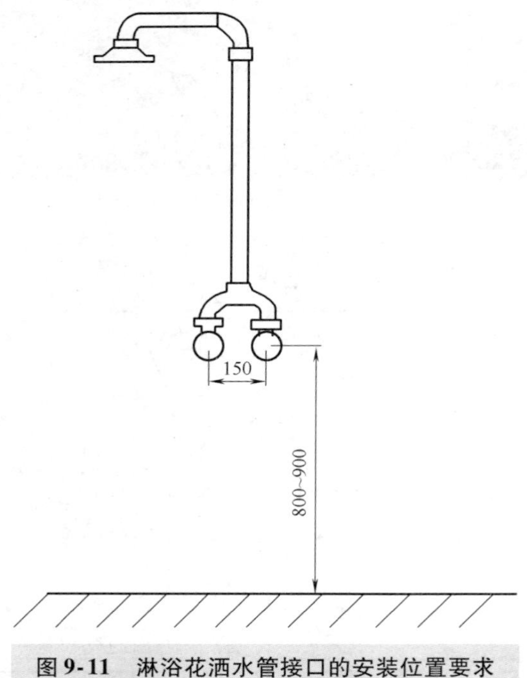

图 9-11　淋浴花洒水管接口的安装位置要求

4. 浴缸水龙头接口的安装位置

浴缸水龙头接口的安装位置要求如图 9-12 所示，冷、热水管接口相距 **150mm ±5mm**，接口的高度一般较浴缸安装后的高度再高 **150mm**。

a) 浴缸

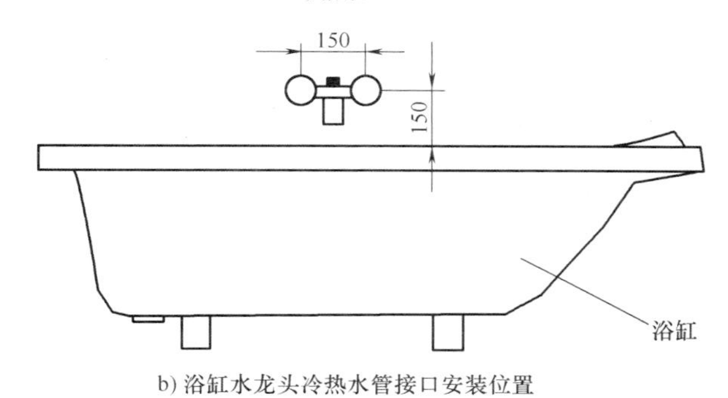

b) 浴缸水龙头冷热水管接口安装位置

图 9-12　浴缸水龙头冷热水管接口安装位置要求

5. 便器水箱水管接口的安装位置

便器有蹲便器和坐便器之分，其水箱水管接口的安装位置要求如图 9-13 所示，水箱水管接口距离地面 **250mm**，与便器安装中心线相距 **200mm**，距离太短不利于便器的安装。

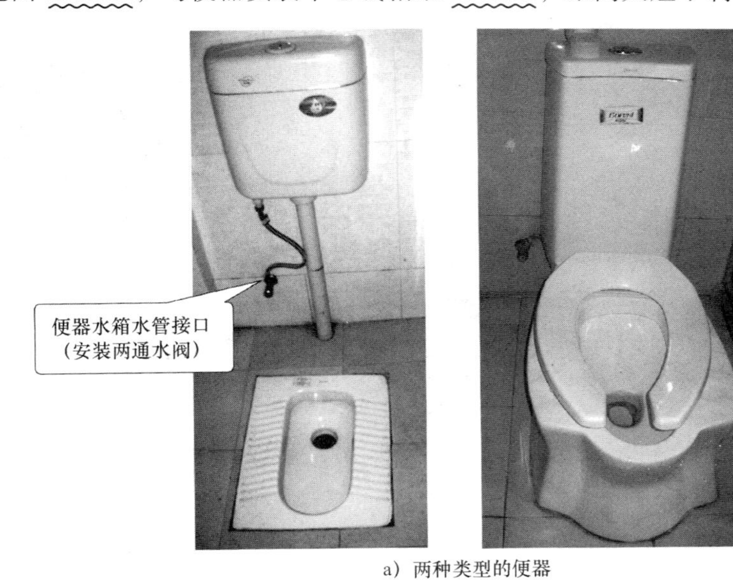

a）两种类型的便器

图 9-13　便器水箱水管接口的安装位置要求

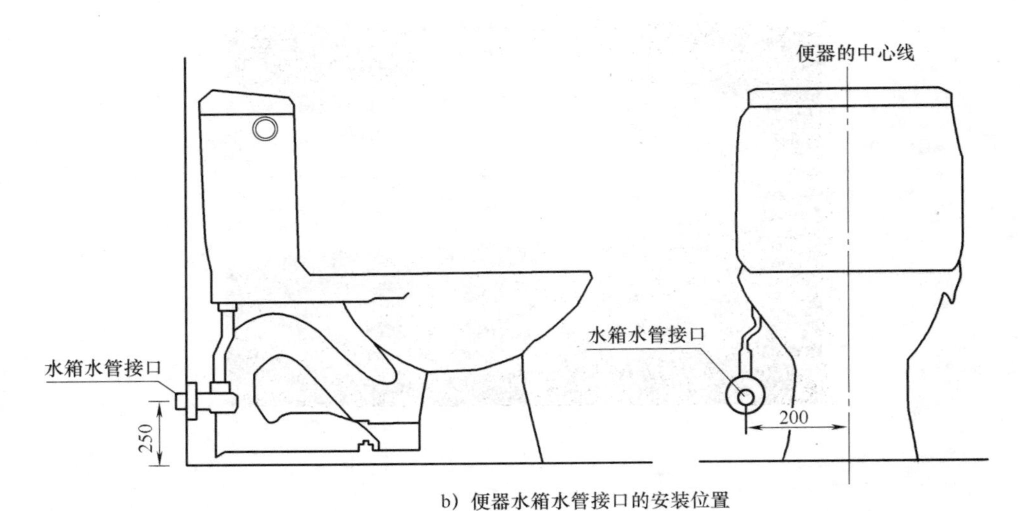

b）便器水箱水管接口的安装位置

图 9-13　便器水箱水管接口的安装位置要求（续）

6. 拖把池水龙头接口的安装位置

拖把池水龙头接口的安装位置要求如图 9-14 所示。

7. 洗衣机水龙头接口的安装位置

洗衣机水龙头接口的安装位置要求如图 9-15 所示。

图 9-14　拖把池水龙头接口的安装位置要求

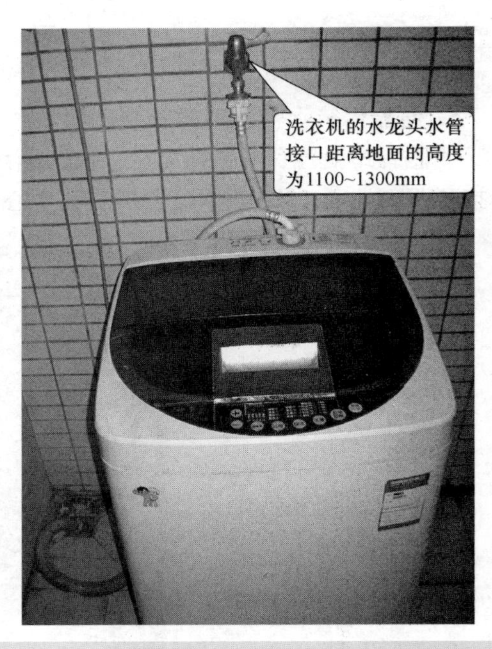

图 9-15　洗衣机水龙头接口的安装位置要求

9.2.3　确定给水管道的敷设方式

住宅给水管道的起点是室外引入的给水管，安装给水管道就是敷设给水管到各用水设备处，并在用水设备处留下水管接口（用于连接用水设备）。敷设给水管有走地、走顶和走墙三种方式。走地方式是将给水管敷设在地面去各用水设备处，走顶方式是将给水管敷设在房顶去各用水设备处，走墙方式是将给水管敷设在墙内去各用水设备处。

给水管道的三种敷设方式各有优缺点，下面对三种方式进行简单介绍，用户可根据自己的情况选择某种方式，当然敷设给水管时也可以综合应用这三种方式。

1. 给水管道的走地敷设

给水管道的走地敷设如图9-16所示，给水管道主要敷设在地面（或地面的开槽内），然后通过墙上的开槽往上敷设到规定的高度再接出接口。

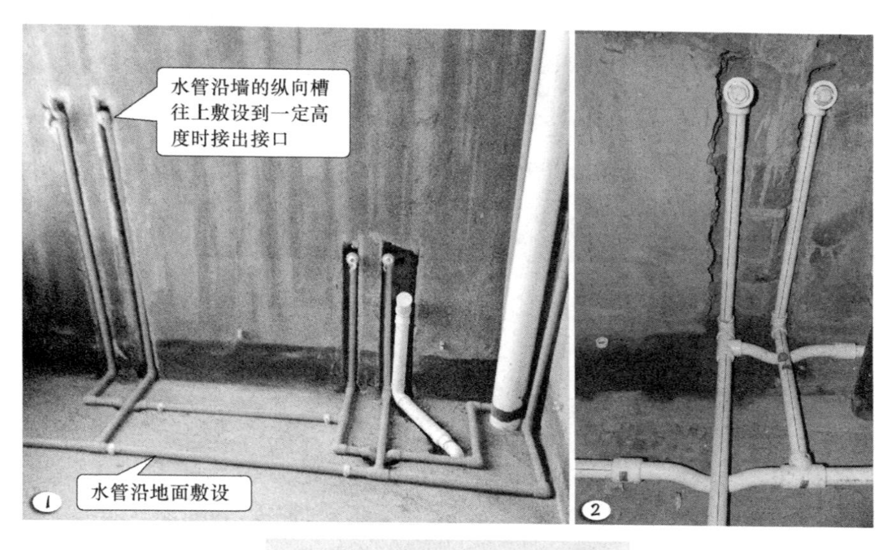

图9-16 给水管道的走地敷设

走地敷设给水管的优点主要有：①由于水管接口大多数距离地面低，故走地敷设节省管材；②水管内有水时有一定的重量，走地敷设时地面可以很好承受该重量，减轻水管负担；③走地敷设时水管埋入地面密封起来，相当于加了保护层，水管使用寿命更长。

走地敷设给水管的缺点主要有：①水管漏水时不易发现，只有水淹地面或渗漏到下层时才能察觉，漏到下层时会对别人造成不好影响；②由于水管埋入地面，发现地面漏水时较难找出水管的漏水点（水往低处流，地面出水处不一定是漏水位置），刨地查漏难度较大。

2. 给水管道的走顶敷设

给水管道的走顶敷设如图9-17所示。给水管道主要敷设在住宅的顶部或顶部边角，然后通过墙上的开槽往下敷设到规定高度后接出接口，顶部或顶部边角的水管可用吊顶或石膏线隐藏起来。

走顶敷设给水管的优点主要有：①水管出现漏水时易于发现；②水管出现漏水时维修较走地方式简单。

走顶敷设给水管的缺点主要有：①由于大多数水管接口距离地面低，走顶往下敷设需要较多的管材，较走地会增加费用；②走顶敷设时水管及支架需要承受水的重力，对水管及支架使用寿命有一定的影响；③走顶敷设时水管长期暴露在空气中，使用寿命会缩短；④走顶敷设时水管更长，水阻增大，水流量减少，所以高层住宅顶层住户应谨慎选择走顶方式。

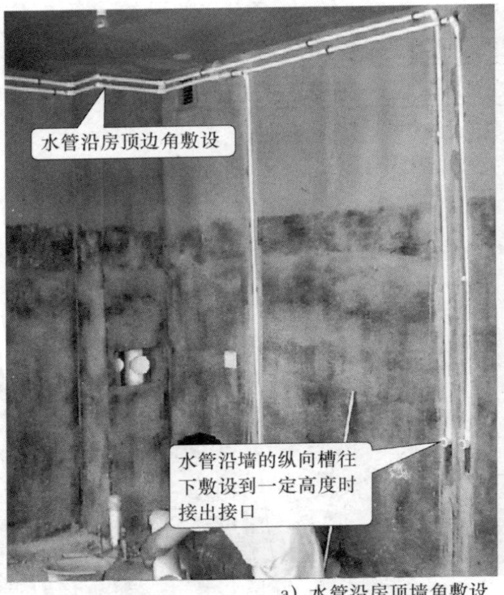

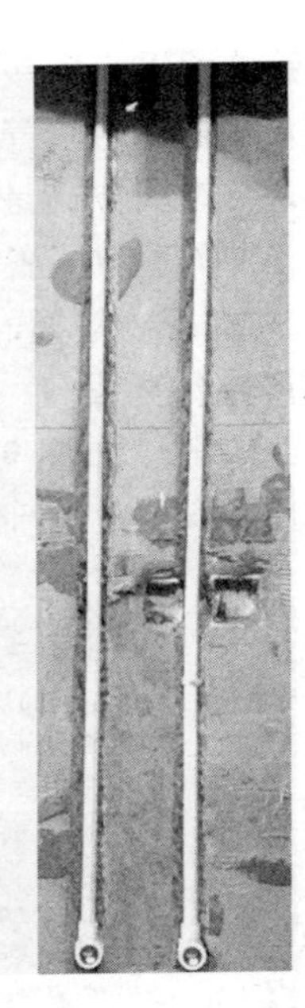

a）水管沿房顶墙角敷设

b）水管沿房顶敷设

c）用水泥将管槽封埋起来

图 9-17　给水管道的走顶敷设

3. 给水管道的走墙敷设

给水管道的走墙敷设如图 9-18 所示。给水管道主要敷设在墙的横向开槽内，然后通过墙的纵槽往上或往下敷设到规定的高度再接出接口。

图 9-18　给水管道的走墙敷设

走墙敷设给水管的优点主要有：①较走地和走顶更节省管材；②水管出现漏水易被发现；③出现漏水时维修较走地敷设要方便。

走墙敷设给水管的缺点主要有：①在墙上开横槽会改变墙的承重结构，所以尽量不要在承重墙上开横槽，如必须时墙上开横槽也不要太深，不要过长；②墙上开槽的施工量较大。

9.2.4　给水管的走向与定位规划

在规划给水管走向前，先要了解室外进水管和室内各处用水设备接口的位置，然后确定给水管采用何种敷设方式（走地、走顶和走墙）。在规划给水管走向时，给水管从连接室外进水管开始，经地面、房顶或墙面到达各处用水设备。

1. 给水管走向与定位操作

在进行给水管走向与定位操作时，可按以下步骤进行：

1）在厨房、阳台、公用卫浴间和主卧卫浴间等墙壁上标出各用水设备的接水口位置（即给水管在各处的出水接口位置）。

2）确定给水管走向时，要横平竖直，在墙壁尽量走竖不走横，尽量减少水管接头的数量，因为接头是水管的薄弱环节。

3）从室外进水管开始，用尺子或弹线器在地面、房顶或墙面标出给水管的走管路线，敷设时应沿该线条进行。图 9-19 是采用走顶方式在房顶标注的给水管敷设线。

2. 给水管走向示例

图 9-20 是一个典型的住宅给水管走向图。室外进水管进入室内后经室内总水阀与室内冷水管连接，该住宅使用了两台热水器，关闭热水切换阀可以将两台热水器提供的热水分隔开来，热水切换阀开启时，任何一台热水器都可以为全部热水管提供热水。住宅的户型不同，给水管的走向也要随之变化。

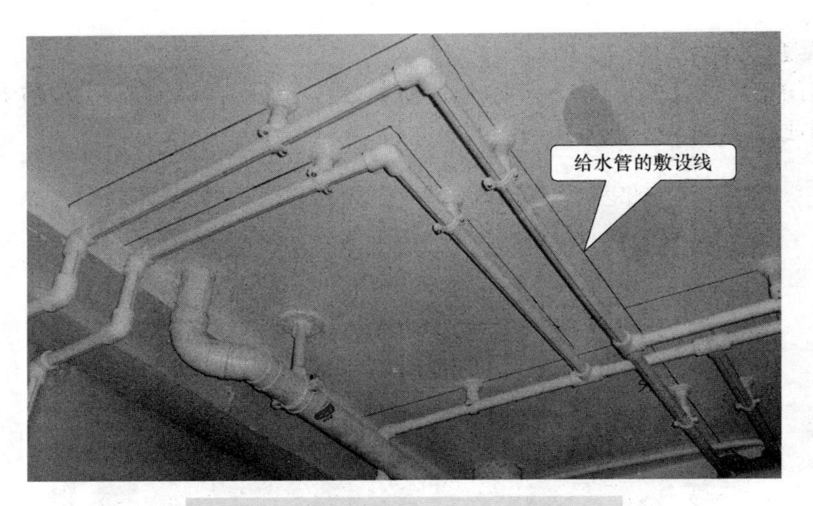

图 9-19　在房顶标示的给水管敷设线

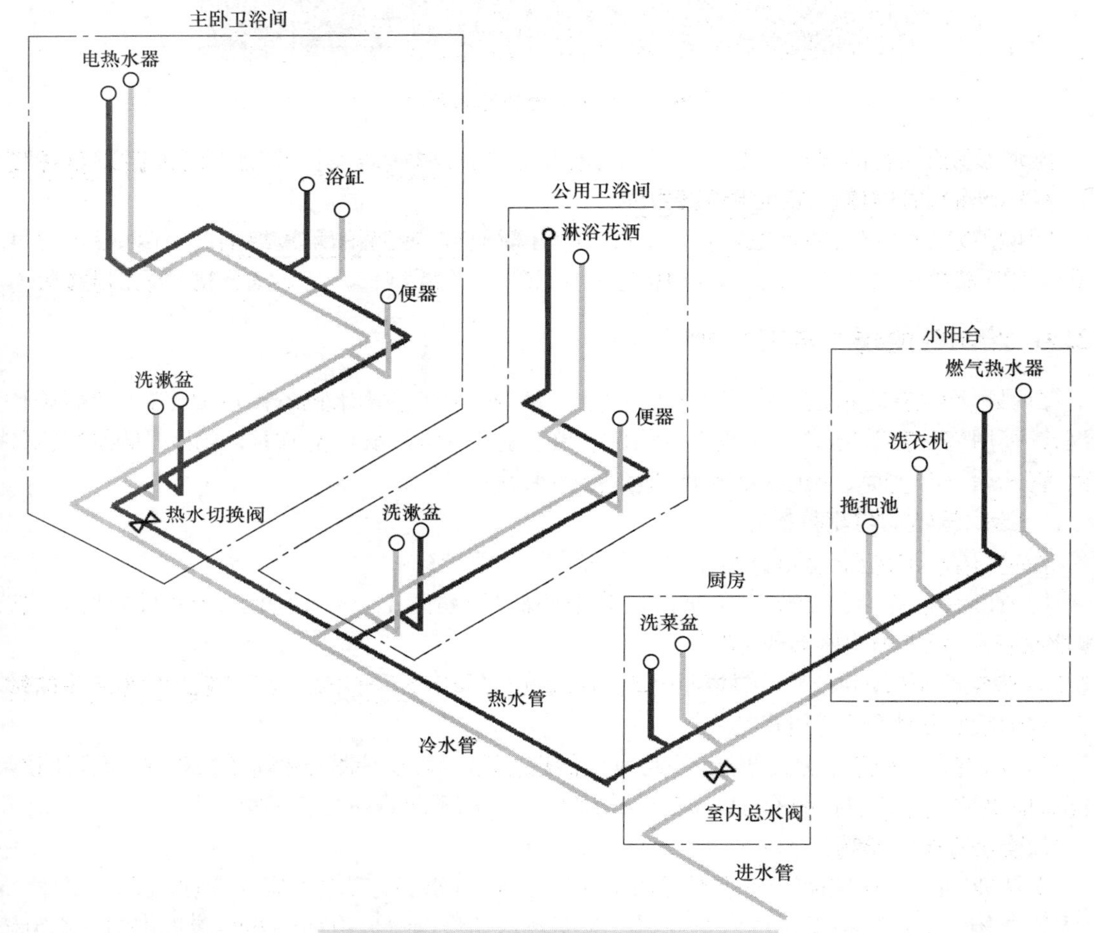

图 9-20　一个典型的住宅给水管走向图

9.3 给水管及配件的选用

9.3.1 给水管的种类及选用

住宅给水管的管材种类主要有镀锌管、PVC-U 管、铝塑管、PPR 管、铜管和不锈钢管等，其中**PPR 管**用作住宅给水管最为常见。

1. 镀锌管

镀锌管又称镀锌钢管，早期的住宅大部分采用镀锌管作为给水管。镀锌管作为水管使用几年后，管内会产生大量锈垢，还夹杂着由于不光滑内壁滋生的细菌，流出的黄水不仅会污染洁具，而且由于锈蚀造成水中的重金属含量过高，还会严重危害人体的健康。我国也明文规定明确从2000年起禁用镀锌管作为住宅给水管，目前新建小区的给水管已经很少使用镀锌管，少数小区的热水管仍使用的是镀锌管，由于镀锌管承压能力强，市政给水系统常使用粗镀锌管作为给水干管，另外煤气管和暖气管很多采用镀锌管。

2. PVC-U 管

PVC-U 管也称 UPVC 管、硬 PVC 管等，它是一种塑料管，PVC-U 管的抗冻和耐热性能不好，不适合用作热水管，其强度不能也不符合水管的承压要求，故也不适合用作冷水管（有些场合常常用 PVC-U 管作为临时给水管）。PVC-U 管中的一些化学添加剂对人体健康影响甚大，故不适合作为住宅给水管。PVC-U 管适合作为**电线保护管和排污水管**。PVC-U 管外形如图 9-21 所示。

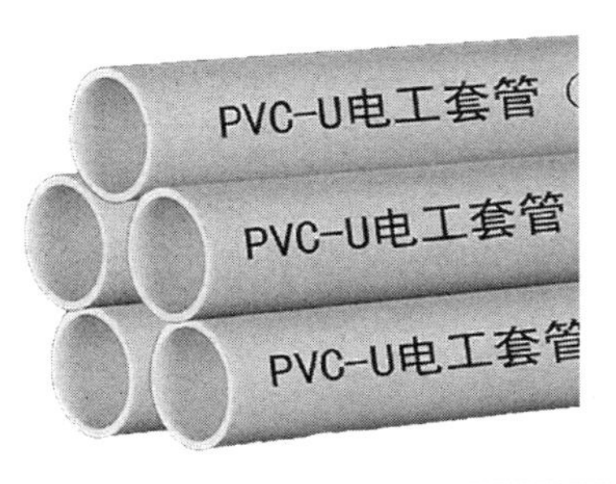

图 9-21 PVC-U 管

3. PP-R 管

PP-R 管也称 PPR 管，它是一种最常用的水管材料，具有无毒、质轻、耐压、耐腐蚀、不结垢和寿命长等优点，它不但可以用作冷水管，也适合作热水管，甚至纯净饮用水管道。PP-R 管的连接采用热熔技术，管子之间完全融合到了一起，连接后只要打压测试通过，不会像铝塑管一样存在时间长了老化漏水现象。

现在大多数住宅都采用 PP-R 管作给水管道。PP-R 管有冷水管和热水管之分，**热水管的管壁更厚，耐热性更好**，但价格要贵一些，冷水管不能用做热水管，热水管可用作冷水管，在分辨冷、热水管时，**水管上有红色标志（如红线）**为热水管，**有蓝色或绿色标志的**为冷水管。PPR 管 PP-R 管的外形如图 9-22 所示。

『行』——学以致用，攻坚克难

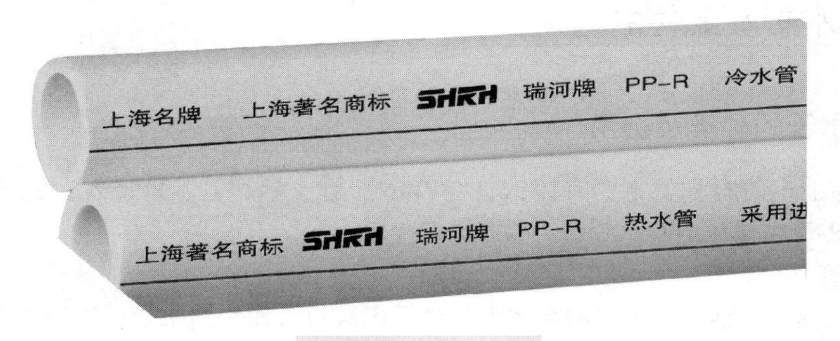

图 9-22 PP-R 管

住宅给水管一般干管用 6 分管，支管用 4 分管，如果希望水流量更充足，支管也可用 6 分管。给水管的规格主要有 4 分（外径 20mm）、6 分（外径 25mm）、1 寸（外径 32mm）、1.2 寸（外径 40mm）、1.5 寸（外径 50mm）、和 2 寸（外径 63mm）。PP-R 水管的参数识读如图 9-23 所示。

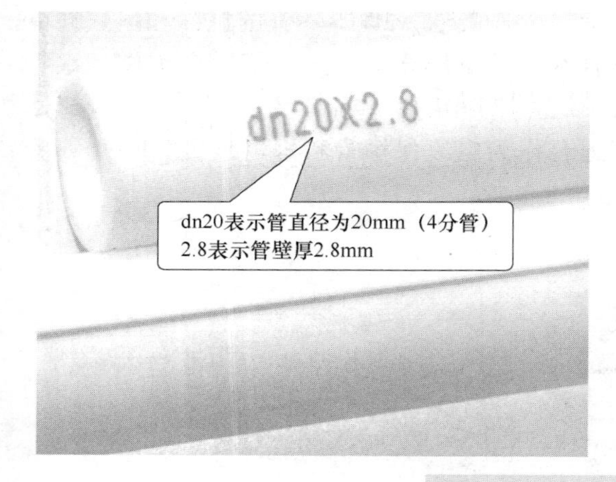

常用PP-R水管的参数

规格	壁厚	可承受水压	耐温温度
20（4分）	2.8mm	2.0MPa（20公斤）	-30°~110°
20（4分）	3.4mm	2.5MPa（25公斤）	-30°~110°
25（6分）	4.2mm	2.5MPa（25公斤）	-30°~110°
25（6分）	3.5mm	2.0MPa（20公斤）	-30°~110°
32（1寸）	4.4mm	2.0MPa（20公斤）	-30°~110°

图 9-23 PP-R 水管参数识读

4. 铝塑管

铝塑管又称铝塑复合管，其质轻、耐用且可弯曲，施工较方便。铝塑管采用卡套方式连接，在用作热水管时，由于长期的热胀冷缩会造成管壁错位以导致渗漏，目前只有少数用户使用铝塑管作为住宅给水管。铝塑管结构、外形和连接如图 9-24 所示。

5. 铜管

铜管是住宅给水管的上等水管，它具有耐腐蚀，灭菌等优点。铜管连接方式有卡套连接和焊接连接两种，卡套与铝塑管一样，长时间存在老化漏水的问题，所以安装铜管时最好采用焊接方式，铜管通过焊接连到一起后，就像 PP-R 水管一样永不渗漏，且铜管导热快，故在将铜管用作给水管时，常在铜管外面覆有防止热量散发的塑料和发泡剂。另外，铜管的价格昂贵，只有一些高档住宅才使用铜管作为住宅给水管。

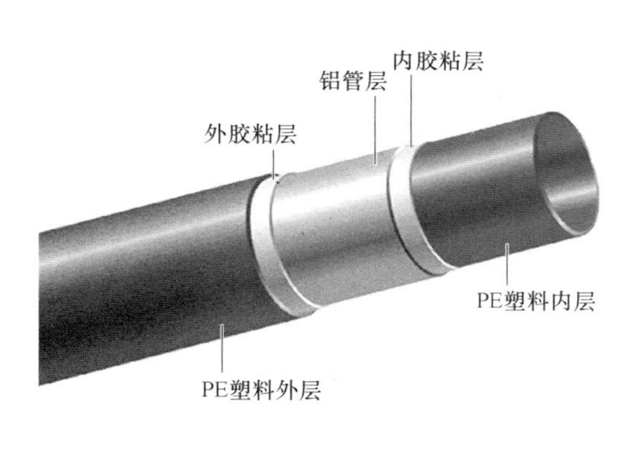

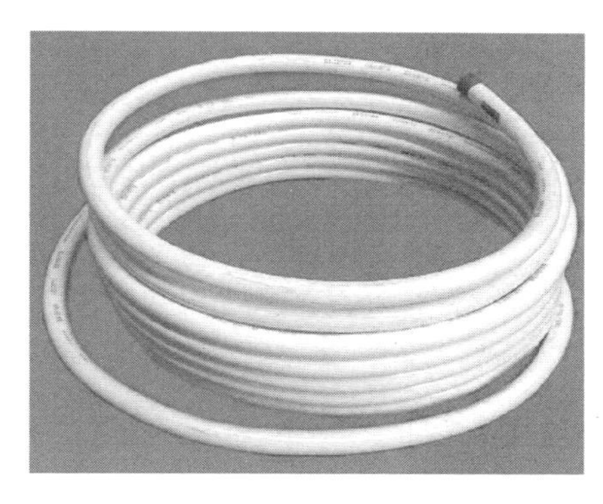

a）结构与外形

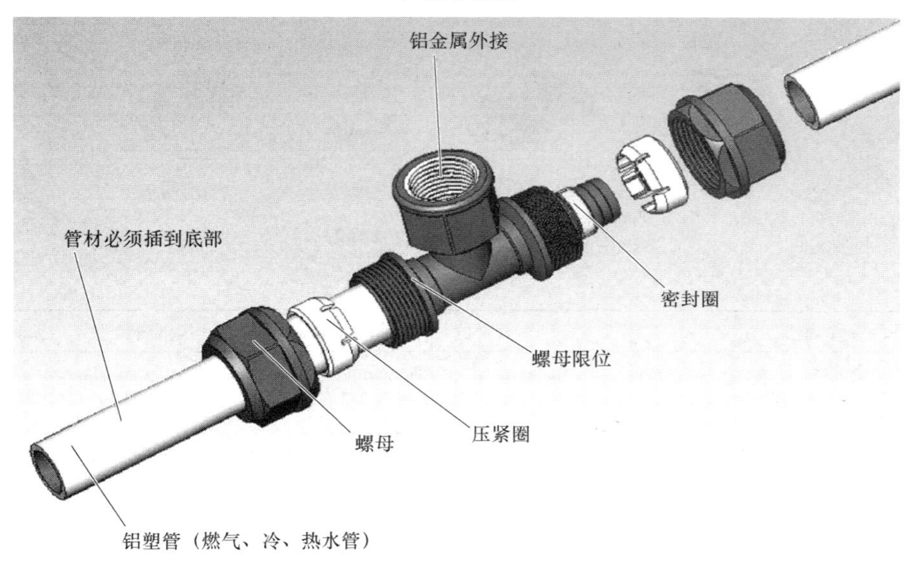

b）连接

图 9-24　铝塑管的结构、外形与连接

9.3.2　PP-R 管的常用配件及规格

住宅给水管的管材种类很多，但 PP-R 管最为常用，在敷设安装 PP-R 管时根据不同情况需要用到很多配件。

PP-R 管的常用配件如图 9-25 所示。在选择 PP-R 管的连接配件时，要注意管件要与管子配匹，一般管子规格是指外径，而管件的规格是指内径。例如，4 分（20mm）弯头可以插入两根 4 分管；20×25 异径直接两端分别可以插入 4 分管和 6 分管；25×1/2 内丝弯头的塑料端可插入 6 分管（25mm），内丝端内径为 4 分（1/2），可旋入带螺纹的 4 分管（1/2）；25×1/2 外丝弯头的塑料端可插入 6 分管（25mm），外丝端外径为 4 分（1/2），可旋入带内丝的 4 分管。PP-R 管及管件规格如图 9-26 所示。

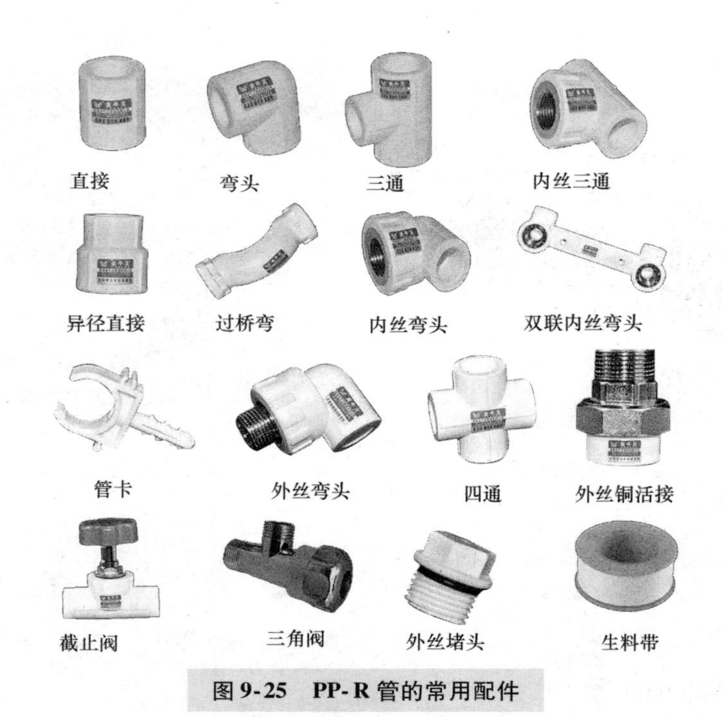

图9-25　PP-R管的常用配件

PP-R管及管件规格	管材的尺寸是指外径，管件的尺寸是指内径					
无螺纹端规格	ϕ20mm	ϕ25mm	ϕ32mm	ϕ40mm	ϕ50mm	ϕ63mm
有螺纹端规格	1/2寸	3/4寸	1寸	11/4寸	11/2寸	2寸
对应的通俗规格	4分	6分	1寸	1.2寸	1.5寸	2寸

图9-26　PP-R管及管件规格

9.3.3　不同类型住宅的PP-R管及管件需求量

在安装住宅给水管道时，需要购买PP-R管及管件，对于不同类型的住宅，其PP-R管及管件需求量不同，购买前可以询问水电工师傅。表9-1列出了一厨一卫和一厨两卫的PP-R管及管件需求量参考值。

表9-1　一厨一卫和一厨两卫型住宅的PP-R管及管件需求量参考值

产品名称	图片展示	房　型	常用数量	产品用途
PPR水管		一厨一卫	40m	4分（20mm）管或6分（25mm）管，选择的管件要与之配套
		一厨两卫	72m	
直接		一厨一卫	14只	用于衔接两条直路走向的水管，因为有时一根管子不能满足所需长度
		一厨两卫	18只	

（续）

产品名称	图片展示	房　型	常用数量	产品用途
90°弯头		一厨一卫	35只	用于管道需要转90度弯的连接配件
		一厨两卫	66只	
45°弯头		一厨一卫	7只	用于管道需要转45度弯的连接配件
		一厨两卫	10只	
等径三通		一厨一卫	8只	用于把一路水管分成两路的地方
		一厨两卫	10只	
过桥弯		一厨一卫	3只	用于使两个交叉走向的水管错开
		一厨两卫	5只	
堵头		一厨一卫	11只	用于临时堵住带丝口的出水口配件，起密封作用
		一厨两卫	18只	
内丝弯头		一厨一卫	10只	用于接水龙头、角阀等需要丝口的配件
		一厨两卫	14只	
内丝直接		一厨一卫	3只	用于直接穿墙的水管，连接水龙头、洗衣机、草坪等
		一厨两卫	4只	
内丝三通		一厨一卫	1只	用于管路之间接一个出水口，如拖把池龙头、洗衣机龙头或者其他备用接口
		一厨两卫	2只	
塑料小管卡		一厨一卫	30只	用于固定水管、一般间隔80cm左右一个
		一厨两卫	68只	
异径直接		一厨一卫	1或2只	用于变换管路大小的连接配件，6分管转接4分
		一厨两卫	1或2只	
截止阀		一厨一卫	1只	一般装在水表前后，作为入户主阀，起开关作用。可换阀芯，可暗敷，升降式
		一厨两卫	2只	
双联内丝弯头		一厨一卫	1只	用于连接淋浴花洒或浴缸的冷、热水龙头
		一厨两卫	2只	
生料带		一厨一卫	2卷	用于水龙头、角阀安装时起密封作用，一般建议缠绕10圈以上
		一厨两卫	3卷	

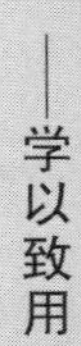

9.4 PP-R管的加工与连接

PP-R管是一种最常用的住宅给水管，在敷设时，管子长需要切断，管子短时需要与其他管子连接，转弯时需要与弯头连接（PP-R管不能像PVC电线管一样可以弯管），当PP-R管需要接水龙头时，需要与带内丝的接头连接。PVC电线管可采用**热熔连接，也可以采用胶水连接**，而**PP-R管只能采用热熔连接**。

9.4.1 断管

1. 小管径PP-R管的断管

对于小管径（管径63mm以下）的PP-R管，可用图9-27所示的管剪来断管，管剪断管操作如图9-28所示，断管后要求断口平整。

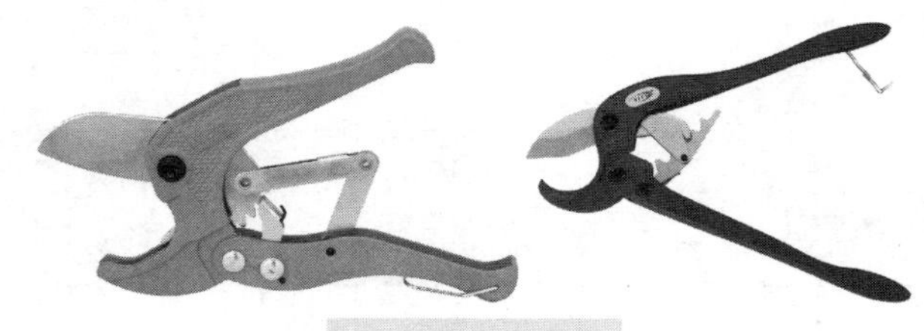

图9-27 管剪

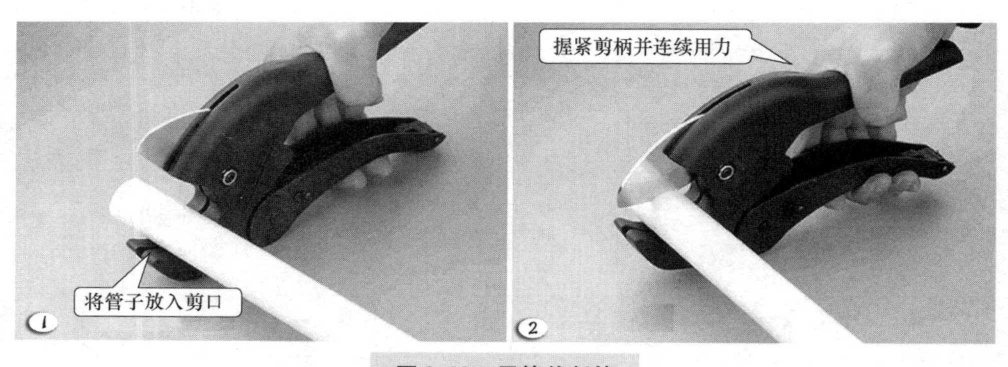

图9-28 用管剪断管

2. 大管径PP-R管的断管

对于大管径（管径63mm以上）的PP-R管可用图9-29所示的割管刀或钢锯来断管，在用割管刀断管时，将管子放在割口内，然后旋动顶杆让割轮在管子上压紧，将管子固定不动同时旋转整个割刀，旋转几圈后再旋紧顶杆再旋转割刀，直至将管子割断。

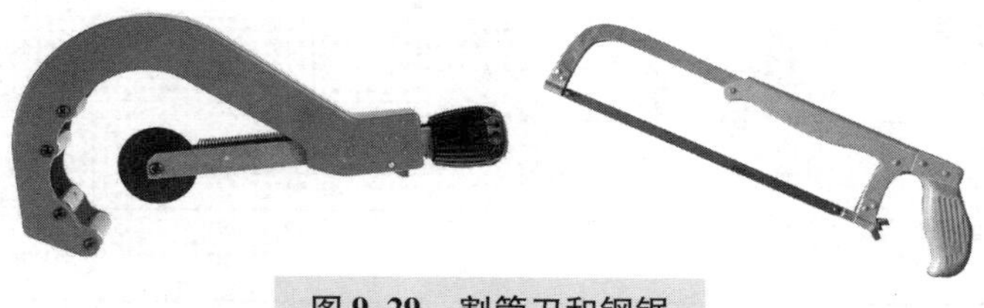

图9-29 割管刀和钢锯

9.4.2　管子的连接

PP-R管不能用胶水连接，只能使用热熔法连接，在热熔时要使用热熔器。

1. 热熔器

热熔器是一种用于加热熔化热塑性塑料管材、模具以进行连接的专业熔接工具。在使用时，用一对模头同时加热两根待连接的管子（或管件），热熔后将其中一根管子迅速插入另一根管子内，冷却后两根管子就熔接在一起。热熔器的外形如图9-30所示。它主要由加热器、支架和几对模头组成。

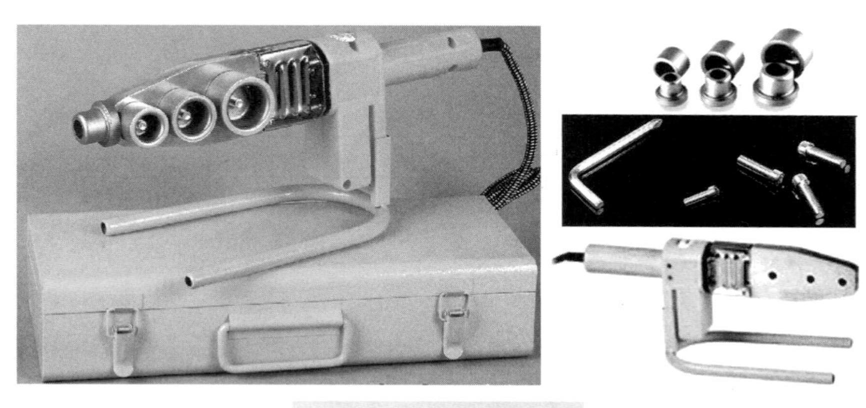

图9-30　热熔器的外形

2. 热熔器的使用及PP-R管的连接

（1）热熔器的使用及PP-R管熔接要点

1）将加热器安装在支架上，根据需连接的管材规格安装对应的加热模头，安装模头时使用内六角扳手旋紧两模头固定螺钉，一般小模头安装在加热器的前端，大模头安装在后端。

2）热熔器通电后，绿色指示灯亮代表加温，红色指示灯代表恒温（达到焊接温度），热熔时的温度为260~280℃，低于或高于该温度，都会造成连接处不能完全熔合，留下渗水隐患。

3）在焊接前，应检查管材两端是否损伤，如有损伤或不确定，可将两端割掉4~5cm，不可用锤子或重物敲击水管，以防管子爆裂或缩短管子使用寿命。

4）在焊接前切割管材时，切割后的管材端面应垂直于管轴线，管材切割应使用专用管剪或割刀。

5）在加热管材时，把管子端口导入加热模头套内，插入到所标识的深度（见表9-2），同时把管件推到加热模头上，达到规定标志处。

6）达到加热时间后，立即把管子和管件从加热模具上同时取下，迅速地插入到已热熔的深度，使接头处形成均匀凸缘，并要控制插进去后的反弹。

7）在规定的加工时间内，刚熔接好的接头还可校正，可少量旋转，但过了加工时间，严禁强行校正。注意，接好的管材和管件不可有倾斜现象，要基本做到横平竖直，在安装龙头时角度不对，不能正常安装。

8）在规定的冷却时间内，严禁让刚加工好的接头处承受外力。

表 9-2 PP-R 管热熔技术要求

管材外径/mm	熔接深度/mm	热熔时间/s	接插时间/s	冷却时间/min
20	14	5	4	3
25	16	7	4	3
32	20	8	4	4
40	21	12	6	4
50	22.5	18	6	5
63	24	24	6	6
75	26	30	10	8
90	32	40	10	8
110	38.5	50	15	10

注：在热熔操作时，若环境温度小于5℃，加热时间应再延长一半，另外不要在通风口进行熔接。

（2）用热熔器熔接 PP-R 管的操作

用热熔器熔接 PP-R 管的操作如图 9-31 所示。

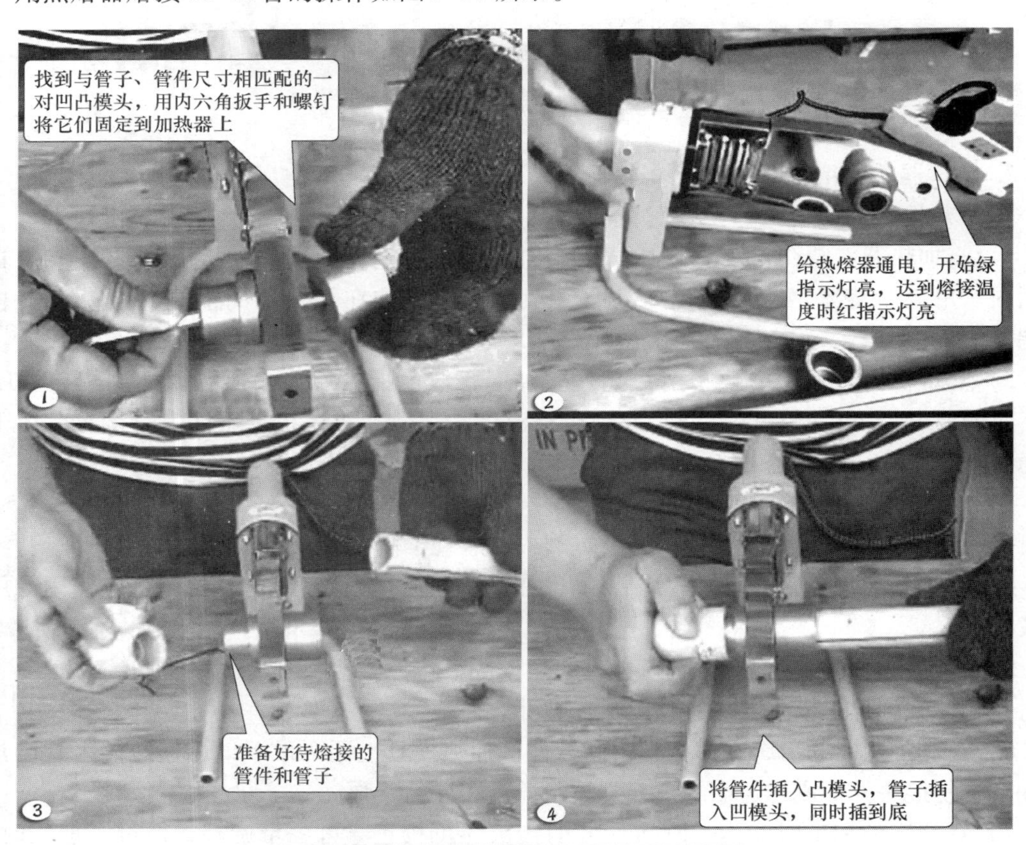

图 9-31 用热熔器熔接 PP-R 管的操作

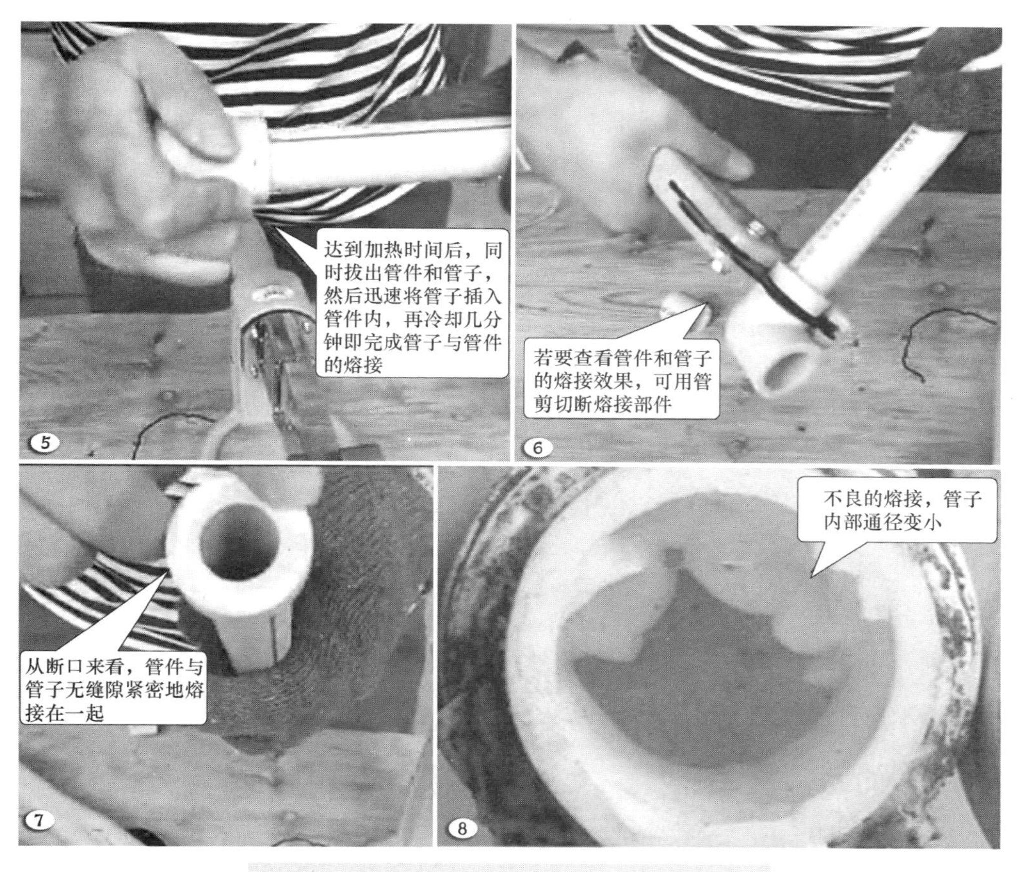

图9-31　用热熔器熔接PP-R管的操作（续）

9.5　给水管道的敷设与加压测试

9.5.1　给水管道的敷设

给水管道的敷设有走地、走顶和走墙三种方式，这三种敷设方式的优缺点在前面已介绍过，在安装给水管时可以根据情况选择某种敷设方式，也可以综合应用三种方式来敷设给水管。

住宅给水管的敷设一般过程如下：

1）了解室外进水管的位置和室内各处需用到的用水设备，并在墙面上标出用水设备的接水口位置（即给水管在各处的出水接口位置）。

2）确定给水管道的敷设方式，再规划水管的走向，要**横平竖直**，在墙壁尽量**走竖不走横**，冷、热水管敷设时**要保持一定距离**，以免冷水带走热水的热量。另外，应尽量减少水管接头的数量。

3）从室外进水管开始，用尺子或弹线器在地面、房顶或墙面标出给水管的走管路线，即对走管进行定位。

4）按画好的走管路线在地面、房顶或墙壁上开槽或钻孔，再将水管敷设在槽内或穿孔而过，如果不需开槽可用管卡固定或直接敷在地面。

5）用试压泵往给水管道注水加压测试，检查给水管道是否漏水，如果漏水找出漏水点并排除，如果不漏水可以将管道用水泥砂灰掩埋起来，或者用吊顶隐藏好，但水管各处的接口必须留出墙面，以便后期安装水龙头或接其他用水设备。

9.5.2 用试压泵打压测试给水管道

给水管道敷设安装完成后，需要检查管道是否存在漏水，检查时用试压泵往管道内注水，并对水加压，如果管道不漏水则表明管道安装正常。

1. 试压泵

试压泵又称打压泵、打压机，在工作时，试压泵将一定压力的水或其他液体注入封闭的管道、容器内，通过观察液体的压力变化来判断管道、容器密封及耐压情况。试压泵的外形及组成部件如图9-32所示。

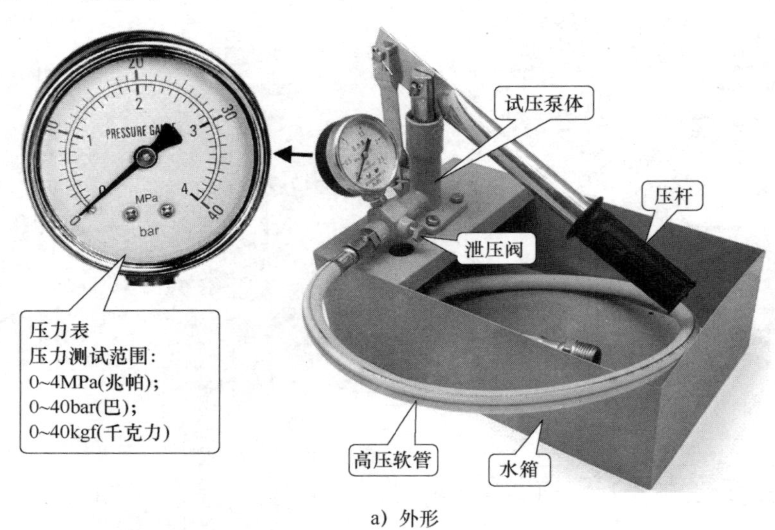

a）外形

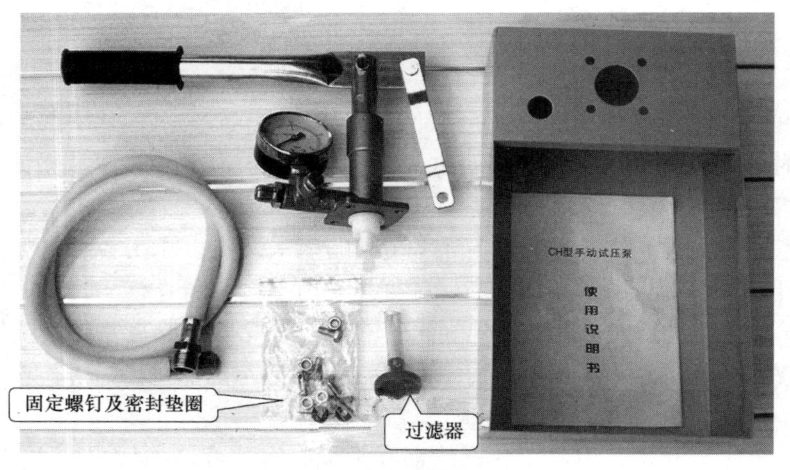

b）组成部件

图9-32 试压泵的外形及组成部件

2. 用试压泵测试给水管道

用试压泵测试给水管道的操作步骤如下：

1）用软管将冷、热水管道的某两个接口（如热水器或淋浴花洒的冷、热水管接口）连接在一起，这样冷、热水管道就连成一个管道。

2）将试压泵的高压软管接给水管道某个接口，关闭室外进水管的阀门，并将给水管道其他所有接口用堵头堵好。

3）往试压泵的水箱内加水（管道越长要求水箱加水更多），然后操作压杆，通过高压软管往给水管道内注水加压，同时查看试水泵上的压力表读数，当压力表的压力值为0.9～1.0MPa（约为正常水压0.3MPa的3倍）时，也即9～10kg/cm^2时，停止打压，打压过高易炸管和损坏试压泵。

4）试压泵停止打压后，等待一定时间（PP-R管约30min，铝塑管和镀锌管约4h）后，压力表压力值无变化或减少幅度小于0.1MPa，说明给水管道是好的，如果压力表压力下降超过0.1MPa，说明管道存在漏水，应逐个检查管道各处的接口、堵头和管子管件的连接点是否有渗水，有渗水应找出原因，重新接管或更换新管和管件。如果堵头与接口间漏水，也可能是两者间密封不严，可在堵头上缠绕生料带，旋入水管接口，再进行打压测试；如果水管各处无漏水，可能是试压泵高压软管接口处或试压泵体部分密封不好。

用试压泵测试给水管道是否漏水的操作如图9-33所示。

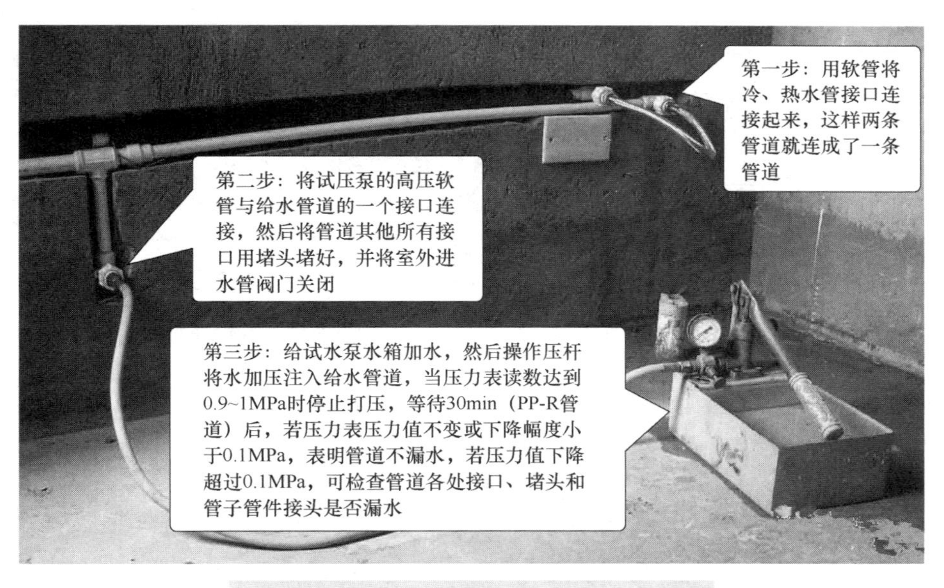

图9-33　用试压泵测试给水管道是否漏水

『行』——学以致用，攻坚克难

Chapter 10

第 10 章 住宅排水管道的安装

自来水由给水管道送入住宅室内使用后，必须要及时排出到室外进入下水道。住宅内的污水排出室外由排水管道来完成。

10.1 认识住宅各处的排水管道

10.1.1 厨房和阳台的排水管道

厨房和阳台的排水管道用于将洗菜盆中的水和阳台地板上的水排放到室外。住宅的污水排往室外时首先进入排水立管(见图 10-1)。**洗菜盆的水位高于地板，其排水管可略高于地板，而阳台地面的水与地面齐平，要将它排出去需要排水管低于地板，故本层的地漏排水管需穿过本层地板安装在下层上部**。洗菜盆的室内排水管如图 10-2 所示，阳台地面的排水地漏及排水管如图 10-3 所示。

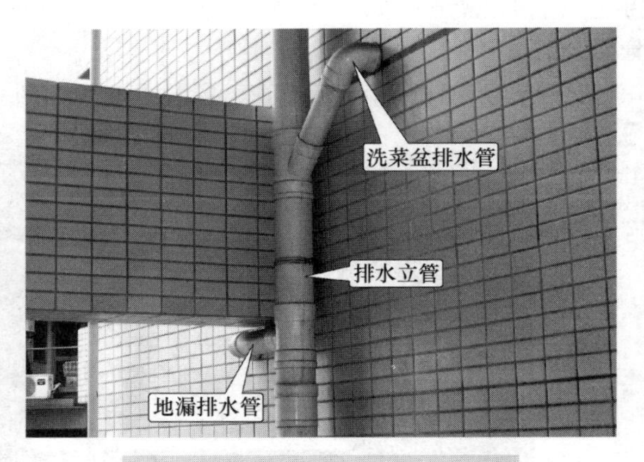

图 10-1 厨房和阳台的排水管

图 10-2 洗菜盆的室内排水管

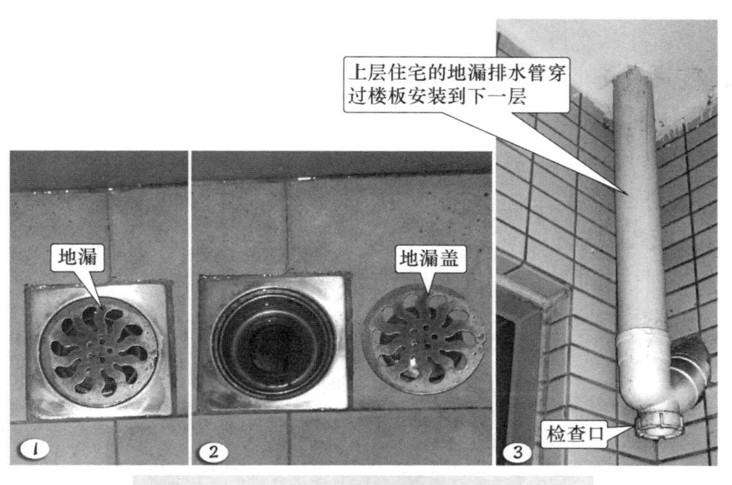

图 10-3 阳台地面的排水地漏及排水管

10.1.2 卫生间和浴室的排水管道

大多数住宅的卫生间和浴室做在一起，中间使用简单的隔离或不隔离。卫生间排水管道主要包括**洗漱盆排水管道、地漏排水管道和便器排水管道**，浴室的排水管道主要有**地漏排水管道和浴池排水管道**（不安装浴池则无须该排水管道）。如果洗衣机放置在卫生间使用，其排水可使用地漏管道，如果放置阳台使用，可利用阳台的地漏排水。

卫浴间（卫生间和浴室的简称）的排水管道布局主要有两种方式：**一种是隔层式布局；另一种本层沉箱式布局**。

1. 隔层布局式排水管道

有的住宅卫浴间采用隔层布局式排水管道，如图 10-4 所示。它将排水管道安装在下一层住宅卫浴间的顶部。如果采用隔层布局式排水管道，在安装、检修和更改管道时，需要进入下层住宅进行，容易打扰下层住户。

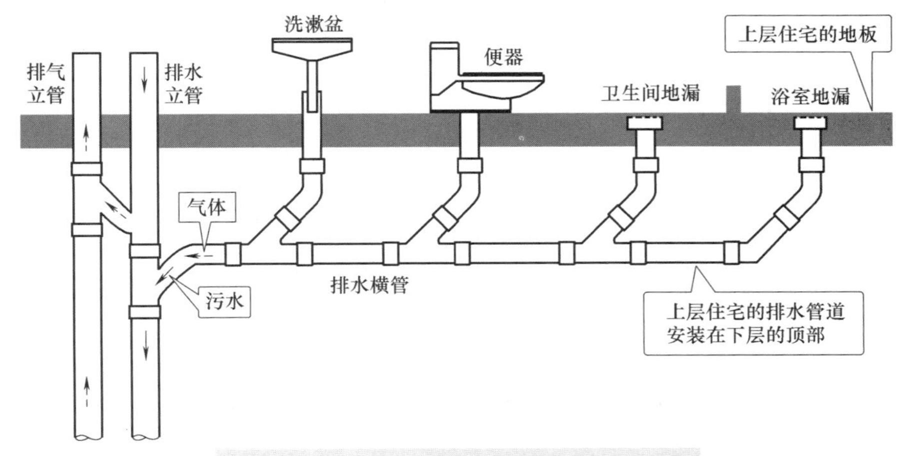

图 10-4 隔层布局式排水管道结构示意图

卫浴间排水管道多使用两个立管：一根为排水立管；一根为排气立管。洗漱盆、便器和地漏的污水先从各支排水管流入排水横管，再流入更粗的排水立管，如果污水中含有气体，会对污水下流有一定的影响，另外上层住宅排水管往下流的污水会挤压下方立管中的气体，导致气体可能会逆向进入下层卫浴间的横排水管，并从支排水管中出来，会对下层卫浴间空气造成污染。在排气立管旁边安装一根排气立管，并将两管连通（连通管的高处接排气立管，低处接排水立管），排水立管中的气体会通过连通管进入排气立管往上排出。有的房地产开发商为了节省成本，在卫浴间仅使用一根排水立管，当然也有的卫浴间将便器排水单独用一个立管，这样就会用到三根立管（排气管、排污水管和排废水管）。图 10-5 为实际的隔层布局式排水管道。

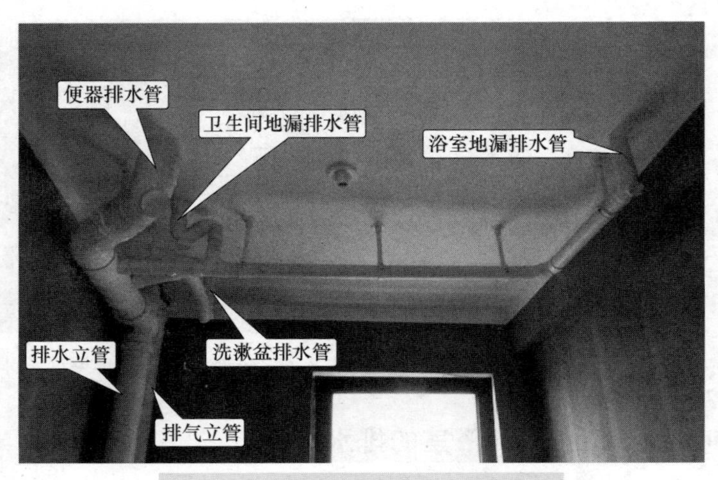

图 10-5　隔层布局式排水管道实图

2. 本层沉箱式布局排水管道

隔层布局式排水管道的排水管安装在下层住宅的顶部，在安装、检修和更改管道时，需要进入下层住宅，容易打扰下层住户。为此有的房地产开发商将卫浴间设计成沉箱式结构，即让卫浴间的地板下沉 30～50cm，将排水管道安装在沉箱内，这样在安装、更改和检修管道时就无须进入下层住宅。

卫浴间采用的本层沉箱式布局排水管道结构示意图如图 10-6 所示，图 10-7 是实际的本层沉箱式布局排水管道，沉箱积水排放口用于排放沉箱内的积水。

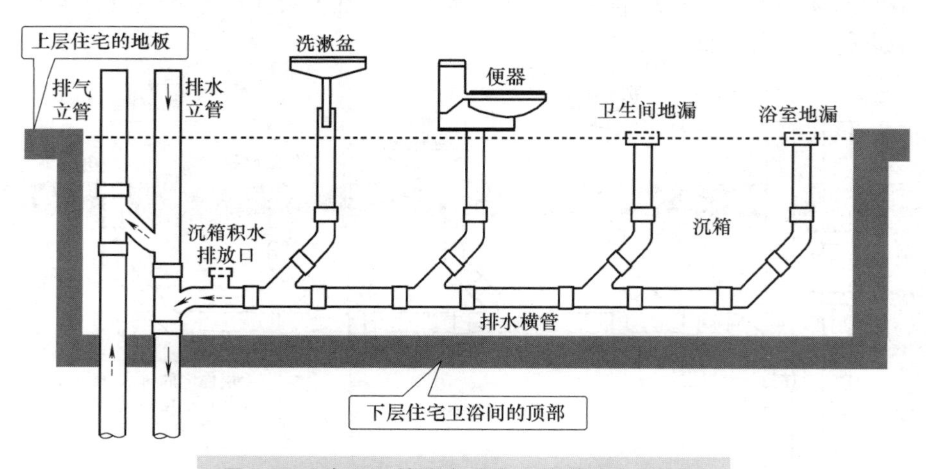

图 10-6　本层沉箱式布局排水管道结构示意图

3. 卫浴间沉箱的填充

在沉箱中安装完排水管后，需要将沉箱填平至略低于客厅地面高度，在填平过程中要做防水处理，防止水渗透到下一层。卫浴间的沉箱填充可按图 10-8 所示进行。卫浴间立管可

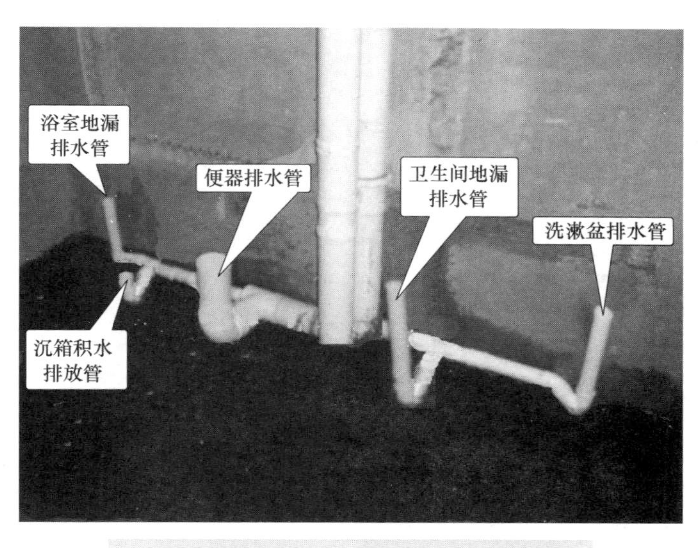

图 10-7 实际的本层沉箱式布局排水管道

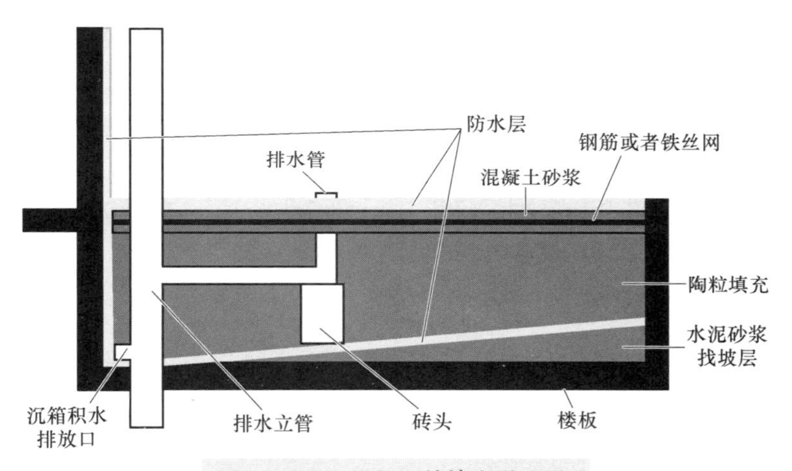

图 10-8 卫浴间沉箱填充说明图

用砖砌包起来，再用砖块上抹灰，如图 10-9 所示。卫浴间沉箱的填充过程如图 10-10 所示。

图 10-9 卫浴间包立管

『行』——学以致用，攻坚克难

图 10-10　卫浴间沉箱的填充

10.2 排水管及管件的选用、加工与连接

10.2.1 排水管的种类及选用

市政排水管（公共排水管）主要有高密度聚乙烯（PE）缠绕管和钢筋混凝土管，如图 10-11所示。住宅排水管主要有**铸铁排水管和 PVC-U 排水管**。

图 10-11　市政用排水管

1. 铸铁排水管

铸铁排水管在 20 世纪 90 年代之前广泛使用，现在仍有少数旧住宅和工业建筑仍采用铸铁排水管，图 10-12 是两种常用的铸铁排水管，左图为卡箍式铸铁管，右图为法兰机械式铸铁管。

1）对于卡箍式铸铁管，在连接时需要使用卡箍将管子与管件连接起来，卡箍式铸铁管的常用管件及连接如图 10-13 所示。

图10-12　两种常用的铸铁排水管

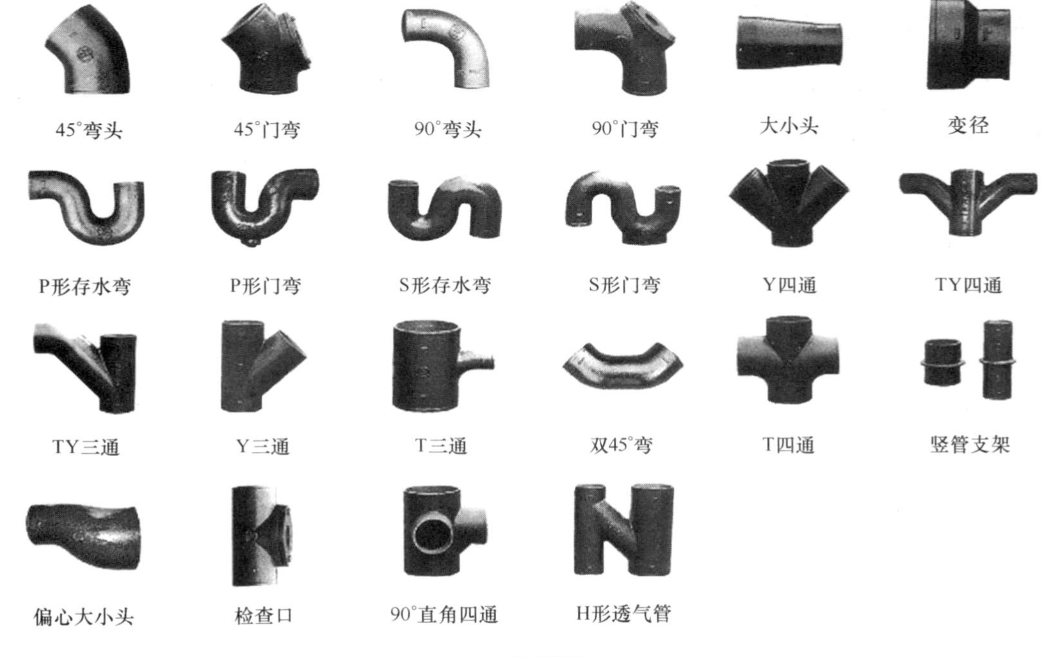

a)常用管件

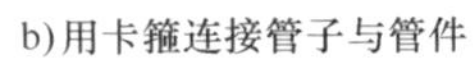

b)用卡箍连接管子与管件

图10-13　卡箍式铸铁管的管件与连接

『行』——学以致用，攻坚克难

2）对于法兰机械式铸铁管，在连接时需要使用管件、垫圈和紧固螺钉，法兰机械式铸铁管的常用管件及连接如图 10-14 所示。

2. PVC-U 排水管

PVC-U 管又称硬聚氯乙烯管，也称 UPVC 管，是一种现在广泛使用的住宅排水管材，PVC-U 排水管外形如图 10-15 所示。

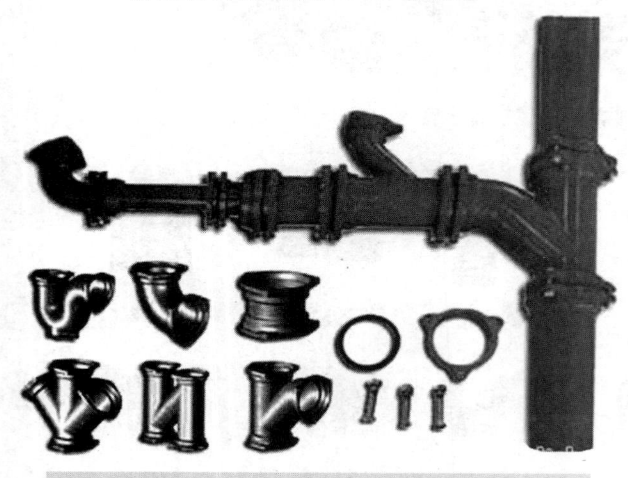

图 10-14　法兰机械式铸铁管的常用管件及连接

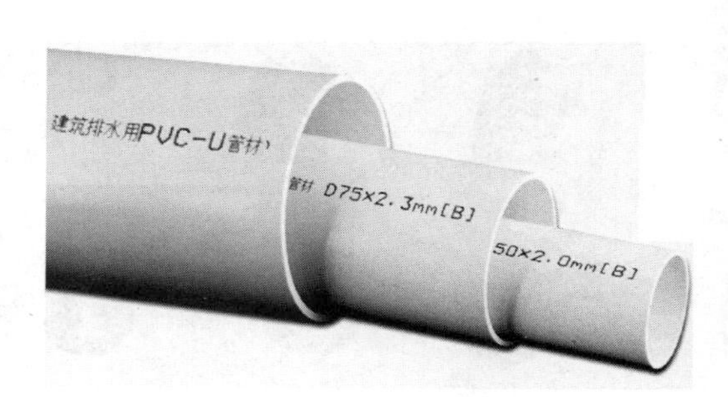

图 10-15　PVC-U 排水管

住宅排水管的规格主要有 D50×2.0（管径mm×壁厚 mm）、D75×2.3、D110×3.2、D160×4.0 和 D200×4.9。

现在的住宅大多数采用 PVC-U 管作为排水管。PVC-U 管主要有以下特点：

1）**抗腐蚀能力较强**。可以耐酸碱溶液（接近饱和的强酸强碱溶液除外），适合有化工原料排放的厂房及车间使用。另外，PVC-U 管也不易被细菌及菌类腐化。

2）**不导电**。PVC-U 材料不能导电，也不受电解，电流的腐蚀，应此无须二次加工。

3）**难于燃烧**。PVC-U 材料不易燃烧，也不助燃，没有消防隐患。

4）**安装简易，成本低廉**。PVC-U 管的切割及连接都很简易，实践证明，使用 PVC 胶水连接可靠、安全、操作简便，且成本低廉。

5）**阻力小，流率高**。PVC-U 管内壁光滑，流体流动性损耗小，加以污垢不易附着在平滑管壁，保养较为简易且费用较低。

10.2.2　PVC-U 排水管的常用管件

PVC-U 排水管的常用管件如图 10-16 所示，如果管件在使用时用于插入管子，那么其规格（内径）应与管子的规格（外径）一致，比如 D75 规格的 90°弯头可以插入 2 根 D75 规格的管子。

10.2.3　PVC-U 排水管的断管

在安装 PVC-U 排水管时，若使用的 PVC-U 排水管偏长，可以使用工具将其割断。PVC-U 排水管的常用切割工具如图 10-17 所示。割管刀适合管径**在 110mm 以下**的管子，管锯和

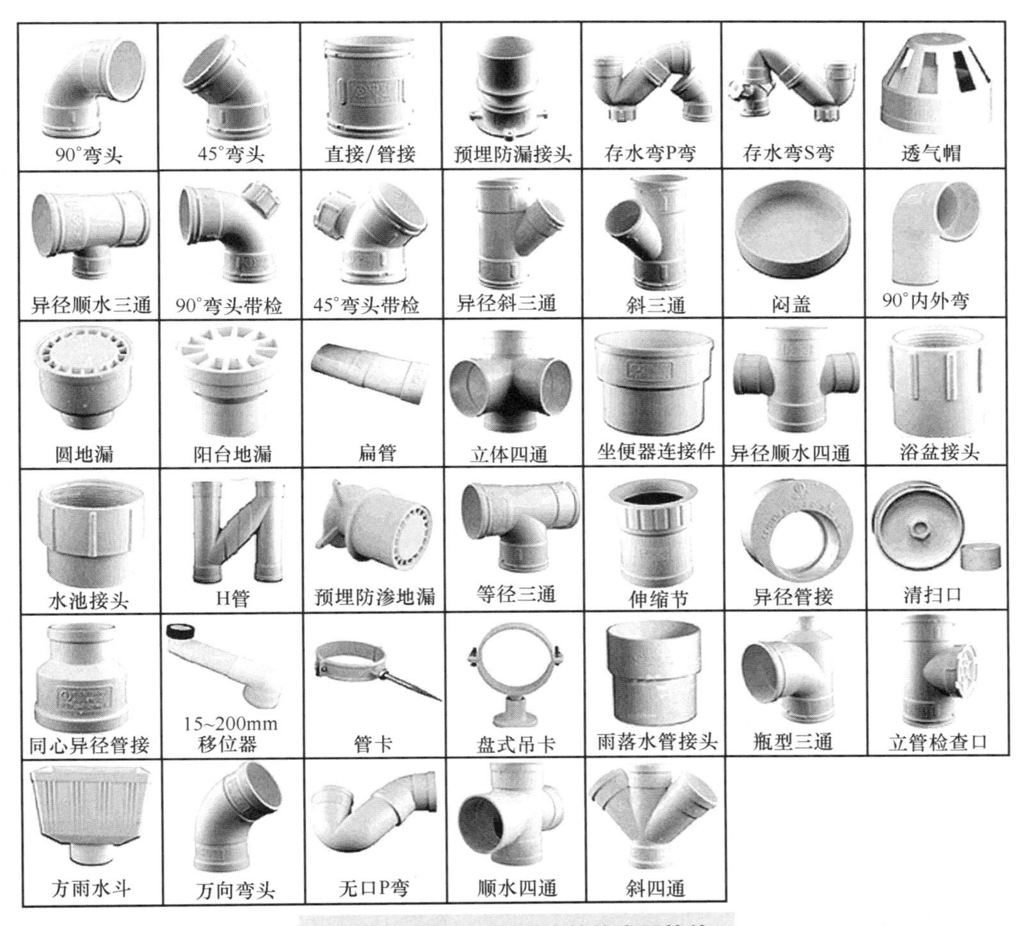

图 10-16　PVC-U 排水管的常用管件

切割机切割比较灵活，可以切割更大管径的管子（也可切割小管径的管子），在使用切割机断管时，需要安装适合切割管子的切割片。

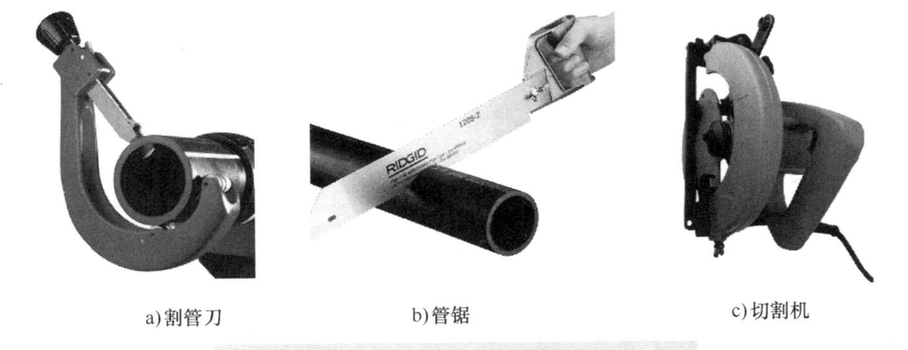

a)割管刀　b)管锯　c)切割机

图 10-17　PVC-U 排水管的常用切割工具

10.2.4　PVC-U 排水管的连接

PP-R 给水管采用热熔法连接，PVC-U 排水管则采用胶粘剂粘接。PVC-U 管的胶粘剂如

图 10-18 所示。

用胶粘剂粘接 PVC-U 管与管件的操作如图 10-19 所示。具体步骤如下：

1）使用细齿锯、割刀或专用 PVC-U 切管工具，将管材按照要求的尺寸均匀、垂直地割断。

2）用板锉将断口处的毛边去掉，在涂抹胶粘剂之前，用干布将承插口处的粘接表面上的残屑、灰尘、水、油污擦干净。

3）用毛刷将胶粘剂均匀地涂抹在管子的粘接表面。

4）将管子对好管件口，迅速将管子插入管件口并转 1/4 圈，以便胶粘剂均匀分布固化。

5）用布擦去管子表面多余的胶粘剂，待胶粘剂干燥管子粘接牢固后方可使用。

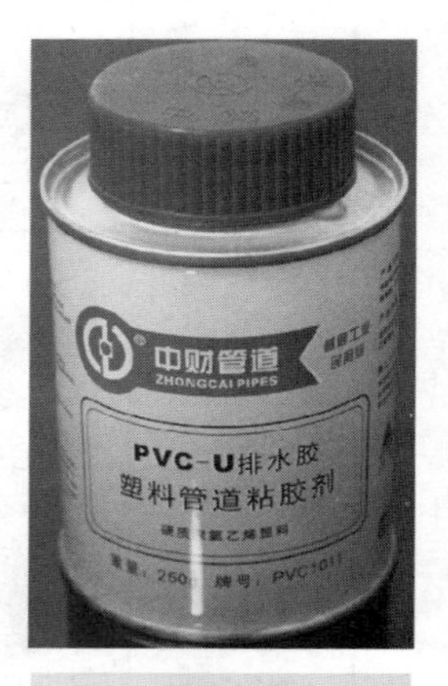

图 10-18　PVC-U 管的胶粘剂

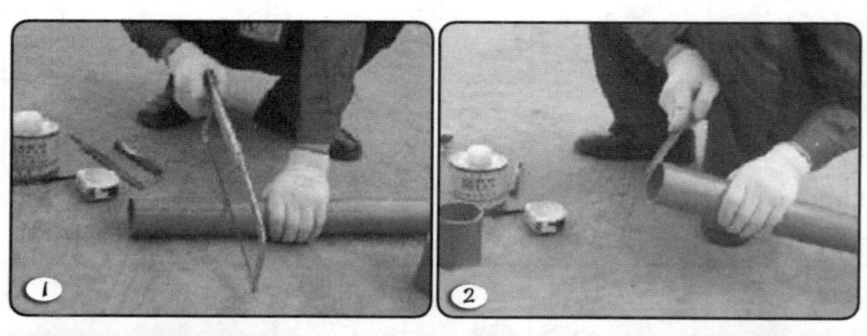

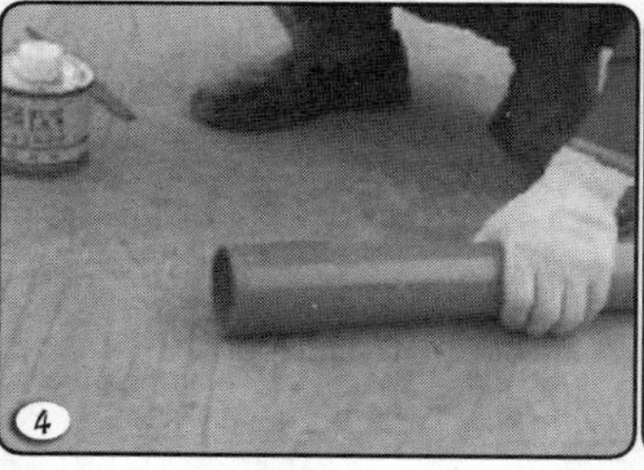

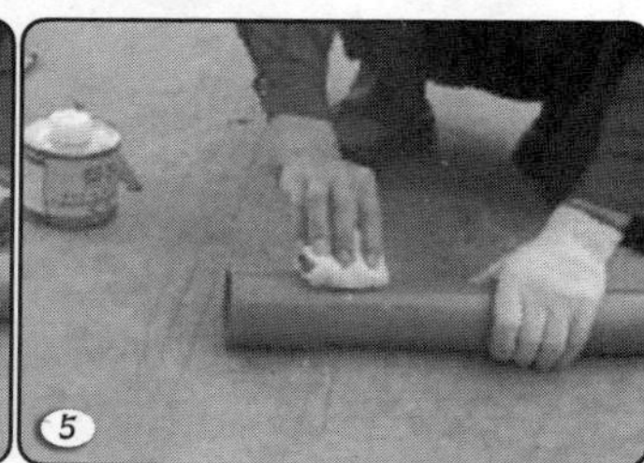

图 10-19　用胶粘剂粘接 PVC-U 管与管件

10.3 排水地漏的选用与安装

地漏是一种安装在地面的带孔排水部件，其主要作用**是将地面的水排放到排水管道**。地漏如图 10-20 所示。好的地漏应具有四大功能，即防堵塞（下水快）、防菌虫（如防蟑螂从排水管进入室内）、防返味（如防排水管内的臭味进入室内）、防返水（水从排水管倒灌入室内）。

图 10-20　地漏

10.3.1　五种类型的地漏及工作原理

1. 水封式地漏

水封式地漏外形与结构如图 10-21 所示，地漏盖板的下方有一个扣碗，它将存水弯的下水口扣住，当地面水漏到存水弯并超出下水口时，超出部分的水从下水口流出进入排水管，由于扣碗将存水弯的一部分水扣住，这部分水起密封作用，可以阻止排水管内的臭气和虫子通过地漏进入室内。

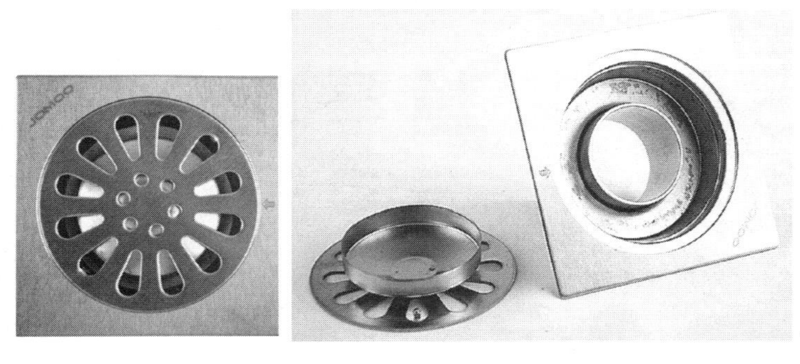

a)外形

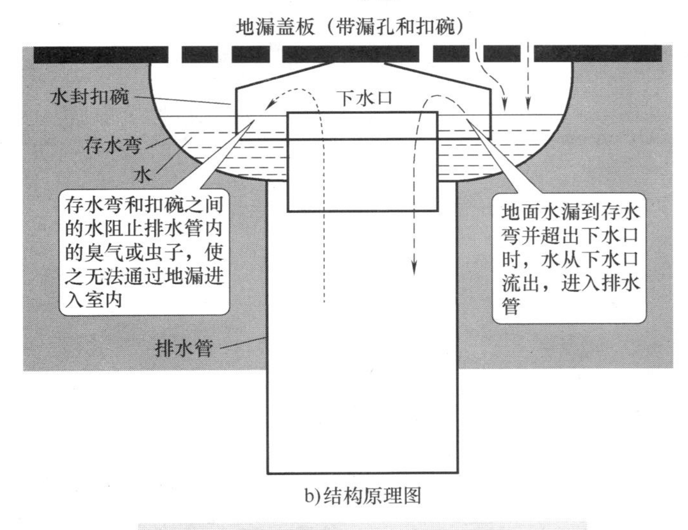

b)结构原理图

图 10-21　水封式地漏外形与结构原理

2. 偏心式地漏

偏心式地漏又称翻板式地漏，其外形与工作原理如图 10-22 所示，偏心式地漏的下方有一个翻板，无水流入地漏时，翻板关闭，可以阻止排水管内的臭气和虫子通过地漏进入室内，有水流入地漏时，水的重力使翻板打开，让水流入排水管。

偏心式地漏安装比较简单，只要将它直接插入并卡在排水管口即可。如果要将水封式地漏更换成偏心式地漏，可以将偏心式地漏安装在水封式地漏的下水口上，如图 10-23 所示。

3. 弹簧式地漏

弹簧式地漏的外形、结构与工作原理如图 10-24 所示。弹簧式地漏的下方有一个密封件，

『行』——学以致用，攻坚克难

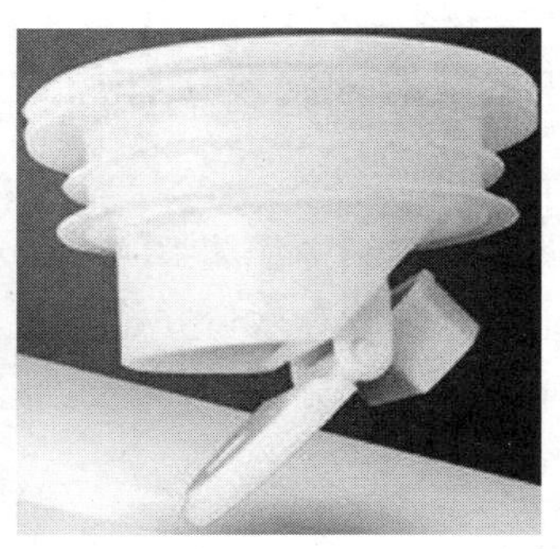

a) 外形

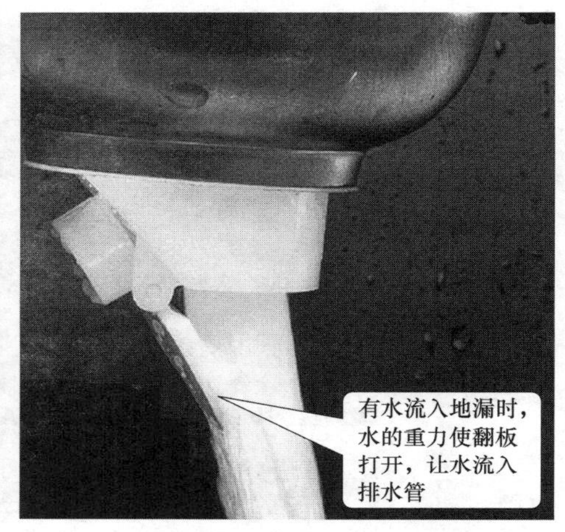

b) 工作原理

图 10-22　偏心式地漏的外形与工作原理

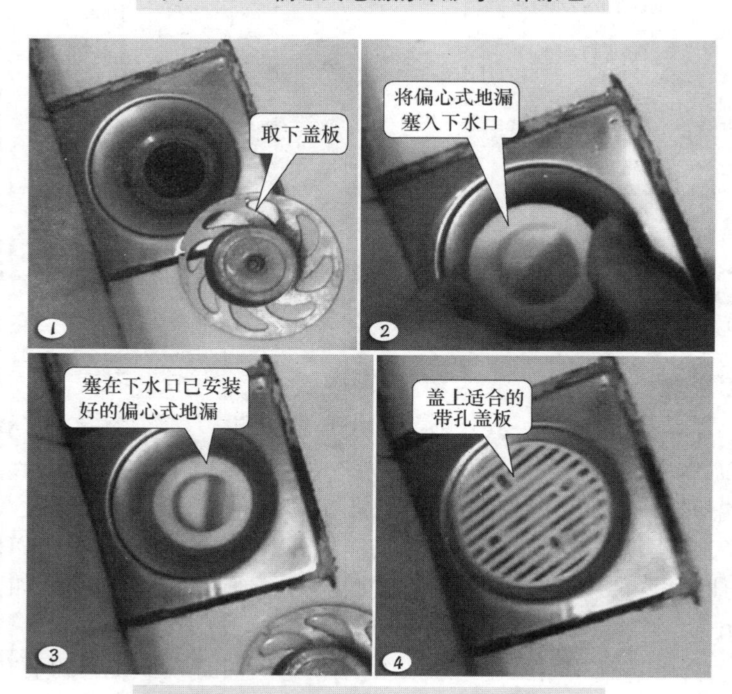

图 10-23　用偏心式地漏更换水封式地漏

无水流入地漏时，密封件关闭，可以阻止排水管内的臭气和虫子通过地漏进入室内，有水流入地漏时，水的重力使密封件克服弹簧作用力打开，水往下流出。

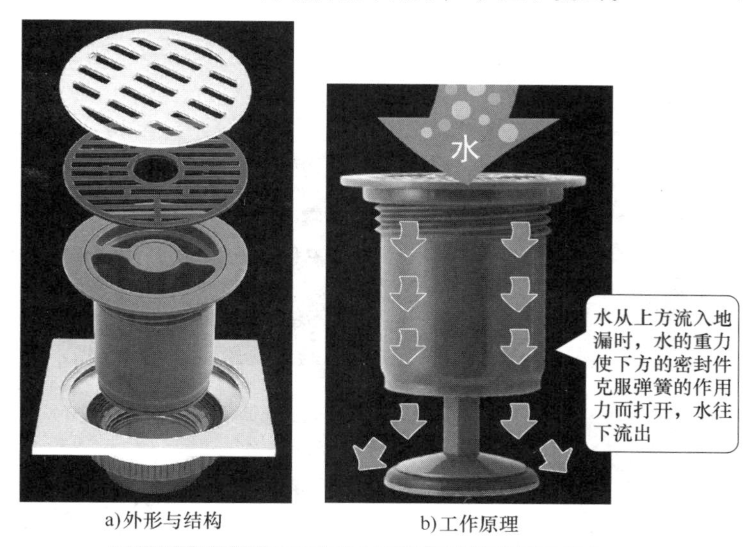

a)外形与结构　　b)工作原理

图 10-24　弹簧式地漏的外形、结构与工作原理

4. 磁吸式地漏

磁吸式地漏的外形与工作原理如图 10-25 所示。磁吸式地漏的下方有一个磁性密封件，无水流入地漏时，密封件因磁吸而关闭，可以阻止排水管内的臭气和虫子通过地漏进入室内，有水流入地漏时，水的重力使密封件克服磁吸力而打开，水往下流出。

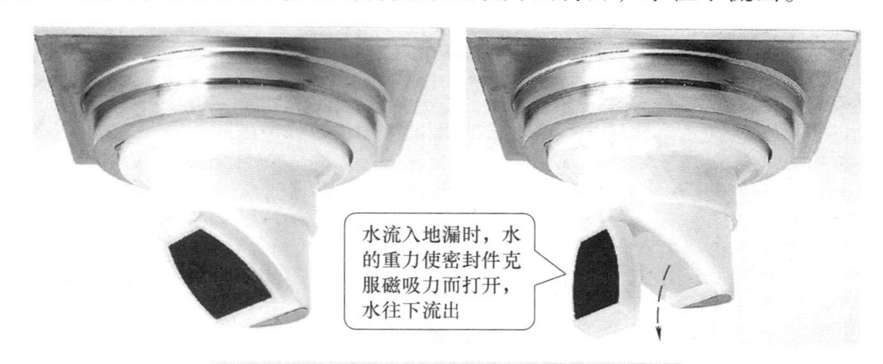

图 10-25　磁吸式地漏的外形与工作原理

5. 硅胶式地漏

硅胶式地漏的外形与工作原理如图 10-26 所示，硅胶式地漏的底部有一段闭合部分，在无水流入时处于闭合状态，可以阻止排水管内的臭气和虫子通过地漏进入室内，有水流入时，闭合部分被冲开，水向下流出。

10.3.2　地漏的材质及特点

地漏的材质主要有铸铁、PVC、锌合金、陶瓷、铸铝、不锈钢、黄铜、铜合金等材质。不同材质地漏特点如下：

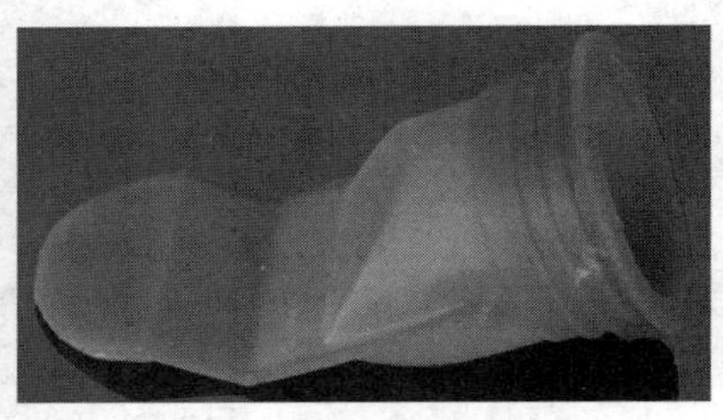

a) 外形

硅胶地漏底部有一段闭合部分，在无水时处闭合状态，当水流入时，闭合部分被水冲开，水往下流出

b) 工作原理

图 10-26 硅胶式地漏的外形与工作原理

1）铸铁地漏：优点是价格便宜，但容易生锈、不美观，生锈后易挂黏脏物，不易清理。

2）PVC 地漏：优点是价格便宜，但易受温度影响发生变形，耐划伤和冲击性较差，不美观。

3）锌合金地漏：优点是价格便宜，但易腐蚀。

4）陶瓷地漏：优点是价格便宜，但耐腐蚀、不耐冲击。

5）铸铝地漏：价格适中，重量轻，较粗糙。

6）不锈钢地漏：价格适中，美观，耐用。

7）铜合金地漏：价格适中，实用型。

8）黄铜地漏：价格较高，高档，质重，表面可做电镀处理。

10.3.3 地漏安装位置及数量的确定

地漏是住宅排水管道重要组成部分，除便器外，室内的水基本都是由地漏进入排水管道的。在安装排水管道时，需要先确定住宅各处地漏的安装位置、数量与类型，敷设排水管道

和选择地漏都要按此进行。

对于不同住宅，需要安装地漏的情况不一样，图10-27是典型的排水管道及地漏安装位置示意图。浴室的地漏用于排放浴室地面水，一般使用普通的地漏；厨房的地漏用于排放洗菜盆流出的水，卫生间的地漏用于排放卫生间地面水及洗漱盆流出的水，可使用单接头地漏，如图10-28所示；小阳台的地漏用于排放小阳台地面水、洗衣机出水和拖把池出水，可使用两接头地漏。合理使用带接头的地漏可以节省水路安装成本，但使用时尽量不要让多个接头同时排水。

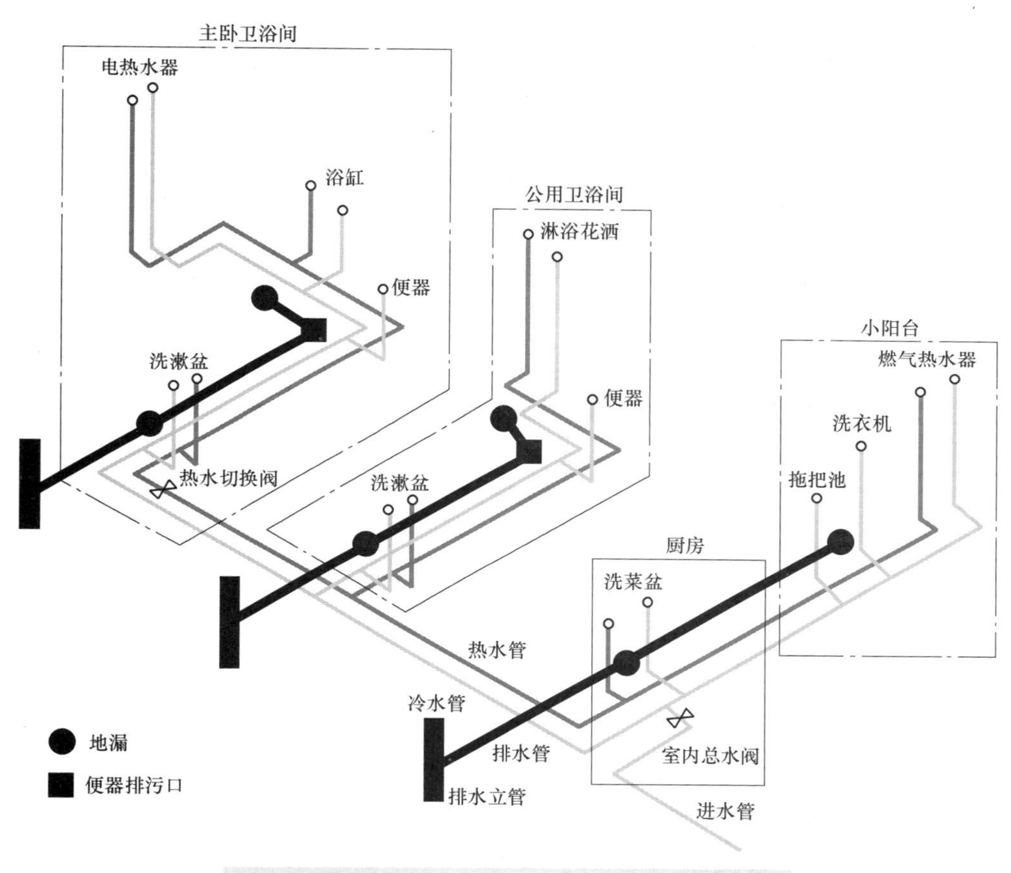

图10-27 典型的排水管道及地漏安装位置示意图

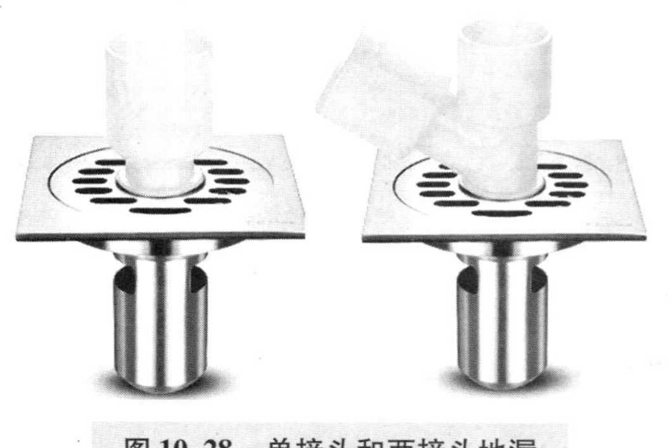

图10-28 单接头和两接头地漏

『行』——学以致用，攻坚克难

10.3.4 地漏的安装

地漏的安装过程如下：

1）测量地漏排水管内径及深度，选择合适的地漏，如图 10-29a 所示。

a) 测量地漏排水管内径及深度

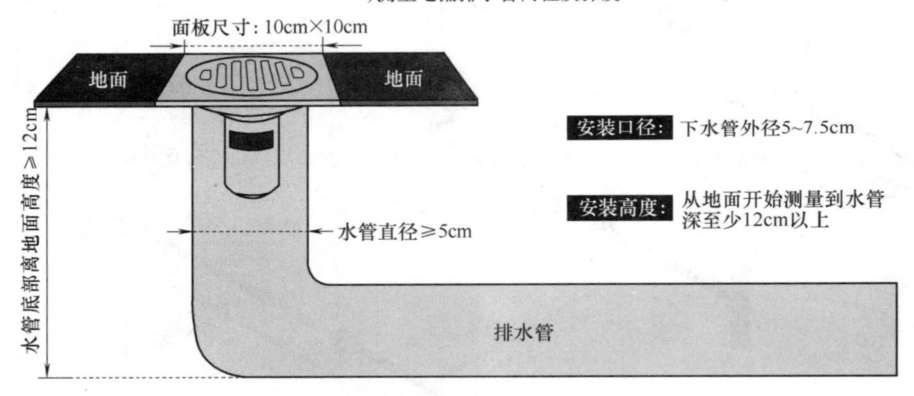

b) 某型号的长款地漏安装要求

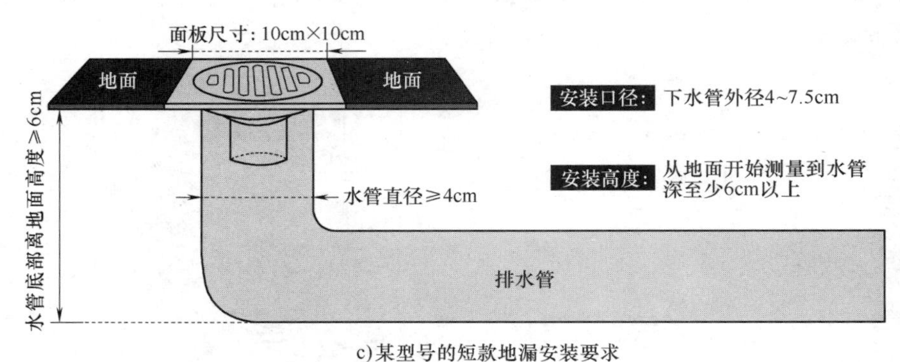

c) 某型号的短款地漏安装要求

图 10-29　测量地漏排水管管径及深度选择合适的地漏

2）将选好的地漏底部放入排水管并摆好，再在地漏面板四周画好安装标线，如图 10-30 所示。

『行』——学以致用，攻坚克难

图 10-30　给地漏画好安装标线

3）开始铺设瓷砖，从中心开始向两边开始铺贴，地面与墙面的瓷砖对齐铺缝，如图 10-31a所示，铺设瓷砖时要保持很小坡度，确保地漏处最低，地面所有的水都可流入地漏，如果瓷砖尺寸不合要求，可用切割机（云石机）切割。当瓷砖铺设到地漏周围时，可以地漏为中心空出一个正方形空间，如图 10-31b 所示。

4）从排水管上取出地漏，在地漏的背面四周涂上水泥，如图 10-32a 所示，然后将地漏安装到排水管上，再切割出四块梯形瓷砖，铺贴在地漏的四周，如图 10-32b 所示，接着用锤子木柄轻轻敲击地漏，如图 10-32c 所示，使地漏与地面密封紧密，并让地漏面略低于瓷砖面 2mm 左右，安装完成的地漏如图 10-32d 所示。

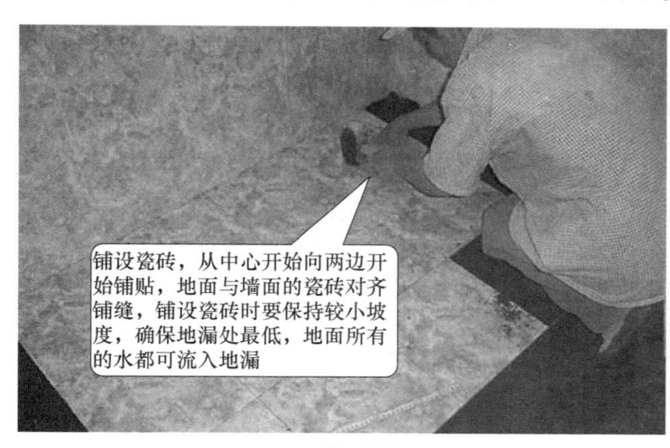

a)铺设瓷砖

b)以地漏为中心四周留出一定空间

图 10-31　铺设瓷砖

10.3.5　旧地漏的更换

1. 拆除旧地漏

拆除旧地漏可以使用切割机，也可以使用一字螺丝刀（或凿子）。用切割机拆除旧地漏的操作如图 10-33 所示。使用一字螺丝刀拆除旧地漏时，可用其将地漏与四周的水泥分离，然后再用锤子敲击地漏即可取下。

2. 安装新地漏

在安装新地漏时，先要将地漏坑内的水泥碎块清理掉，使坑内保持平整，然后再安装新地漏。新地漏的安装过程如图 10-34 所示。

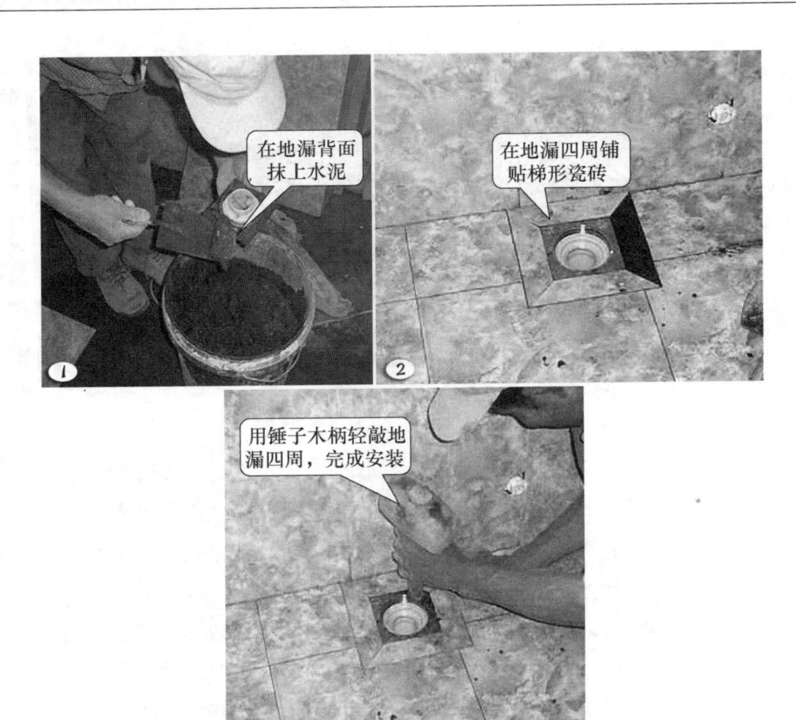

图 10-32　安装地漏

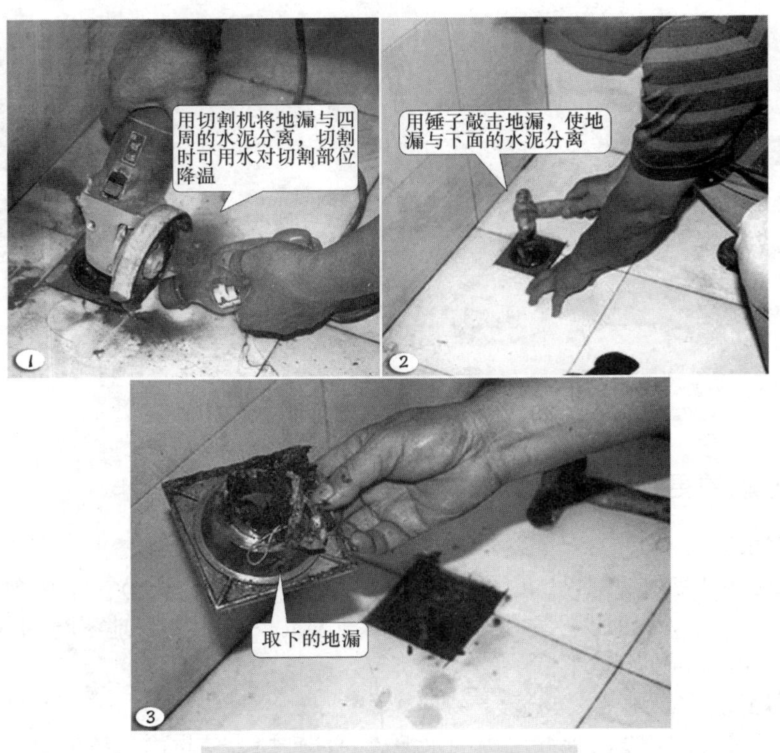

图 10-33　用切割机拆除旧地漏

『行』——学以致用，攻坚克难

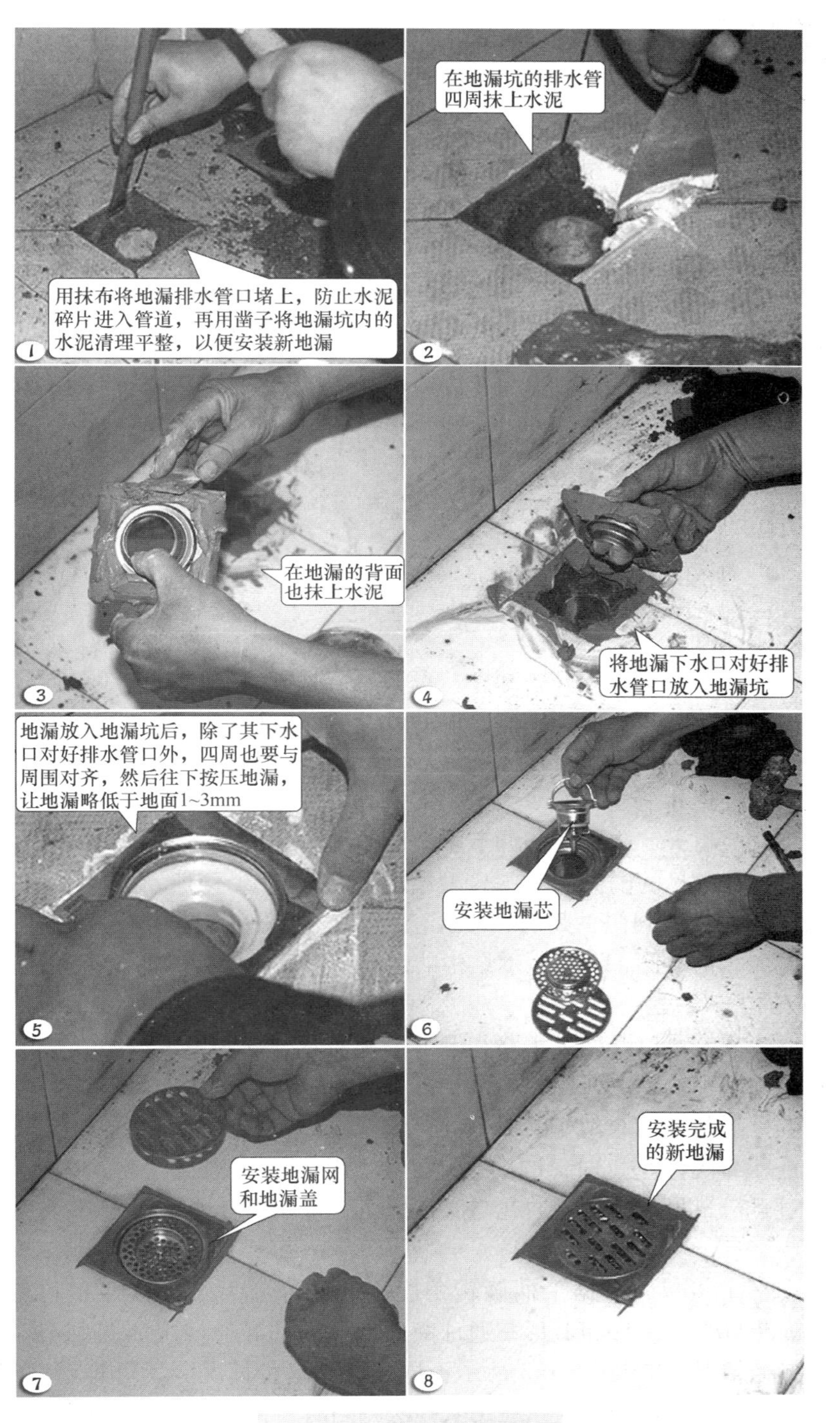

图 10-34　新地漏的安装

Chapter 11

第 11 章 水阀、水表和水龙头的结构与拆卸安装

11.1 水阀的结构与拆卸安装

11.1.1 闸阀与球阀

闸阀与球阀是**给水管道中的开关部件**，**可开通、切断水路**，有的还可以调节水的流量，虽然闸阀与球阀的结构与工作原理不同，但都可以用在给水管道的干路或支路中。

1. 闸阀

闸阀可以安装在给水管道的干、支路中，用于开、关水路，有些闸阀还可以调节水流量，住宅通常使用具有**开、关水路和调节水流量的闸阀**。

图 11-1a 是一种常见的闸阀，闸阀典型结构如图 11-1b、c 所示，对于图 11-1b 所示结构的闸阀，当闸阀内部的阀门关闭时，水无法通过，当阀门开启时有水流过，阀门开启越大，水的流量越大，对于图 11-1c 所示结构的闸阀，在关闭阀门时需要克服水往上的压力。

2. 球阀的结构与原理

球阀与闸阀一样，可以开、关水路和调节水的流量，球阀可以安装在给水管道的干路、也可以安装在给水管道的支路。住宅给水管道常用球阀主要有**双通球阀和三通球阀**。

双通球阀的外形与结构原理如图 11-2 所示，在球阀内部有一个球形阀芯，阀芯中间有一个通孔，当通孔与阀体垂直时，阀门关闭，水无法通过，当通孔与阀体平行时，阀门全开，水可以通过且流量最大，如果通孔与阀体处于平行和垂直之间时，阀门开启较小，水可以通过但流量小。

三通球阀有三个接口，根据手柄旋转角度不同，可分为 T 形（手柄可旋转 180°）和 L 形（手柄可旋转 90°）。T 形和 L 形三通球阀外形及内部导通情况如图 11-3 所示。有些三通球阀的内部导通情况可能与图 11-3 所示不同，遇到这种情况除了可查看球阀附带说明书外，还可以采用吹气的方法来判断。在用吹气法判断时，将手柄旋至某个位置，然后往一个接口吹气，同时用手在另两个接口处感受有无气体吹出，以此判断手柄在该位置时球阀各接口内部的导通情况。

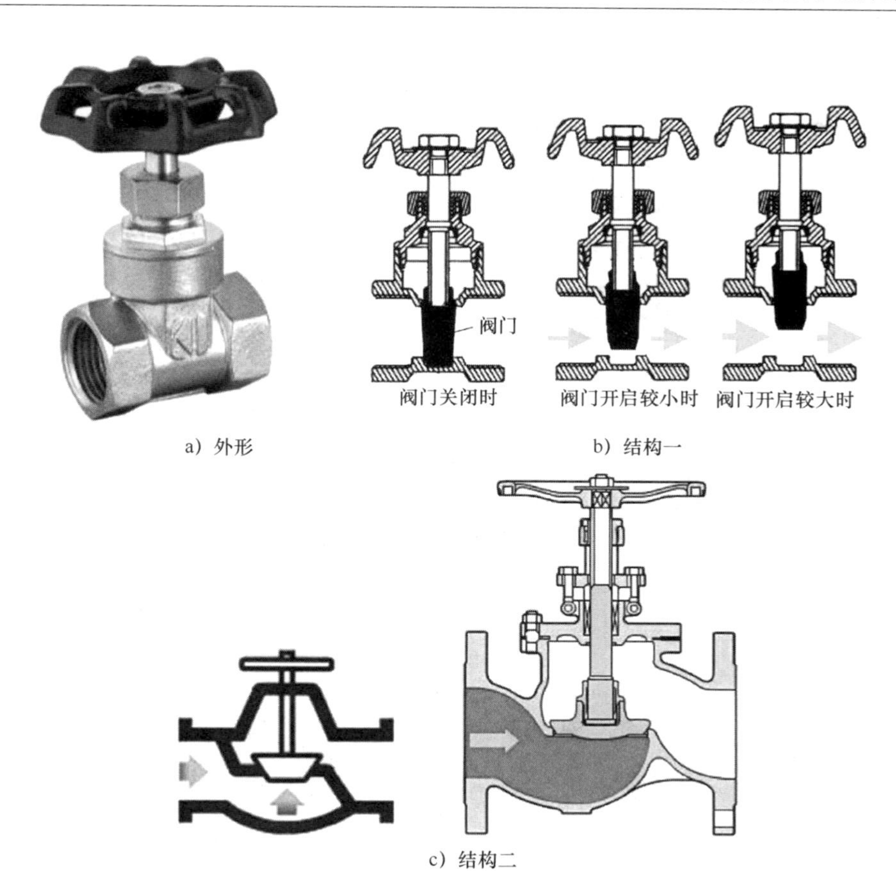

图11-1 一种常见闸阀

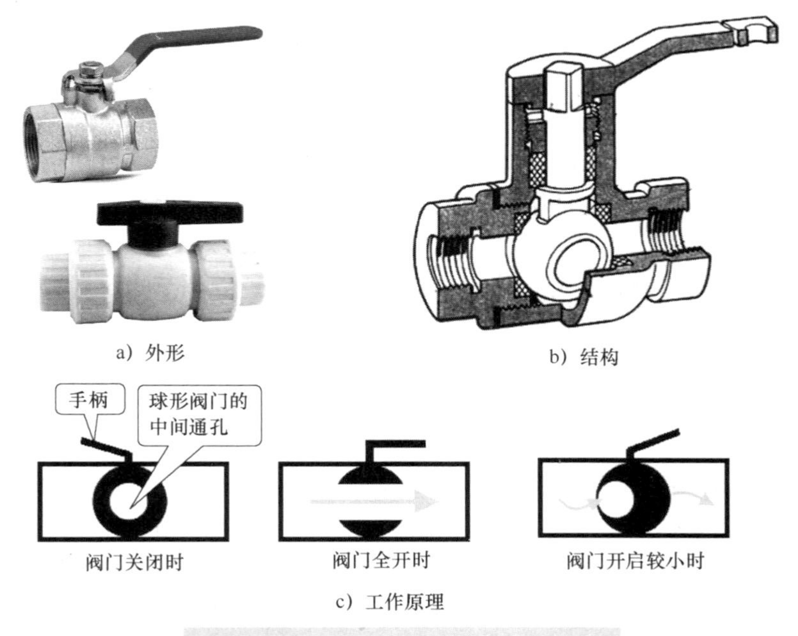

图11-2 双通球阀的外形与结构原理

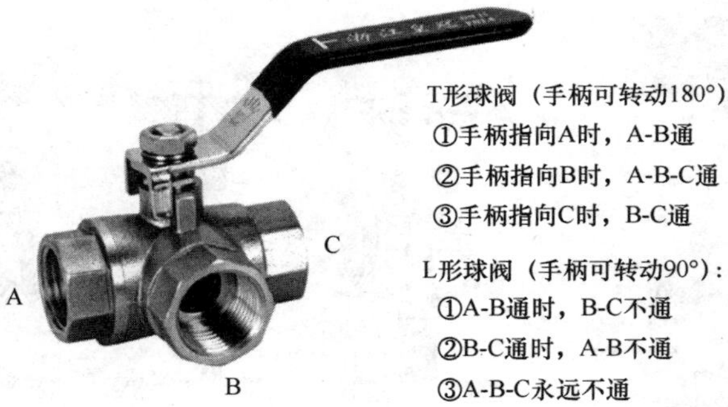

T形球阀（手柄可转动180°）：
①手柄指向A时，A-B通
②手柄指向B时，A-B-C通
③手柄指向C时，B-C通

L形球阀（手柄可转动90°）：
①A-B通时，B-C不通
②B-C通时，A-B不通
③A-B-C永远不通

a）外形

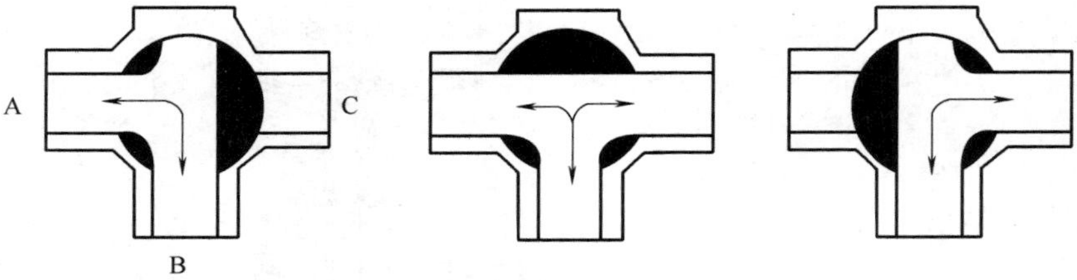

b）T形球阀内部导通情况

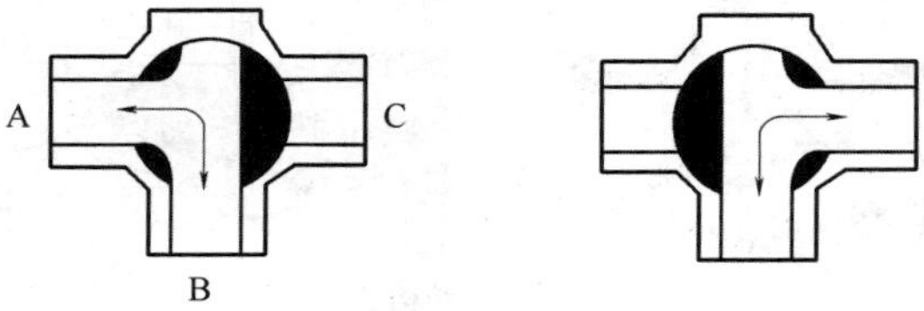

c）L形球阀内部导通情况

图 11-3　T 形和 L 形三通球阀内部导通情况

11.1.2　三角阀

1. 外形与功能

三角阀又称角阀、角型阀和折角水阀等，其阀体有进水口、出水口和水量控制端，**进水口和出水口之间呈 90°，**三角阀是住宅给水管道安装中使用最多的一种水阀。三角阀的外形如图 11-4 所示。

三角阀的功能有：**①转接内外出水口；②开、关水路；③调节水压。**

2. 结构与工作原理

三角阀开、关水路和调节水压是依靠内部的**阀芯**来完成，现在的三角阀多数采用**陶瓷阀芯**。三角阀典型结构与工作原理如图 11-5 所示。

3. 分类

（1）按使用温度可分为冷水型三角阀和热水型三角阀

热水型三角阀用于热水管道，一般带有**红色标志**，冷水型三角阀用于冷水管道，一般带有**蓝色或绿色标志**。同一厂家同一型号中的冷、热水型三角阀其材质绝大部分都是一样，没有本质区别，只有部分低档的慢开型三角阀是橡胶阀芯。橡胶材质不能承受 90℃热水，故热水型三角阀不能用橡圈材质作为阀芯。

图 11-4　三角阀　　图 11-5　三角阀的典型结构与工作原理

（2）按开启方式可分为快开型三角阀和慢开型三角阀

快开型三角阀的调节钮转动 90°即可快速开启和关闭阀门；慢开型三角阀的调节钮需转动 360°才能开启和关闭阀门。现在基本都使用快开型三角阀。

（3）按阀芯可分为球形阀芯、陶瓷阀芯、ABS（工程塑料）阀芯、合金阀芯和橡胶旋转式阀芯

1）球形阀芯：其优点是口径比陶瓷阀芯大，不会减小水压和流量，操作便捷（旋转 90°就可以全开/全关），镀铬球形阀芯高耐磨，使用寿命长，可避免产生铜绿。

2）陶瓷阀芯：其优点是开关的手感顺滑轻巧。适用于家庭，使用寿命长，建议使用，但造价稍高。

3）ABS（工程塑料）：塑料阀芯造价低，但质量较差。

4）橡胶旋转式阀芯：以前使用较多，现在已经淘汰了，原因是开启和关闭非常费时费力，现在的住宅已很少采用这种材质的三角阀。

（4）接外壳材料可分为黄铜、合金、铁、塑料

1）黄铜外壳：容易加工，可塑性强，有硬度，抗折抗扭力强。

2）合金外壳：造价低，缺点是抗折抗扭力低，表面易氧化。

3）铁外壳：易生锈，污染水源。在环保低碳的当今社会不建议使用。

4）塑料外壳：造价低廉，不易在极寒冷的北方使用。

4. 使用场合及数量

三角阀是住宅给水管道使用最多的一种水阀，主要用在洗菜盆（一冷一热两个三角阀）、洗漱盆（一冷一热）、便器（一个冷水型三角阀）和热水器（一冷一热）的水管接口。

11.1.3　水阀的拆卸与安装

住宅给水管道使用的水阀主要有闸阀、球形阀和三角阀，由于三角阀的拆卸安装难度大且使用数量多，掌握三角阀的拆装后，再拆装闸阀和球形阀就会觉得很简单，故下面以三角阀为例来介绍水阀的拆卸与安装。

1. 三角阀的拆卸

三角阀有两个接口，在安装时，一个接口旋入预埋在墙内的水管接口，另一个接口通常与一根带有螺母的水管连接。三角阀的拆卸如图 11-6 所示。

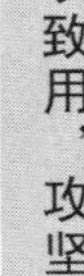

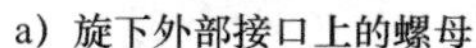
a）旋下外部接口上的螺母

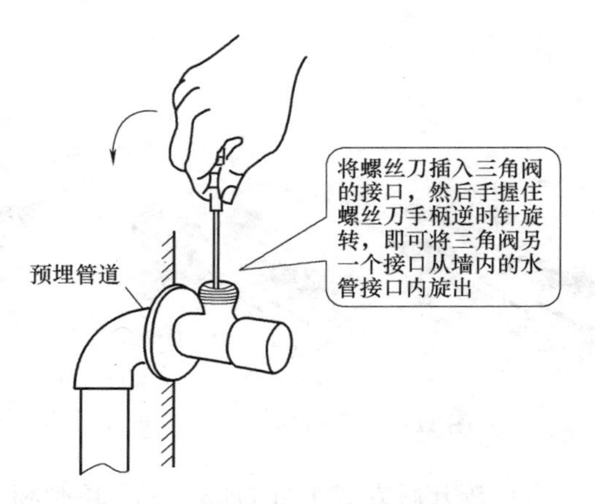

b）将另一个接口从墙内水管接口内旋出

图 11-6　三角阀的拆卸

2. 三角阀的安装

三角阀的安装如图 11-7 所示。在安装时，要确保管道内的泥沙已清理干净，安装完成后要通水测试是否漏水，如果接口处漏水可拆下三角阀，再多缠几圈生料带重新安装，以增强接口间的密封性。

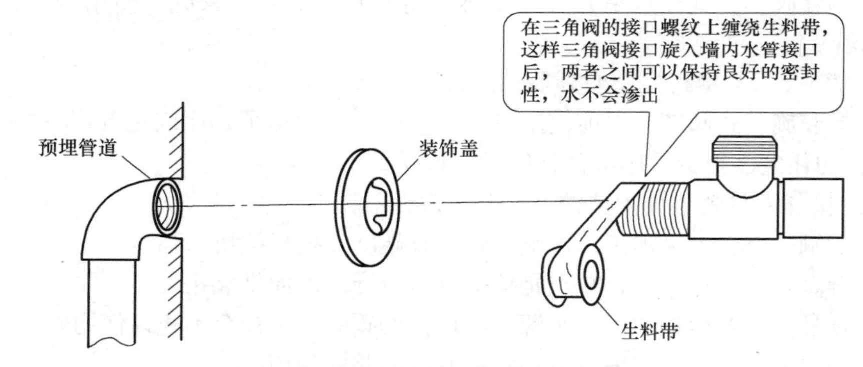

a）在三角阀的接口螺纹上缠绕用作密封的生料带

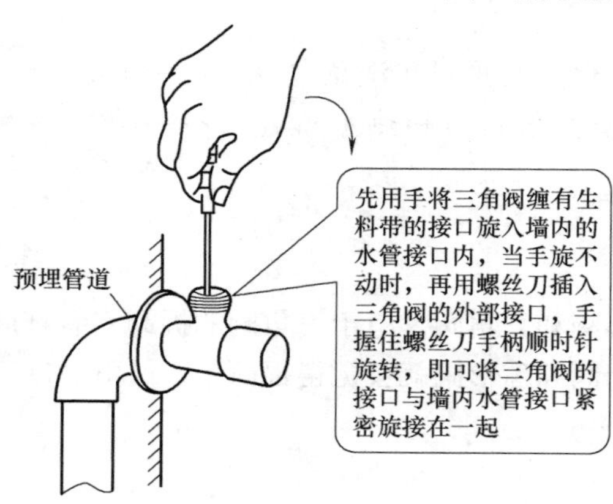

b）将三角阀接口旋入墙内水管接口内

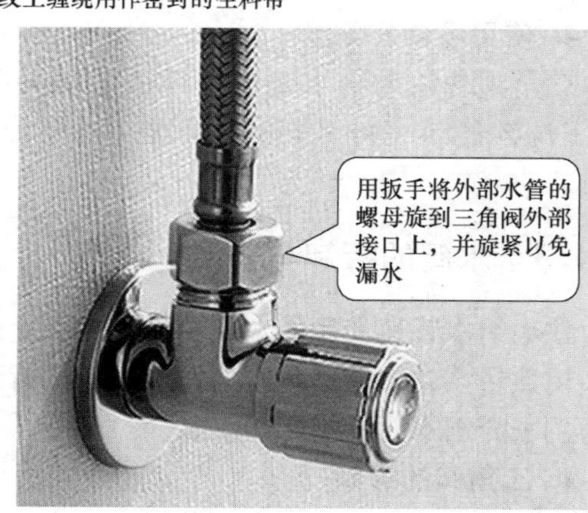

c）将外部水管的螺母旋到三角阀的外部接口上

图 11-7　三角阀的安装

大多数三角阀的接口规格为外丝 G1/2（20mm，4 分），与之匹配的墙内水管接口及外部水管螺母规格均应为内丝 G1/2（20mm，4 分）。

11.2 水表的识读与安装

11.2.1 常用水表外形

水表的功能是累计用水总量。图 11-8 列出了几种水表，其中左边的水表最为常用。

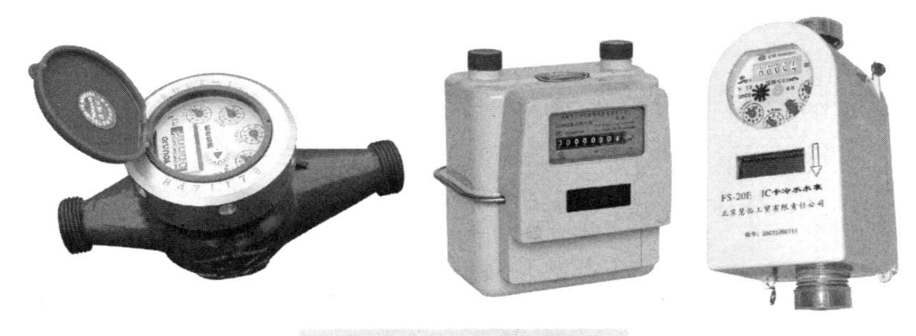

图 11-8　几种水表外形

11.2.2 水表用水量的识读

住宅使用的水表计量单位为 m^3（立方米），$1m^3$（等于 1000L）的水重量为 1000kg，也即 1t。水表的表盘及用水量的识读如图 11-9 所示。

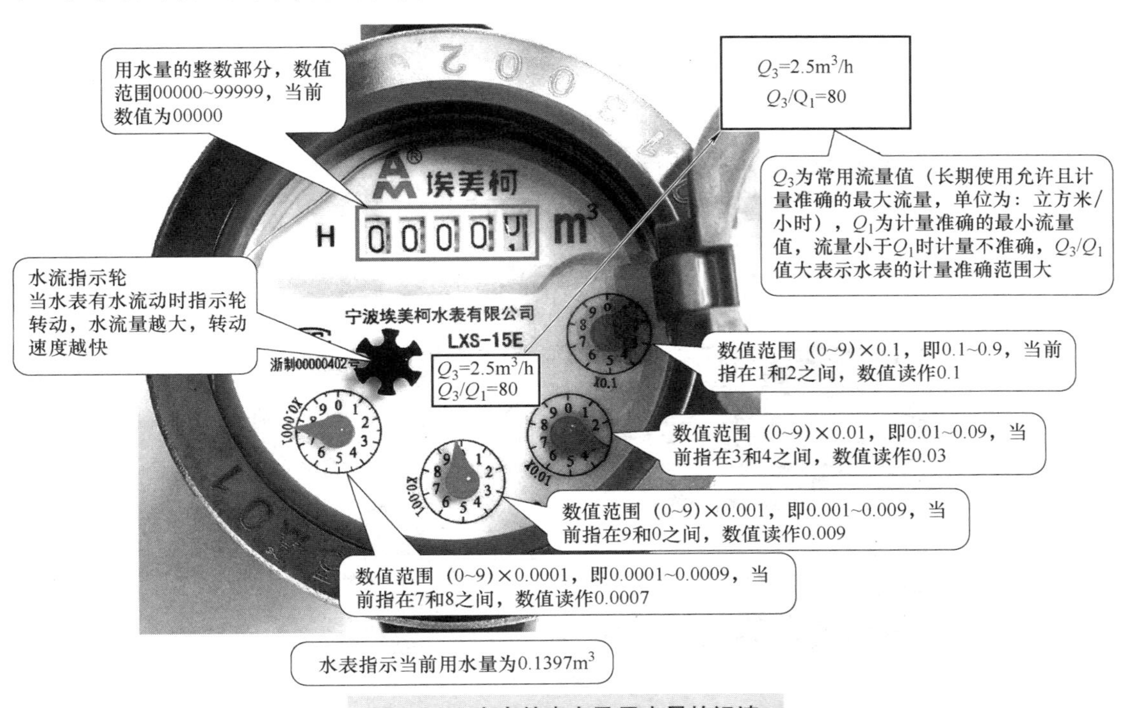

图 11-9　水表的表盘及用水量的识读

『行』——学以致用，攻坚克难

11.2.3 水表的规格与安装

1. 水表的规格

住宅使用的水表规格主要有**4 分表和 6 分表**，两种水表的区分如图 11-10 所示。

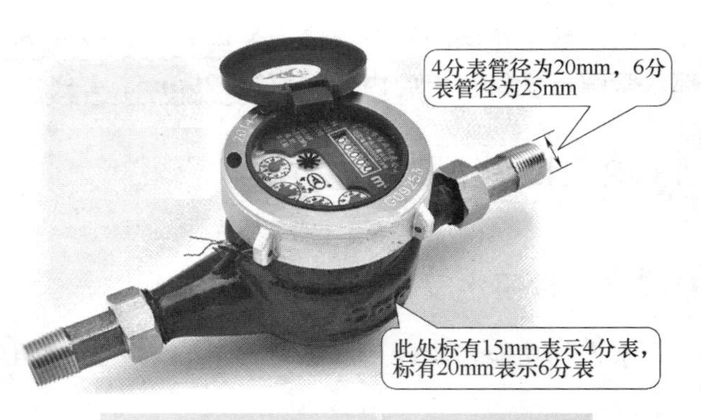

图 11-10 4 分水表和 6 分水表的区分

2. 水表的安装

在安装水表时，先要在两个接口装上配带的铜接头（外丝），再将铜接头拧入给水管的管件（内丝）内。水表的安装如图 11-11 所示，为了避免水表铜接头与管件连接部位漏水，可以先在铜接头的螺纹上缠绕生料带，再拧入水管的管件内。

a）铜接头

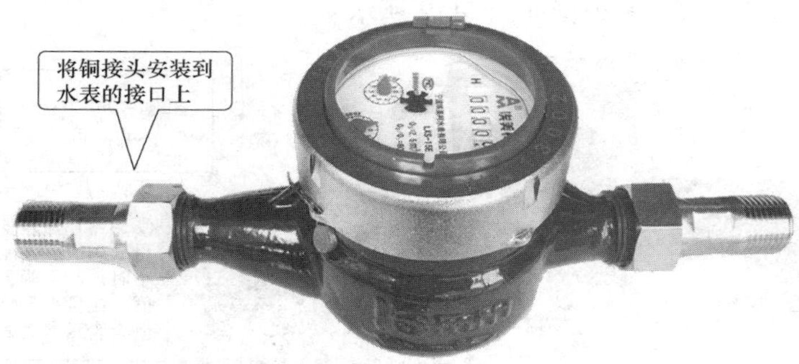

b）将铜接头安装到水表的两个接口上

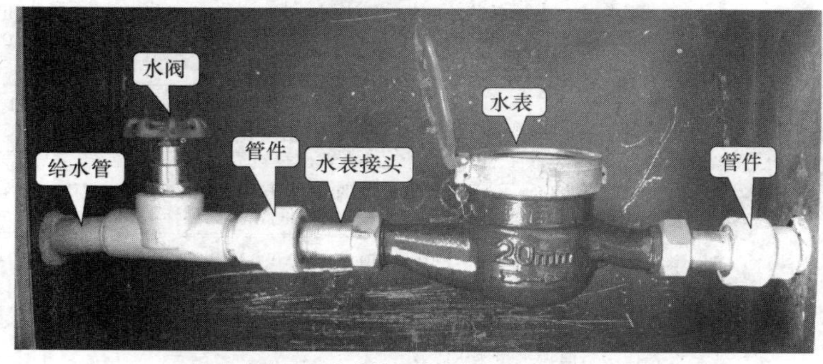

c）将水表的铜接头拧入给水管的管件（内丝）内

图 11-11 水表的安装

『行』——学以致用，攻坚克难

11.3 水龙头的安装、拆卸与维修

水龙头是给水管道的出水开关装置，同时还能调节出水流量大小。水龙头的更新换代速度很快，从早期的铸铁式水龙头到电镀旋钮式水龙头，又发展到不锈钢单温单控水龙头、不锈钢双温双控龙头和自动感应自动龙头等。

11.3.1 水龙头的分类

1）按材料来分，可分为铸铁、黄铜、全塑、锌合金和不锈钢材料水龙头，铸铁和老式黄铜水龙头基本被淘汰。

2）按功能来分，可分为洗漱盆、浴缸、淋浴、洗菜盆水龙头。

3）按结构来分，可分为单联式、双联式和三联式等几种水龙头，如图 11-12 所示，单联式水龙头（一个进水口一个出水口）可接冷水管或热水管，双联式水龙头（两个进水口一个出水口）可同时接冷热两根管道，多用于洗漱盆、浴缸、淋浴和洗菜盆，三联式水龙头（两个进水口两个出水口）除接冷热水两根管道外，还可以连接淋浴喷头，主要用于淋浴。

a）单联水龙头（一进一出）　b）双联水龙头（两进一出）　c）三联水龙头（两进两出）

图 11-12　三种不同结构的水龙头

4）按开启方式来分，可分为螺旋式、扳手式、抬启式和感应式等。螺旋式手柄打开时，要旋转很多圈，扳手式手柄一般只需旋转 90°；抬启式手柄只需往上一抬即可出水；感应式水龙头只要把手伸到水龙头下，便会自动出水。

5）按阀芯来分，可分为橡胶阀芯（慢开阀芯）、陶瓷阀芯（快开阀芯）和不锈钢阀芯等几种。影响水龙头质量最关键的就是阀芯，使用橡胶阀芯的水龙头多为螺旋式开启的铸铁水龙头和老式黄铜水龙头，已经基本被淘汰，陶瓷阀芯水龙头是近几年出现的，质量较好，使用最为广泛，不锈钢阀芯目前使用较少。

11.3.2 水龙头的安装

1. 水龙头的安装示意图及说明

水龙头的安装示意图如图 11-13 所示，先在水龙头的接口螺纹上**缠绕十几圈生料带**（可根据实际情况增减圈数），然后将缠有生料带的**水龙头接口插入给水管的管件内**，再顺时针旋转水龙头，直至**无法转动且出水口朝下为止**。

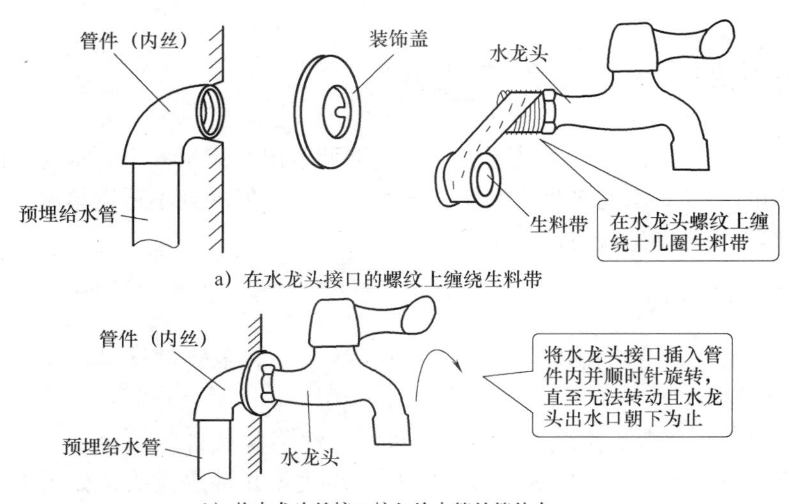

a）在水龙头接口的螺纹上缠绕生料带

b）将水龙头的接口拧入给水管的管件内

图 11-13 水龙头的安装示意图

2. 水龙头实际安装

水龙头的实际安装过程如图 11-14 所示。

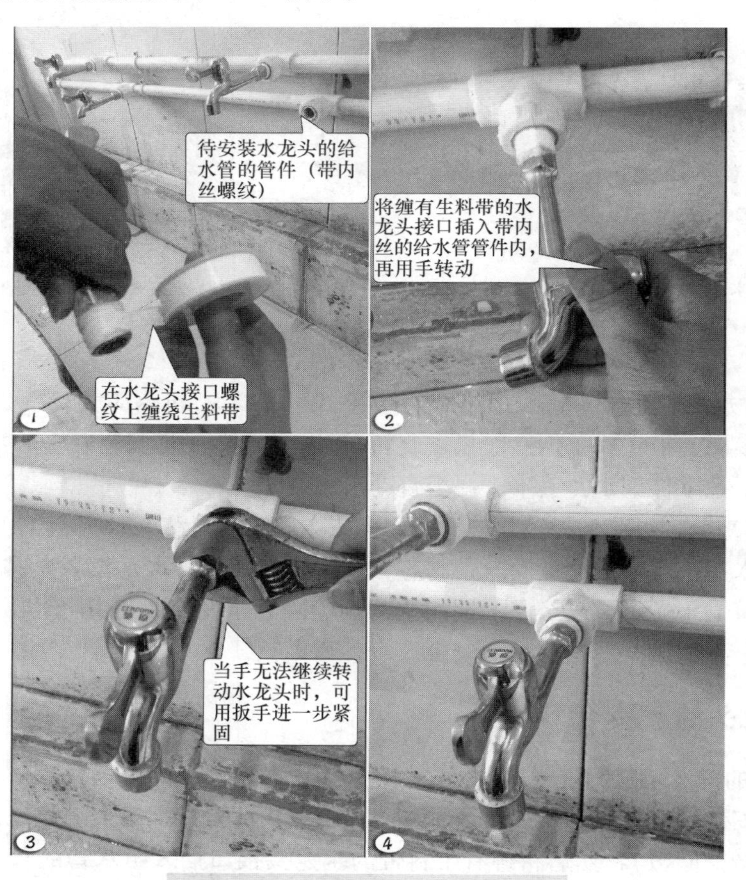

图 11-14 水龙头的实际安装过程

11.3.3　水龙头的拆卸

单联水龙头有一个进水口和一个出水口，其拆卸如图 11-15 所示。

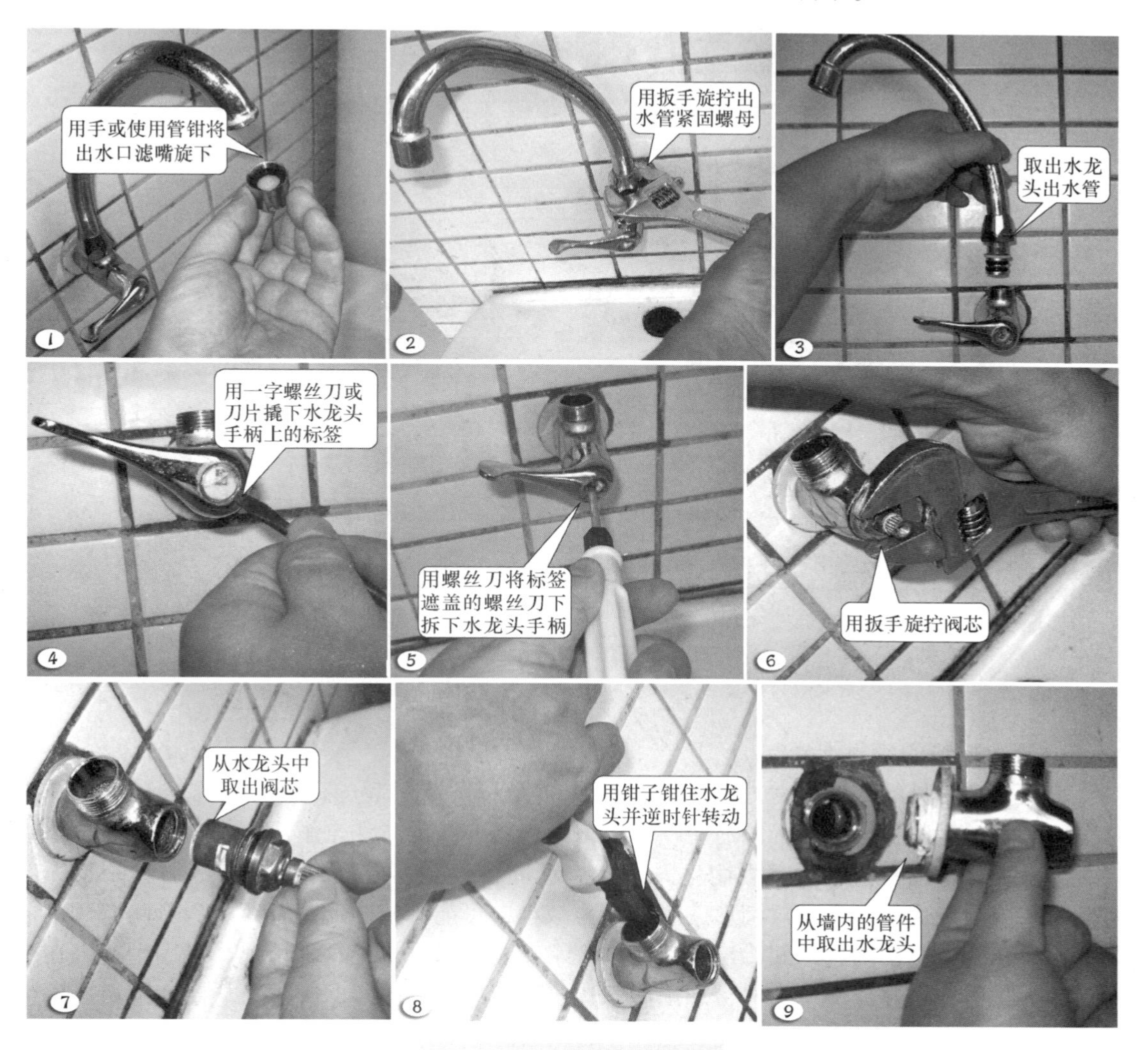

图 11-15　水龙头的拆卸

11.3.4　一进一出水龙头阀芯的结构原理、维修与更换

1. 结构与工作原理

一进一出水龙头阀芯的结构与工作原理如图 11-16 所示。在拆卸阀芯时，应先取出密封垫圈，然后取出圆形带孔陶瓷片，再取出扇形陶瓷片，在扇形陶瓷片边沿有两个缺口，转轴卡入缺口后可以转动扇形陶瓷片。在安装时，用密封垫圈将圆形带孔陶瓷片和扇形陶瓷片紧压在一起，转动转轴可以让扇形陶瓷片遮住圆形陶瓷片的两个扇形孔，从而关闭阀门。

一进一出水龙头阀芯主要用于单联水龙头、三角阀和双联双控水龙头，双联双控水龙头要用到两个一进一出阀芯。

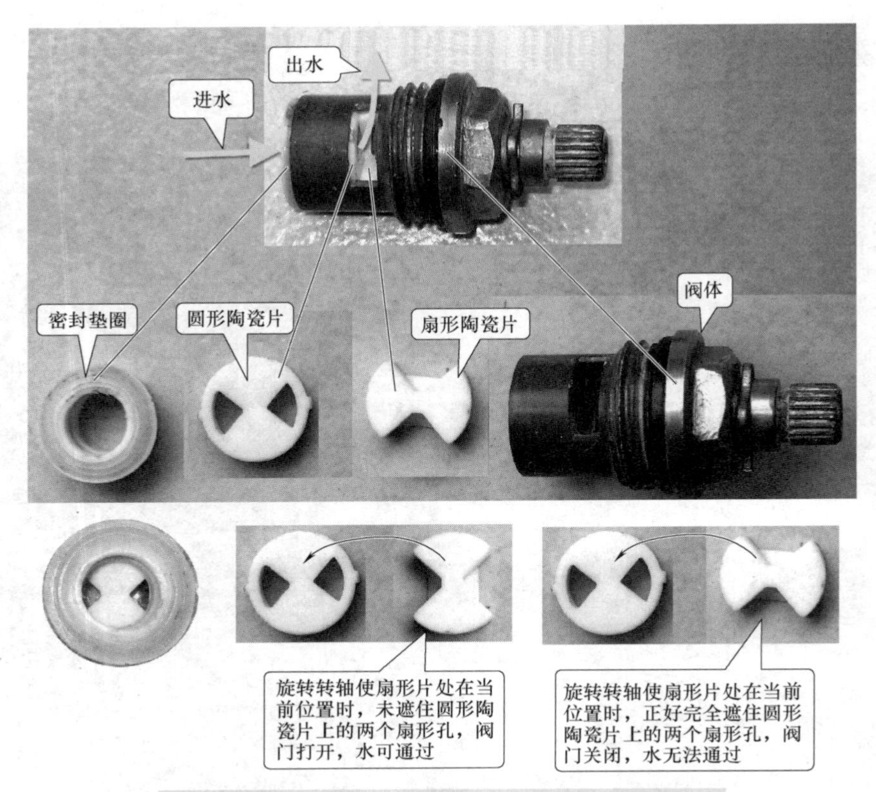

图 11-16　一进一出水龙头阀芯的结构与工作原理

2. 漏水故障的应急维修

水龙头最常见的故障是漏水，这通常是阀芯密封不严引起的，最好的方法是更换新阀芯，如果一时无法找到合适的阀芯更换，可采用一些应急的方法来解决。

对于密封垫圈密封不严，可用生料带在垫圈周围缠绕，再将缠有生料带的垫圈装回阀芯。如果垫圈老化变短，其对圆形陶瓷片压力减小，可能会使圆形陶瓷片与扇形陶瓷片不能紧贴在一起，水会从两者之间渗出，从而出现水龙头漏水，对于这种情况，可用生料带在垫圈底部边缘包缠，并让部分生料带超出底部边缘，然后将垫圈装回阀芯，垫圈底部超出的生料带被压在垫圈与圆形陶瓷片之间，相当于在两者之间增加了一个有一定厚度的密封环，它对圆形陶瓷片产生一定的压力，使圆形陶瓷片与扇形陶瓷片紧贴在一起，可消除漏水或减轻漏水。

3. 常用规格与选用更换

一进一出水龙头阀芯没有统一的规格标准，有少数厂家设计的阀芯仅能用于本厂生产的水龙头，多数厂家生产的阀芯可以通用，但规格较多。图 11-17 列出几种常见的水龙头阀芯规格类型，其中类型一最为常用。

在选用更换新阀芯，主要应注意：①新、旧阀芯的调节杆长度是否一致；②阀芯底部直径是否一致，直径在 16 ~ 18mm 之间可以换用；③新、旧阀芯调节杆顶部齿数是否一致（绝大多数为 20 齿）；④新、旧阀芯是否有装饰盖螺纹。如果更换的阀芯与旧阀芯不一致，出现密封不严漏水时，应找出漏水部位，然后用生料带包缠、填充该部位。

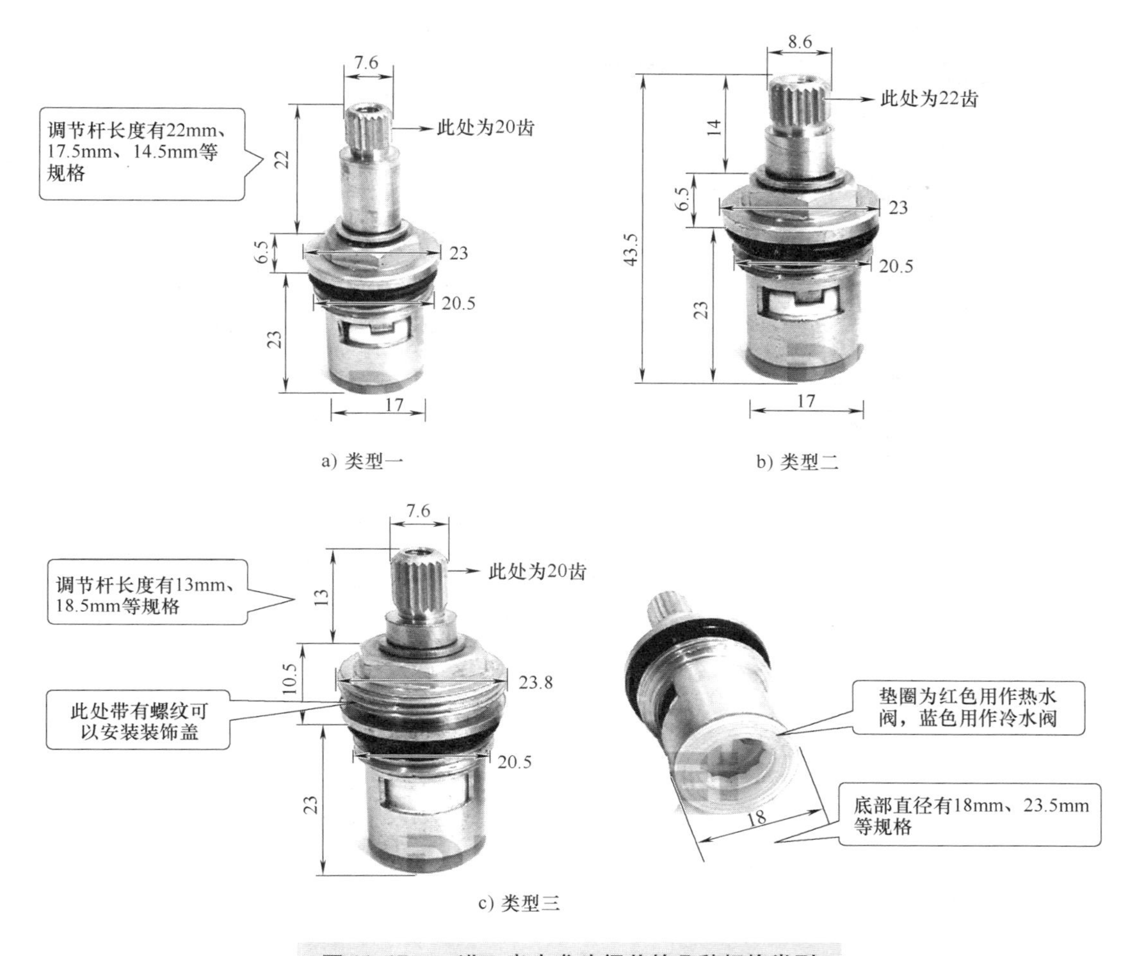

图 11-17　一进一出水龙头阀芯的几种规格类型

11.3.5　二进一出水龙头阀芯的拆卸安装、结构原理与选用更换

洗菜盆、洗漱盆、淋浴花洒和淋缸一般采用二进一出水龙头，它有一冷一热两个进水口和一个出水口。

1. 从双联单控水龙头中拆出二进一出阀芯

从双联单控水龙头中拆出二进一出阀芯的操作过程如图 11-18 所示。阀芯的安装过程正好相反，在安装阀芯时，要将阀芯底部两个定位凸点对准水龙头相应位置的两个定位凹坑。

2. 二进一出阀芯的拆卸与结构原理

（1）阀芯的拆卸

二进一出阀芯的拆卸如图 11-19 所示，在阀芯上找到底座卡在阀体上的卡扣，用一字螺丝刀往卡孔内顶压并往下撬动卡扣，卡扣与卡孔脱离后即可取下阀芯的底座，阀芯内部的动、静陶瓷片和阀杆随之取出。

（2）结构原理

二进一出阀芯由底座、静陶瓷片、动陶瓷片、阀体和阀杆组成，如图 11-20 所示。二进

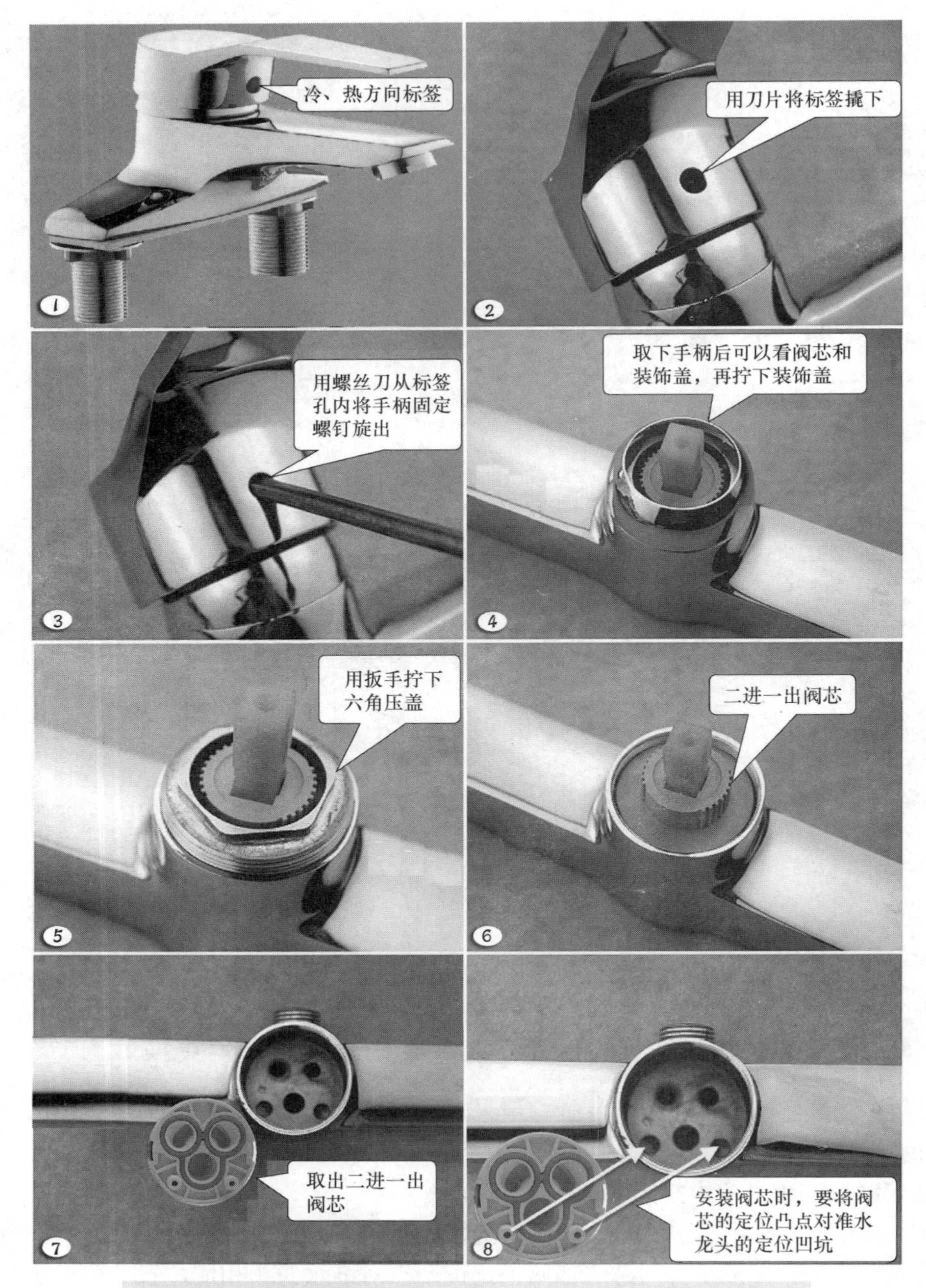

图 11-18　从双联单控水龙头中拆出二进一出阀芯的操作过程

一出阀芯工作原理说明如图 11-21 所示。

3. 二进一出阀芯的规格及选用更换

根据底部直径不同，可分为**35mm 阀芯和 40mm 阀芯**；根据阀杆不同，可分为**普通阀杆阀芯和螺杆阀芯**；根据底部高度不同，可分为**平脚阀芯和高脚阀芯**，在高脚阀芯中，根据密封圈位置不同，可分为**上密封高脚阀芯和下密封高脚阀芯**。35mm 和 40mmr 的普通阀杆平脚阀芯最为常用，其规格参数如图 11-22 所示。

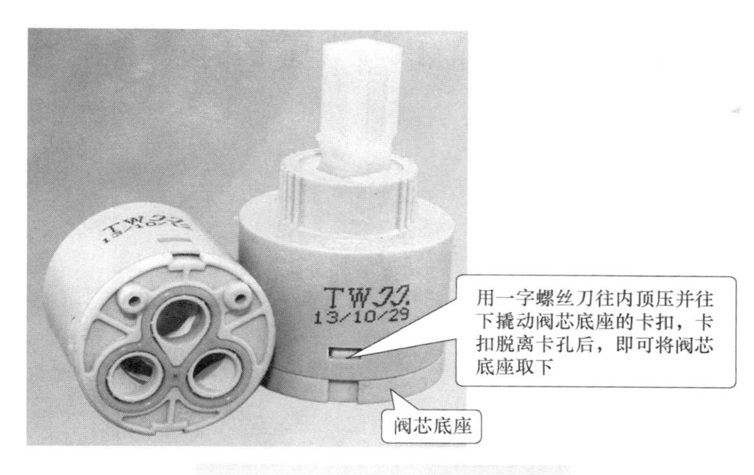

图 11-19　二进一出阀芯的拆卸

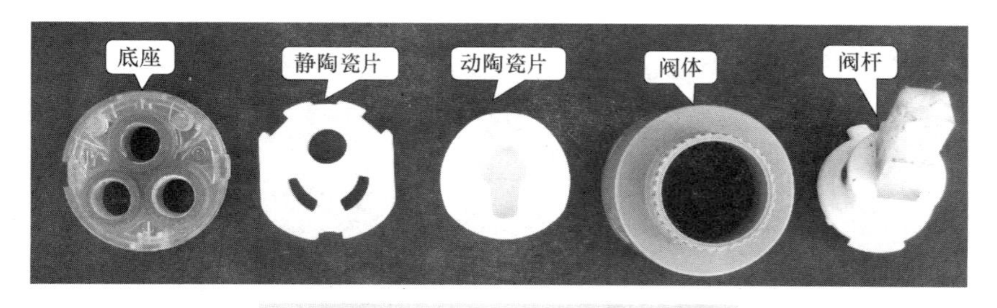

图 11-20　二进一出阀芯的组成部件

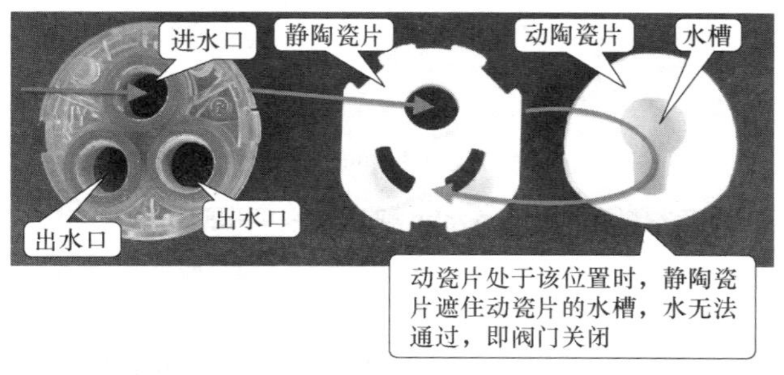

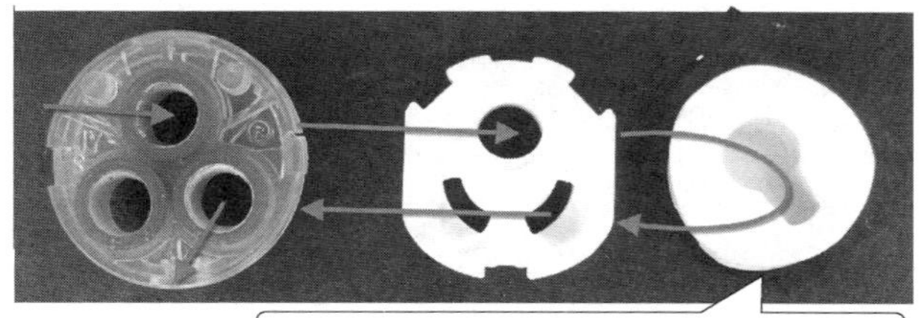

图 11-21　二进一出阀芯工作原理说明图

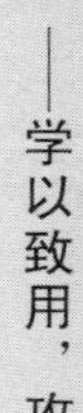

『行』——学以致用，攻坚克难

在选用更换新阀芯时，需要了解旧阀芯底部直径是35mm还是40mm，阀杆是普通阀杆还是螺杆，底部是平脚还是高脚，若是高脚阀芯，是上密封还是下密封，选用的新阀芯在这些方面应与旧阀芯一致。

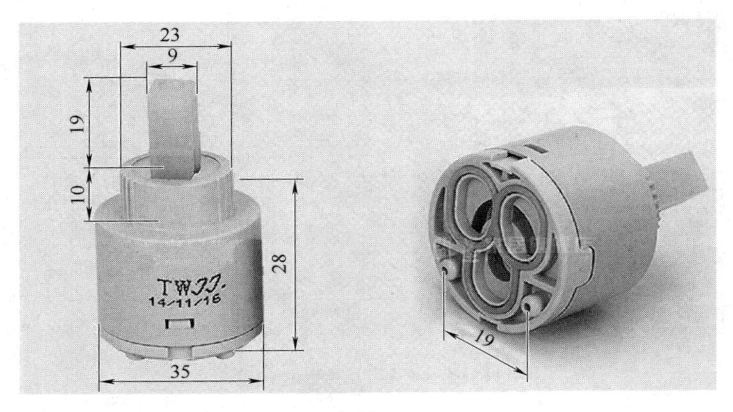

a) 35mm

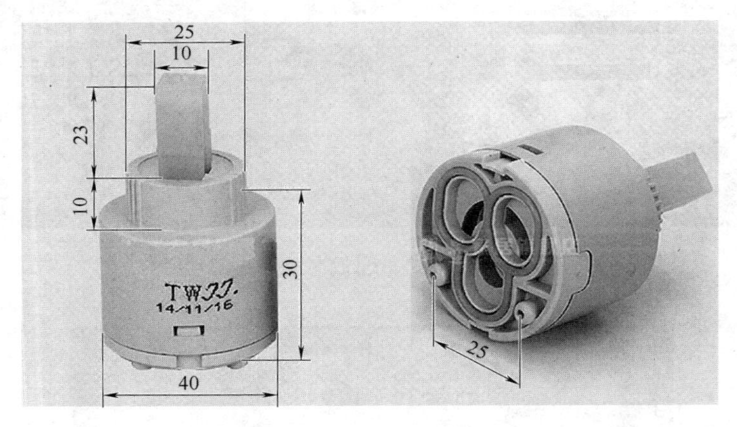

b) 40mm

图11-22　35mm和40mm普通阀杆平脚阀芯规格参数

Chapter 12
第 12 章

洗菜盆、浴室柜和马桶的安装

12.1 洗菜盆的安装

12.1.1 洗菜盆安装台面的开孔

洗菜盆安装台面的开孔如图 12-1 所示，也可以在订购厨具时告诉商家洗菜盆水槽开孔尺寸，商家会让厂家按该尺寸开孔，由于厂家用专门的工具开孔，所以会比较美观和精确。

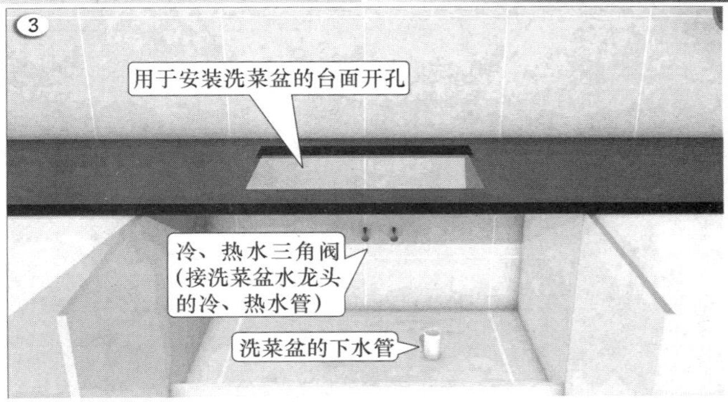

图 12-1 洗菜盆安装台面的开孔

12.1.2 水槽各部分说明

洗菜盆的水槽及各部分说明如图 12-2 所示。

12.1.3 下水器的安装

1. 下水器的组成部件

下水器用于连接水槽下水口和排水管，主要由密封盖、提篮、下水杯、密封垫圈和下水隔离外壳组成，如图 12-3 所示。

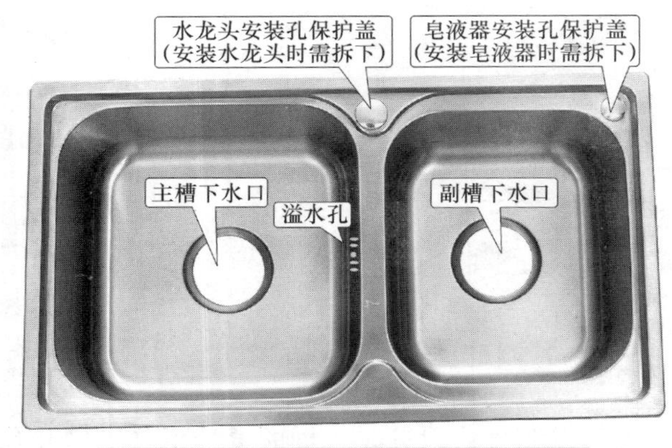

图 12-2 洗菜盆的水槽及各部分说明

图 12-3 下水器的组成部件

2. 下水器的安装

下水器的安装如图 12-4 所示，用同样的方法给另一个水槽也安装下水器。

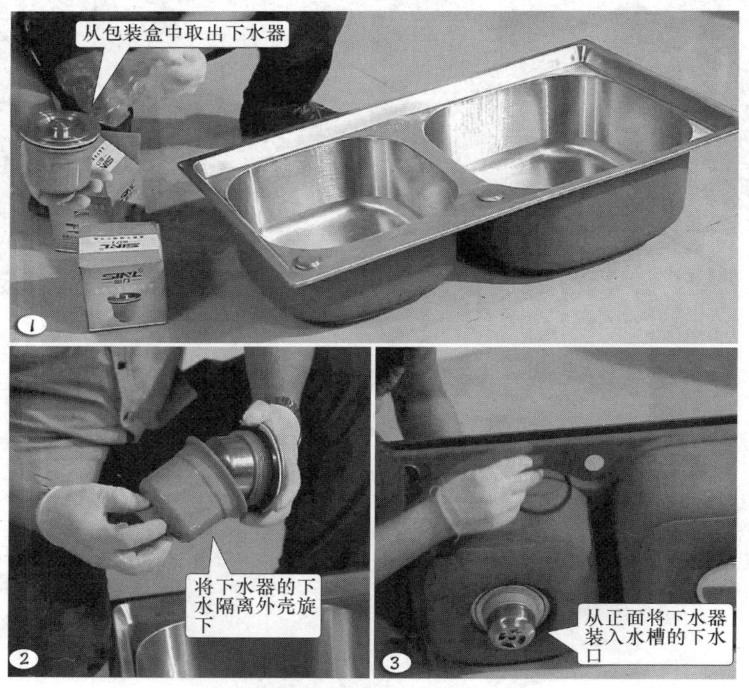

图 12-4 下水器的安装

『行』——学以致用，攻坚克难

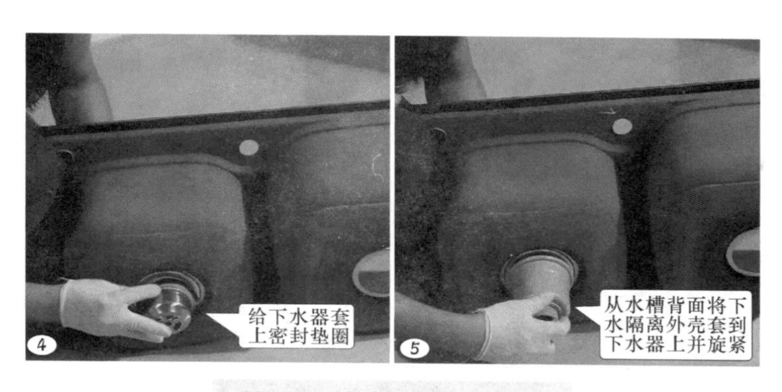

图 12-4　下水器的安装（续）

12.1.4　水龙头的安装

1. 水龙头的组成部件

洗菜盆的水龙头由水龙头主体、牙管、固定螺母、垫圈和冷、热水管组成，如图 12-5 所示。

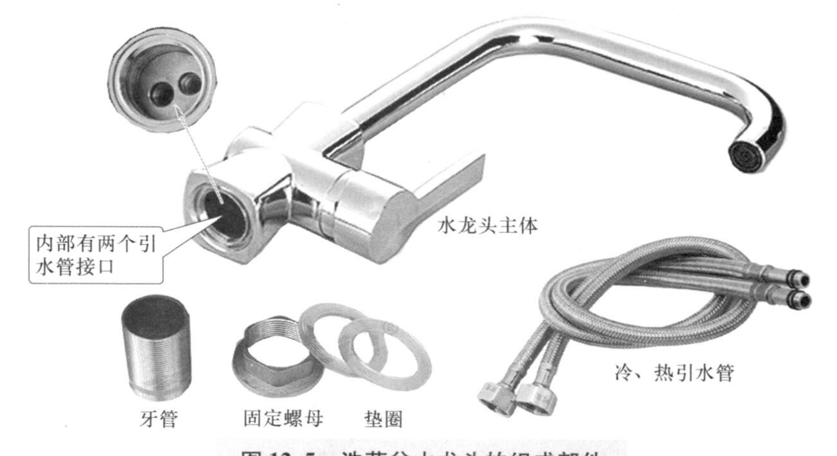

图 12-5　洗菜盆水龙头的组成部件

2. 水龙头的安装（见图 12-6）

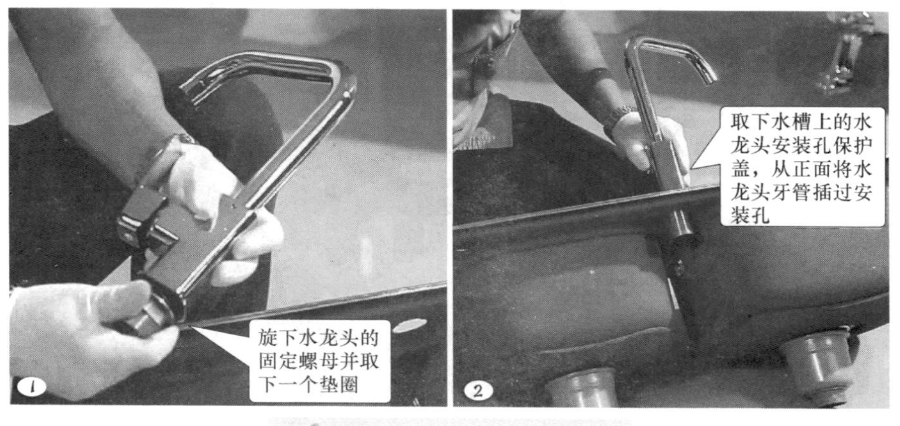

图 12-6　洗菜盆水龙头的安装

『行』——学以致用，攻坚克难

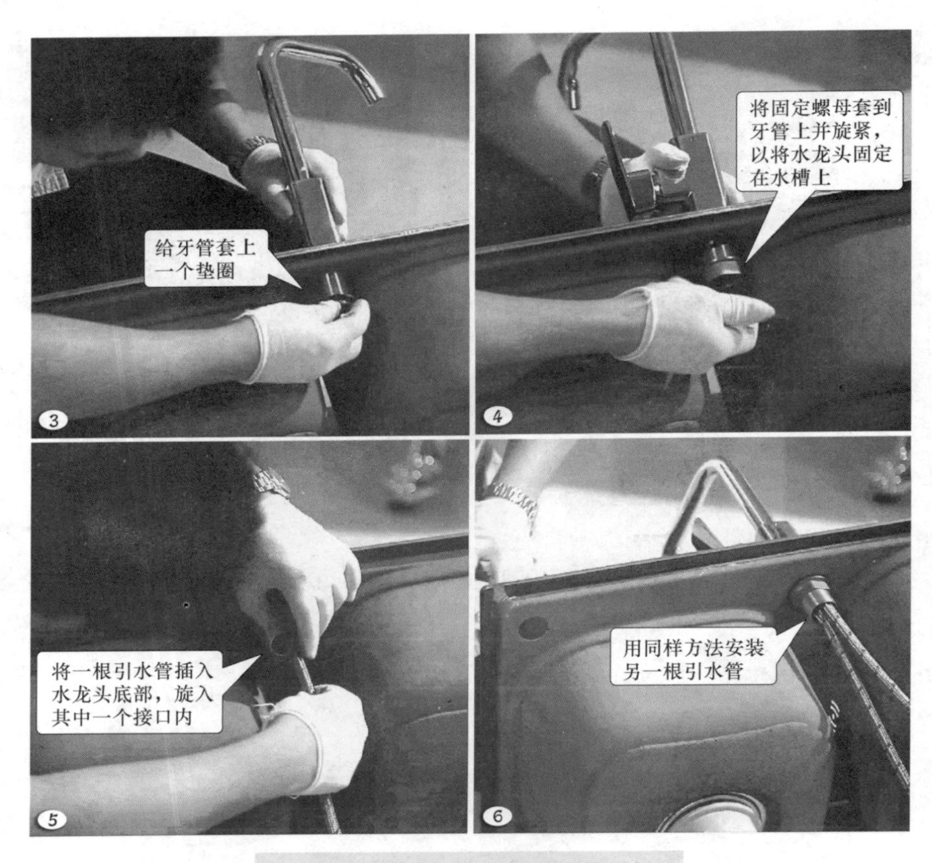

图 12-6　洗菜盆水龙头的安装（续）

12.1.5　皂液器的安装

1. 皂液器的组成部件

皂液器的组成部件由按压出液头、装饰固定盖、紧固螺母、螺管、引液管和储液瓶组成，如图 12-7 所示。

图 12-7　皂液器的组成部件

2. 皂液器的安装（见图12-8）

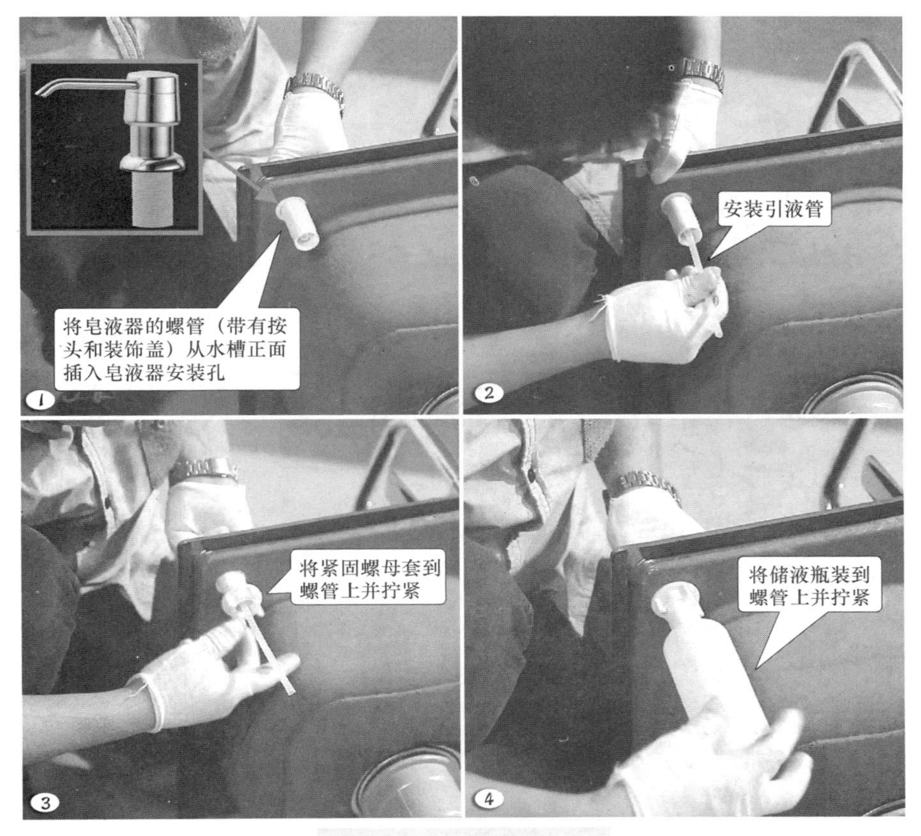

图12-8 皂液器的安装

12.1.6 下水管道的安装

1. 下水管道的组成部件

洗菜盆的下水管道主要由下水干管、副水槽下水软管、溢水器软管、S弯下水管和下水软管等组成，如图12-9所示。

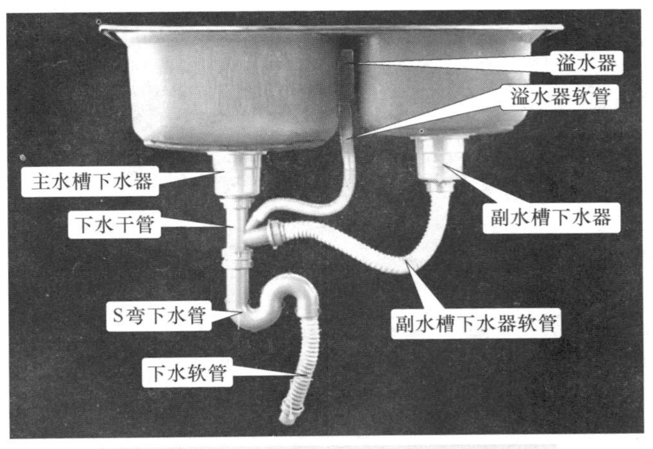

图12-9 洗菜盆的下水管道的组成部件

2. 下水管道的安装（见图 12-10）

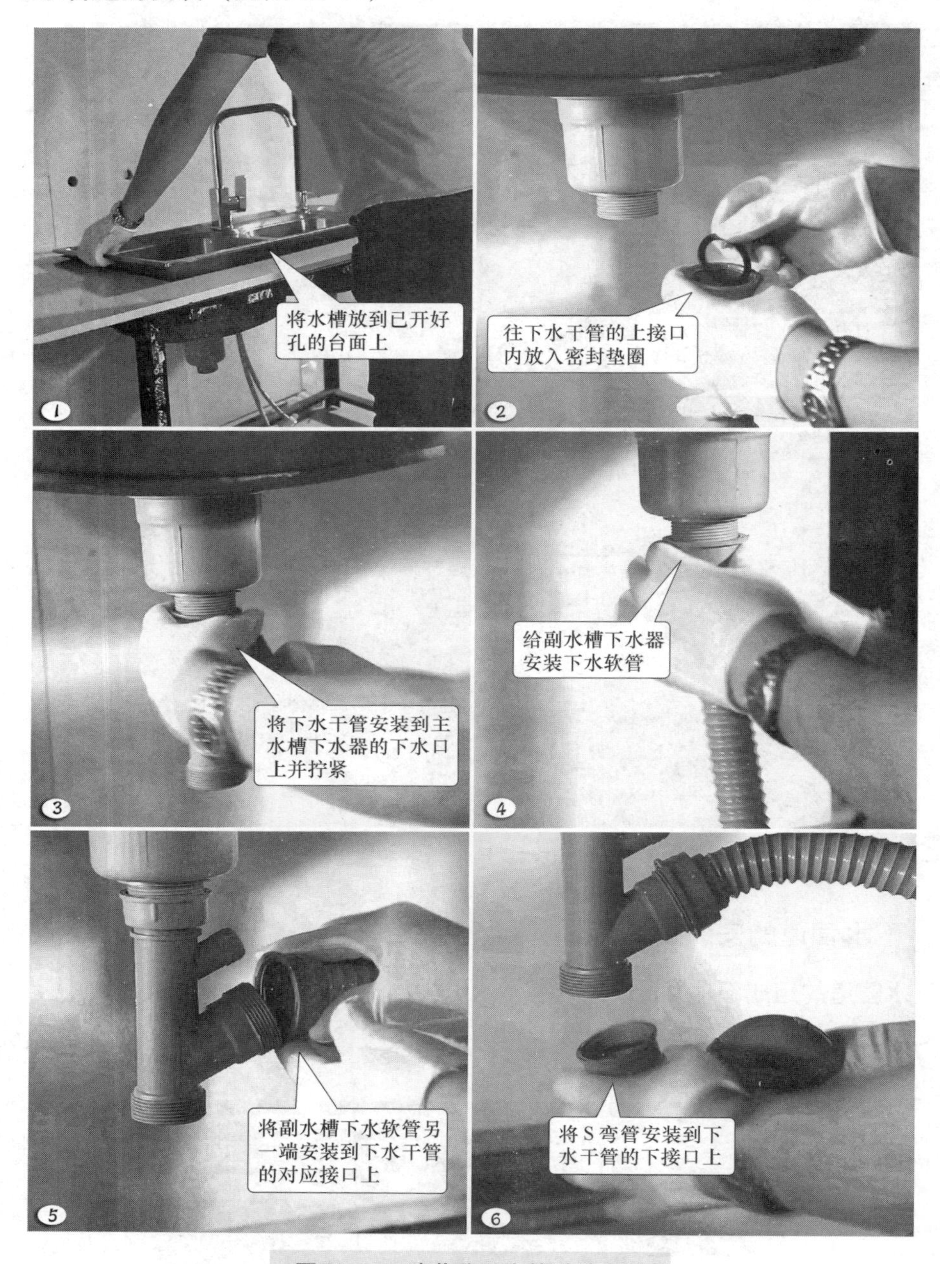

图 12-10 洗菜盆下水管道的安装

12.1.7 溢水器的安装

溢水器的功能是当水槽水位达过一定高度超过溢水孔时，自动将超出水位的水排放掉。水溢水器的安装如图 12-11 所示。

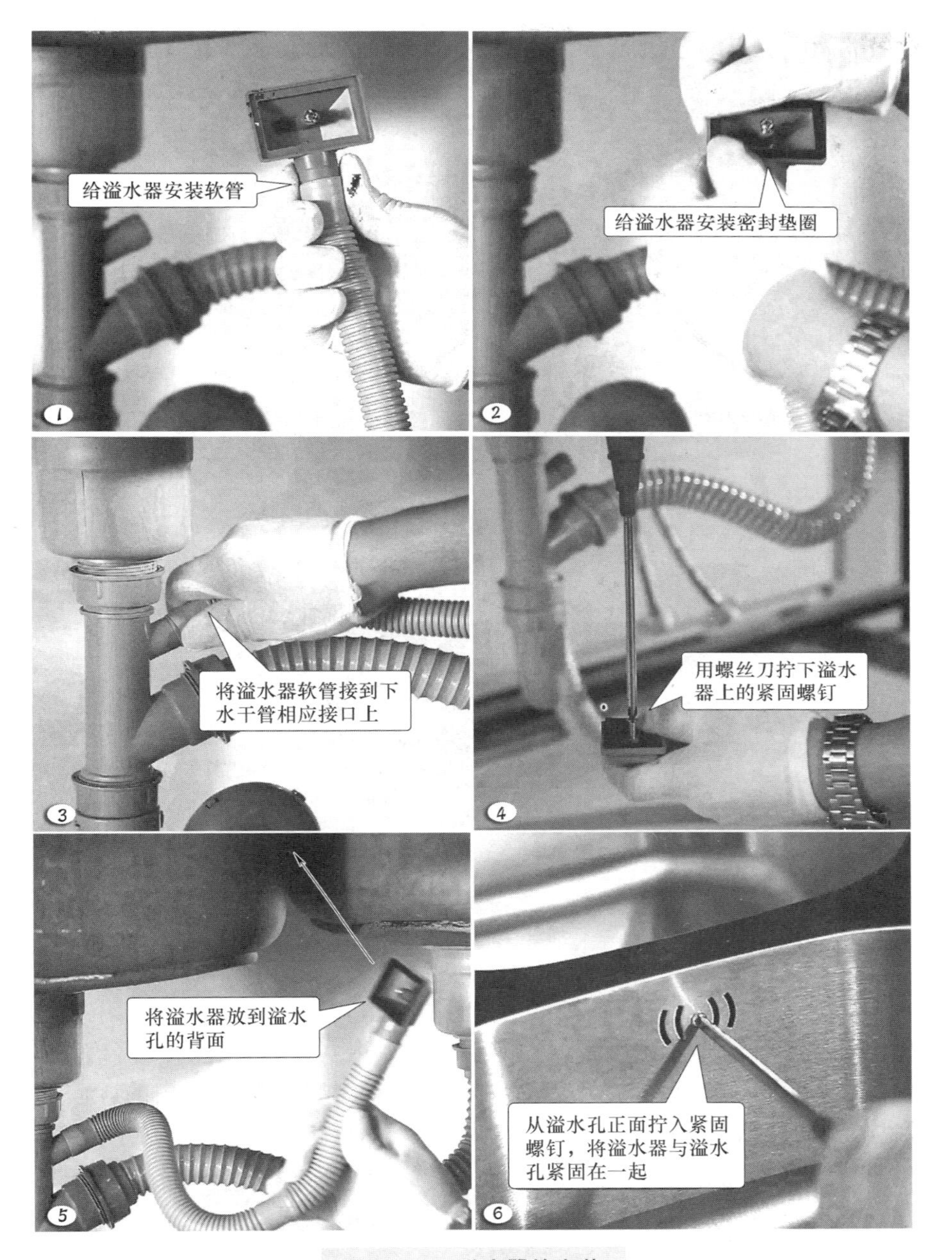

图 12-11　溢水器的安装

12.1.8　洗菜盆与给、排水管道的连接

洗菜盆与给水管道的连接是指水龙头的冷、热引水管与冷、热水三角阀的连接，洗菜盆与排水管道的连接是指水槽下水管与排水管道的排水管的连接。

水龙头的冷、热引水管与冷、热水三角阀的连接如图 12-12 所示，水槽下水管与排水管道的排水管的连接如图 12-13 所示。

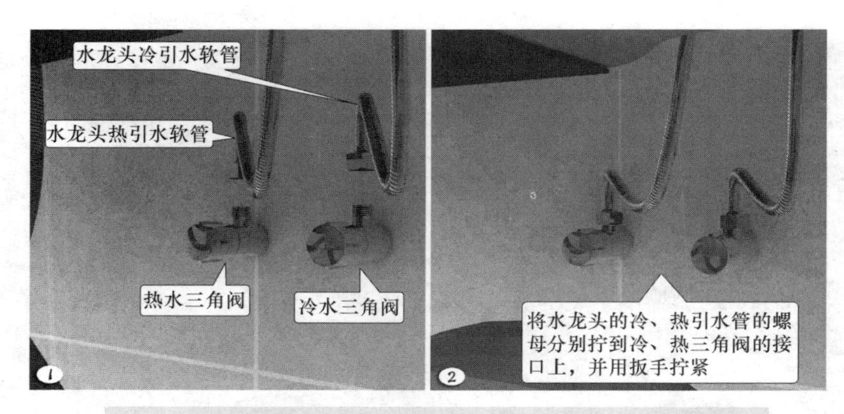

图 12-12　水龙头的冷、热引水管与冷、热水三角阀的连接

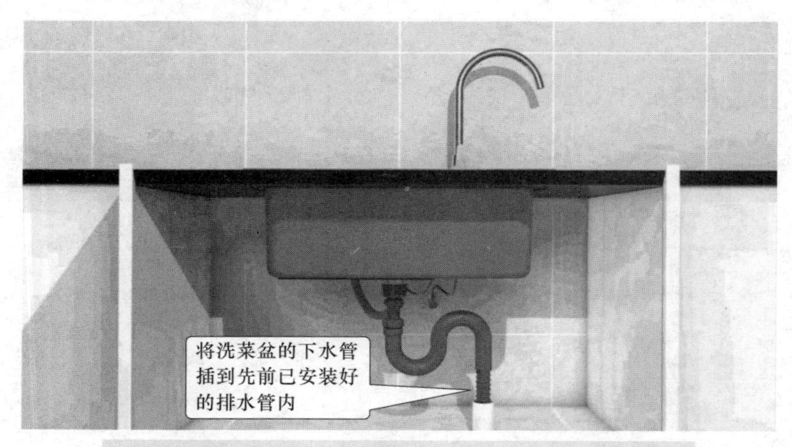

图 12-13　洗菜盆下水管与排水管道的排水管的连接

12.1.9　洗菜盆与台面的粘接密封

为了防止水从台面与洗菜盆之间的缝隙流入下方，也为了将洗菜盆与台面固定在一起，可以用打胶枪在台面开孔边缘和洗菜盆边缘涂上具有密封和粘接作用的硅胶（俗称玻璃胶）。洗菜盆与台面的粘接密封如图 12-14 所示。

图 12-14　洗菜盆与台面的粘接密封

图 12-14　洗菜盆与台面的粘接密封（续）

12.2　浴室柜与洗漱盆的安装

12.2.1　浴室柜的组件

浴室柜的种类很多，图 12-15 是一种典型的浴室柜，由主柜、台盆及水龙头、镜柜（含镜柜、镜子和托盘）和侧柜组成。

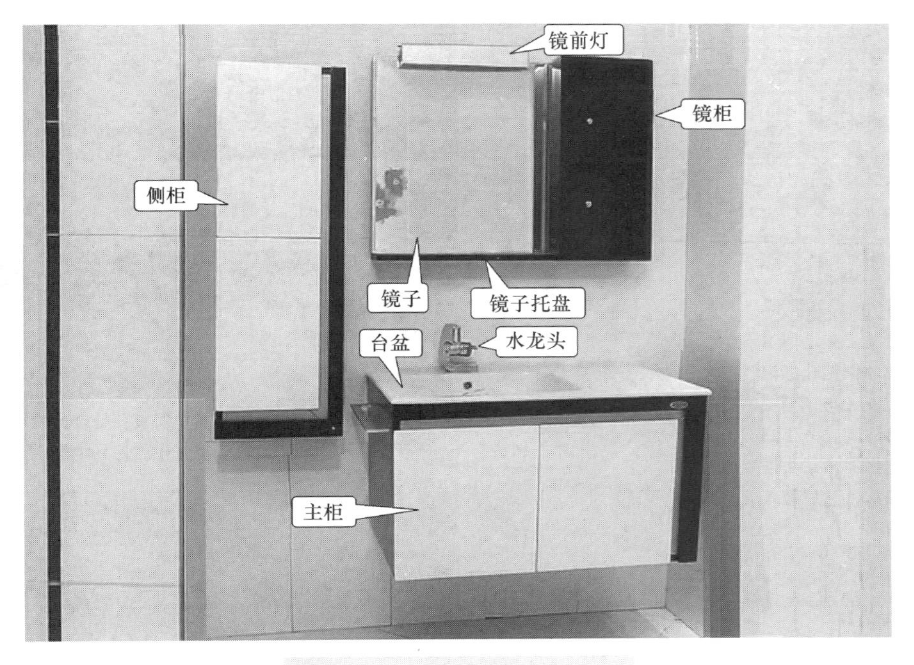

图 12-15　一种典型的浴室柜

12.2.2 主柜的安装（见图 12-16）

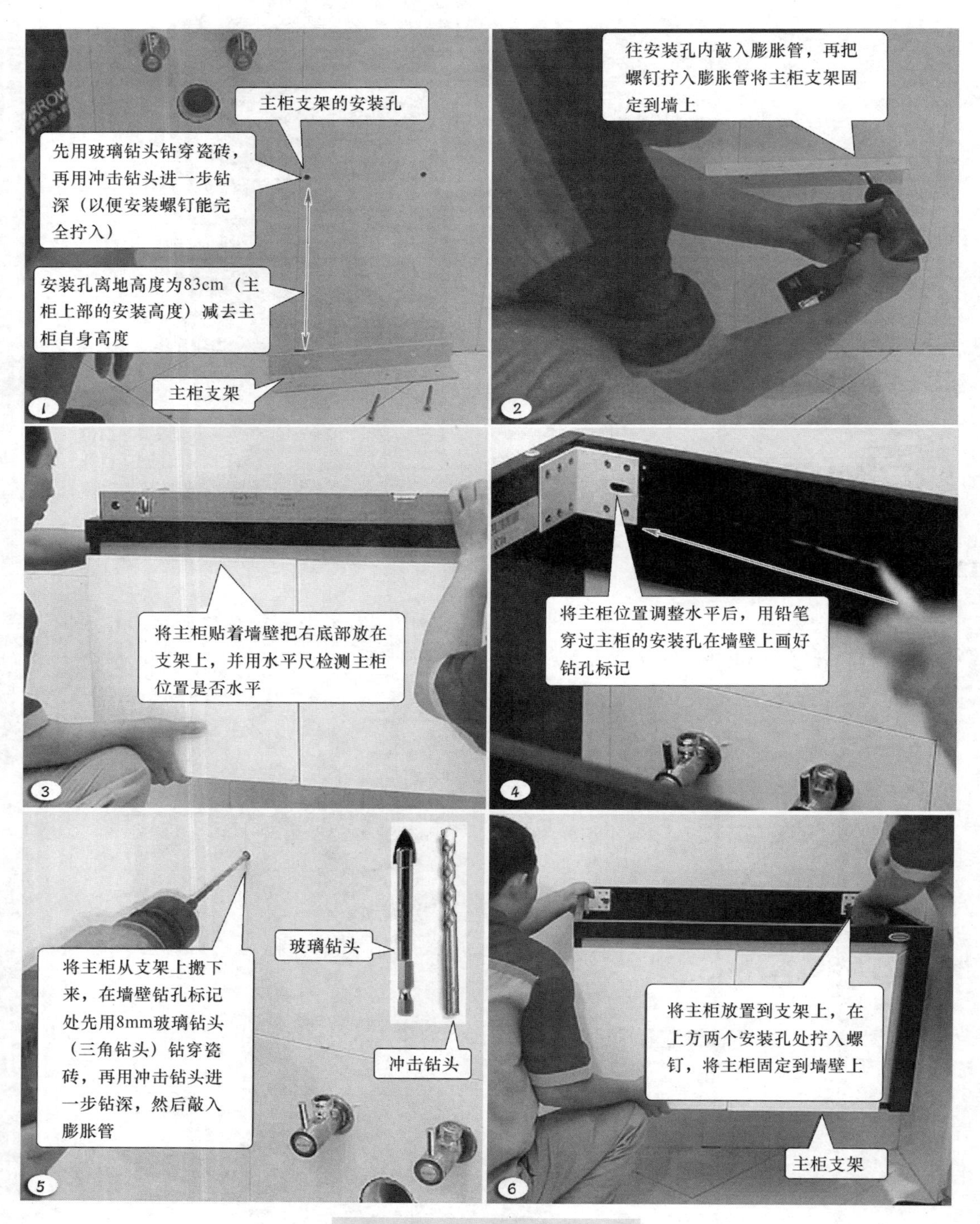

图 12-16 浴室柜的主柜安装

『行』——学以致用，攻坚克难

12.2.3　水龙头、下水器和台盆的安装（见图 12-17）

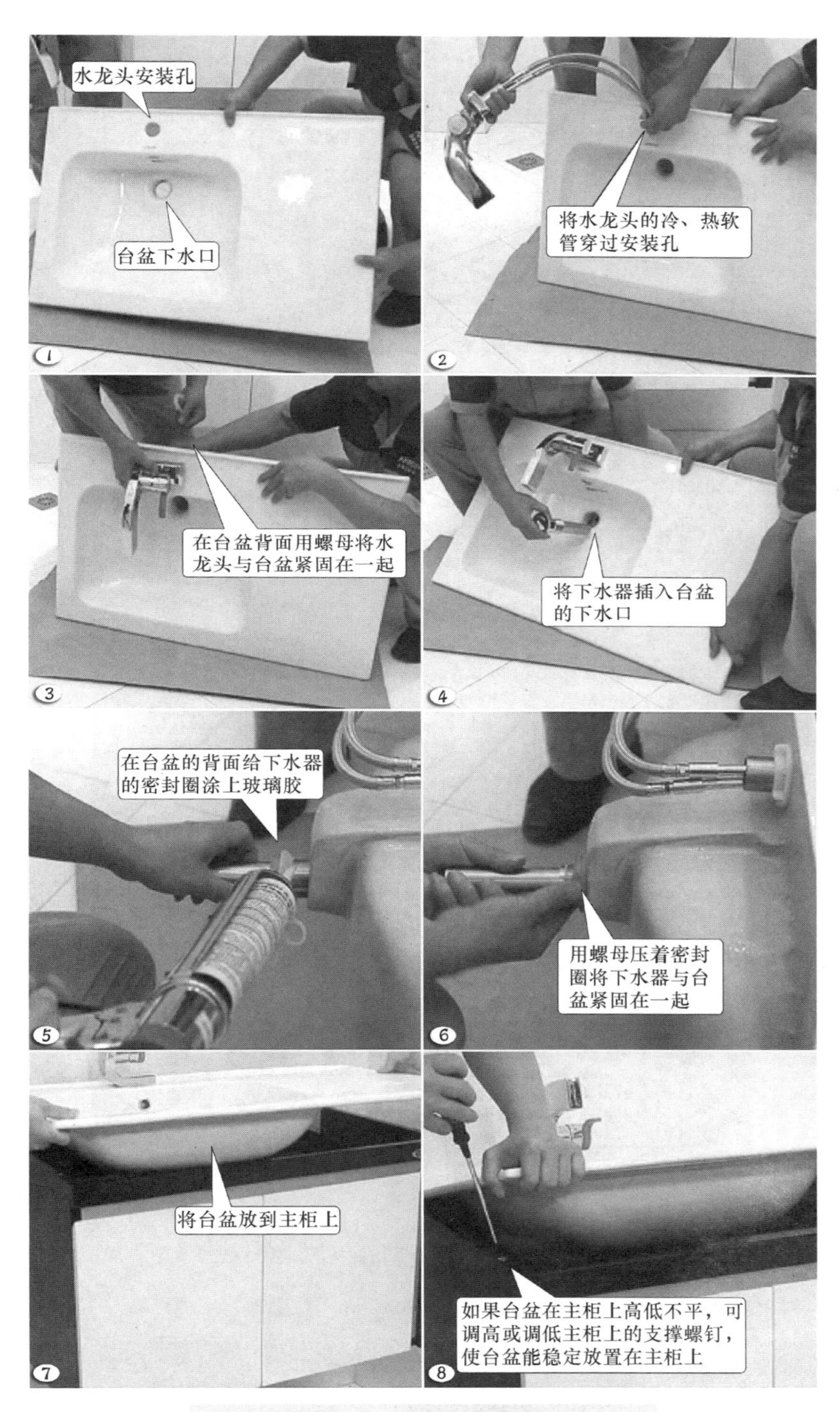

图 12-17　水龙头、下水器和台盆的安装

『行』——学以致用，攻坚克难

12.2.4 镜柜的安装（见图 12-18）

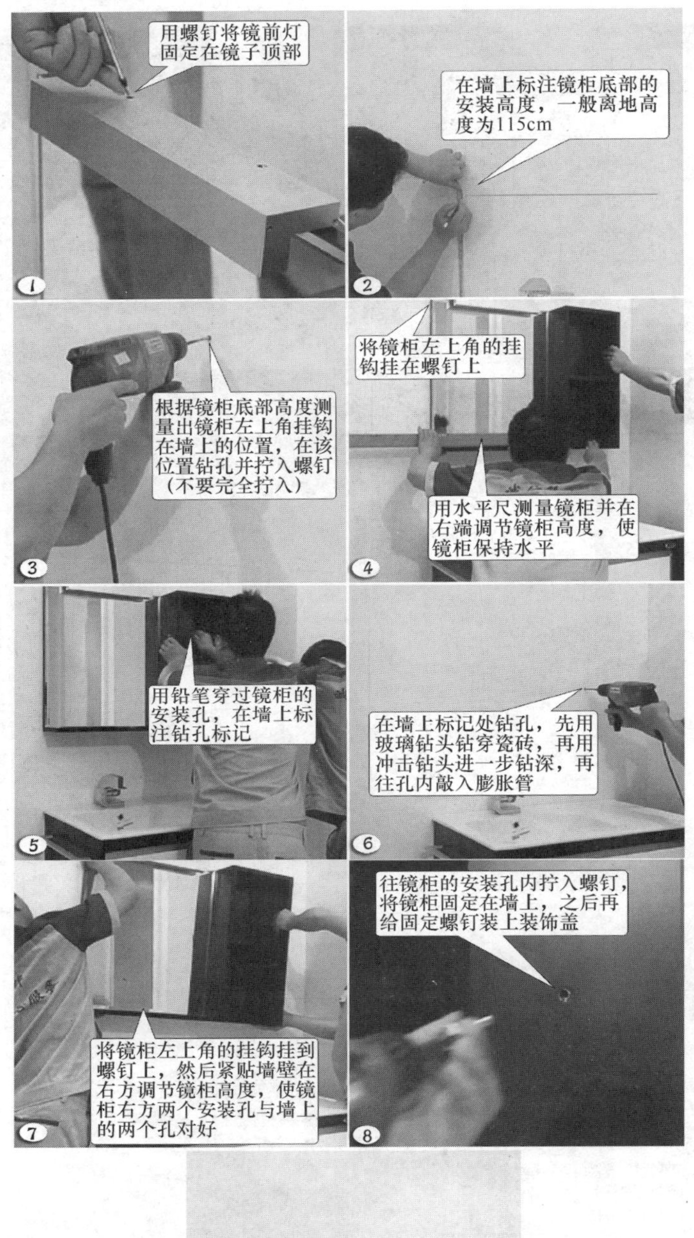

图 12-18 镜柜的安装

12.2.5 侧柜的安装（见图12-19）

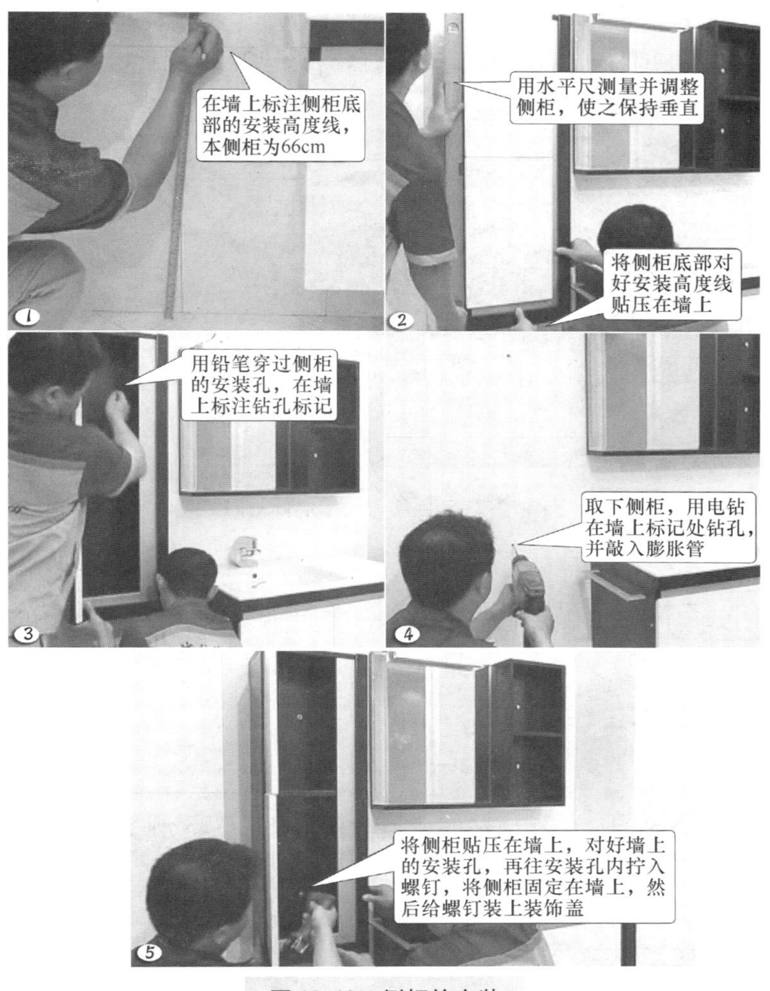

图12-19 侧柜的安装

12.2.6 下水管和给水管的安装（见图12-20）

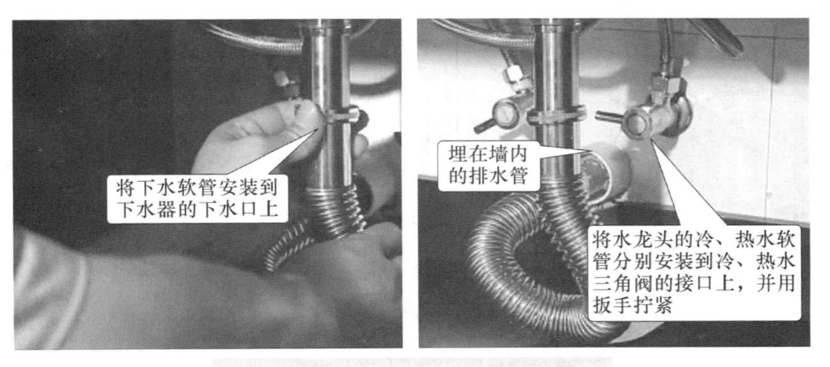

图12-20 下水管和给水管的安装

12.2.7 打胶

台盆和主柜安装好后，还需要在台盆与墙壁之间打胶，这样不但可以填充两者之间的缝隙，还可以将两者粘接起来。台盆与墙壁之间打胶如图 12-21 所示。

图 12-21 台盆与墙壁之间打胶

12.3 马桶的结构与安装维修

12.3.1 马桶的结构与工作原理

1. 外形与结构

图 12-22 是一种常见的马桶。马桶的典型结构如图 12-23 所示，箭头表示水的流向及途径。

图 12-22 一种常见的马桶

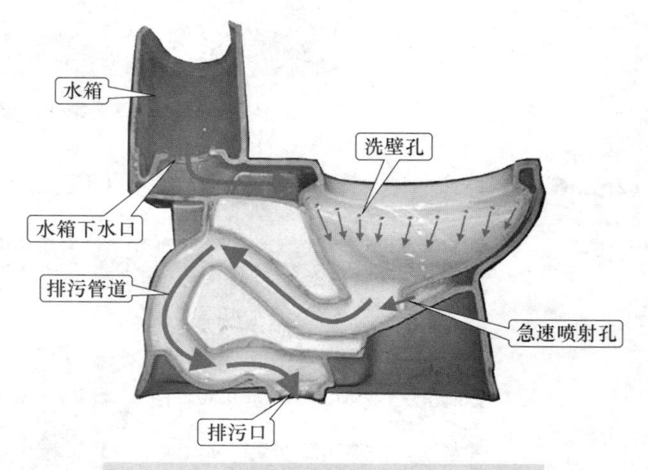

图 12-23 马桶的典型结构（剖视图）

2. 两种工作方式

马桶排污下水有直冲与虹吸两种方式，如图 12-24 所示。

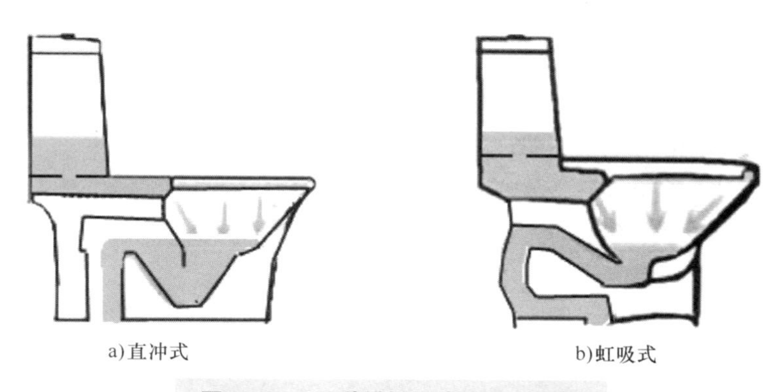

图 12-24 两种排污下水方式的马桶

（1）直冲式马桶

直冲式马桶是利用水流的冲力来排出脏污，一般池壁较陡，存水面积较小，这样水力集中，管道周围落下的水力大，冲污效率高，且冲水速度快，用水少。直冲式马桶由于使用的是水流瞬间强大的动能，所以冲击管壁的声音比较大。直冲式马桶下水管道直径大，容易冲下较大的脏物。

直冲式马桶最大的缺点是冲水声大，还有由于存水面较小，易出现结垢现象，防臭功也能不如虹吸式马桶。

（2）虹吸式马桶

虹吸式马桶的排污下水管道呈“∽”型，在排污下水管道充满水后会产生虹吸现象，借冲洗水在排污管道内产生的吸力将污物吸走，由于虹吸式马桶冲排不是借助水流冲力，所以池内存水面较大，冲水噪声较小。

虹吸式马桶的最大优点就是冲水噪声小，静音效果好。从冲污能力上来说，虹吸式容易冲掉黏附在马桶表面的污物，因为虹吸的存水较高，防臭效果优于直冲式。

虹吸式马桶冲水时先要放水至很高的水面，然后才将污物冲下去，所以要具备一定水量才可达到冲净的目的，每次至少要用8~9L水，相对来说比较费水。虹吸式的排污下水管道直径在56mm左右，有大污物时易堵塞。

12.3.2 马桶的安装

1. 测量坑距选择合适坑距的马桶

如果卫生间的便器排污管已安装，需要先测量地面排污管口中心到墙壁（已贴好瓷砖）的距离（简称坑距），再选购相应坑距的马桶，这样才能确保马桶安装后，在贴着墙壁的同时其排污口也能对准排污管口。坑距测量如图12-25所示，200mm坑距的马桶实际坑距为**180mm**，其预留了20mm的瓷砖厚度。另外，排污管口和马桶法兰盘下水口都有一定的调整量，故当测得坑距在180~230mm时，可选用**200mm**坑距的马桶。

2. 马桶盖的安装

马桶盖与马桶是分离的，在安装时需要将马桶盖固定到马桶上。马桶盖的安装如图12-26所示。

3. 马桶水箱连接给水软管

马桶水箱的水由给水软管提供，马桶水箱连接给水软管如图12-27所示。

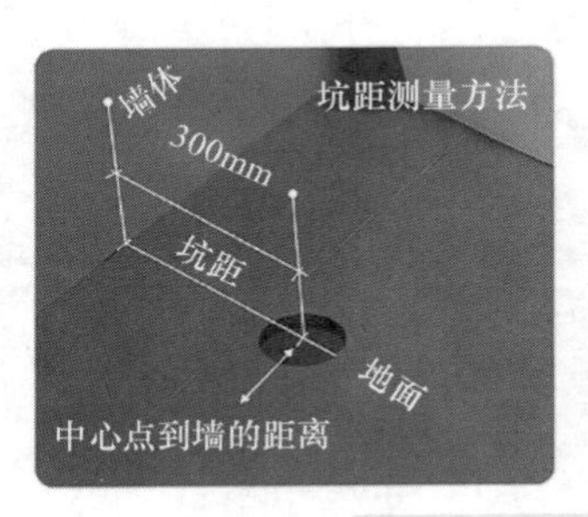

180~230mm适合200mm坑距的马桶
240~270mm适合250mm坑距的马桶
280~330mm适合300mm坑距的马桶
340~370mm适合350mm坑距的马桶
380~400mm适合400mm坑距的马桶

图 12-25　坑距的测量

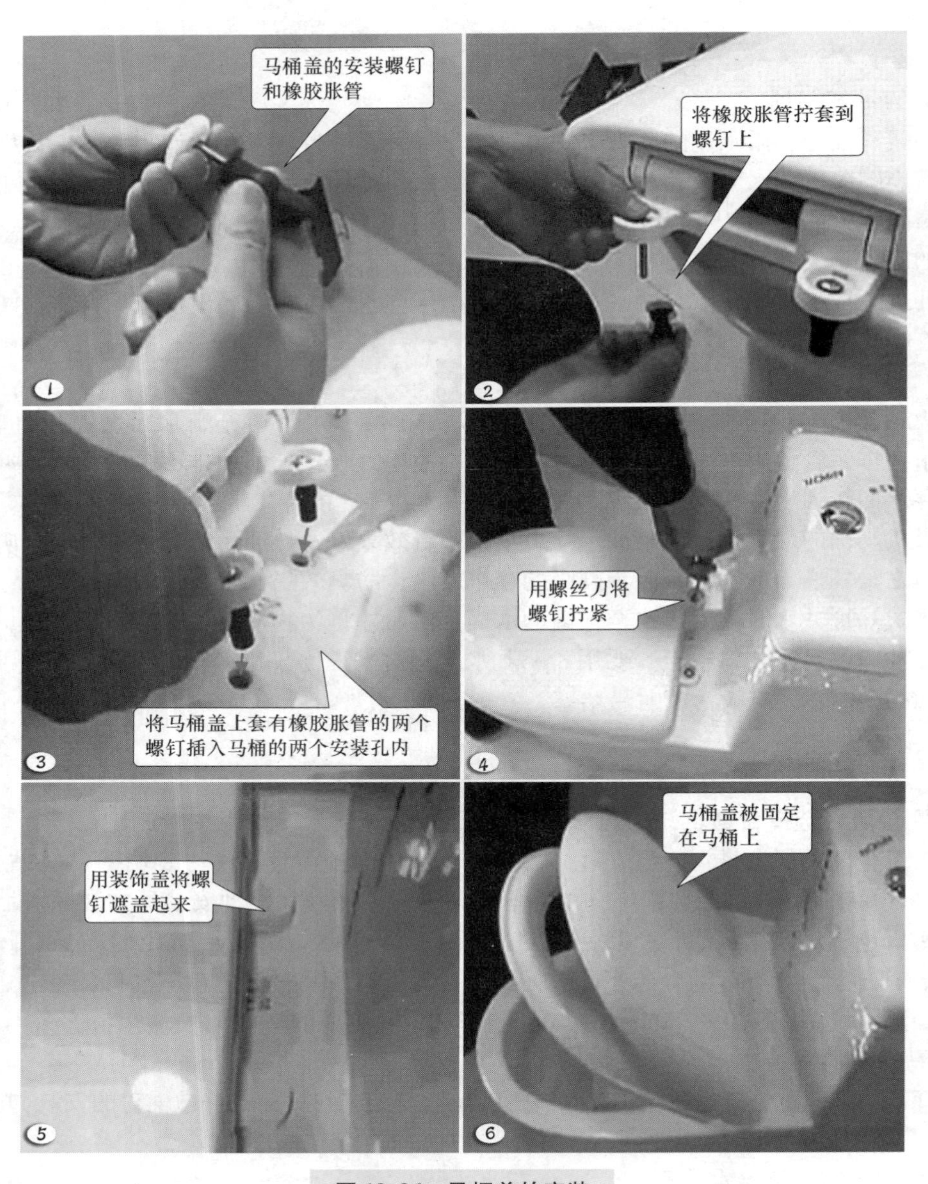

图 12-26　马桶盖的安装

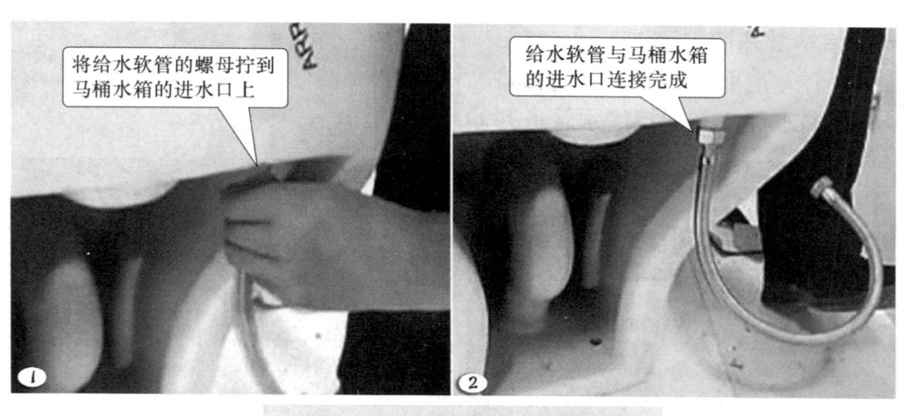

图 12-27　马桶水箱连接给水软管

4. 安装马桶

在安装马桶前，需要对地面排污管进行修整，将突出地面的部分去掉，排污管的修整可使用刀、锯子或切割机，图 12-28 是使用云石切割机修整排污管。

图 12-28　使用云石切割机修整排污管

在安装马桶时，需要在马桶排污口套上法兰盘，再将法兰盘的小口放入排污管内，然后将马桶贴着墙壁摆放端正即可。马桶的安装如图 12-29 所示。

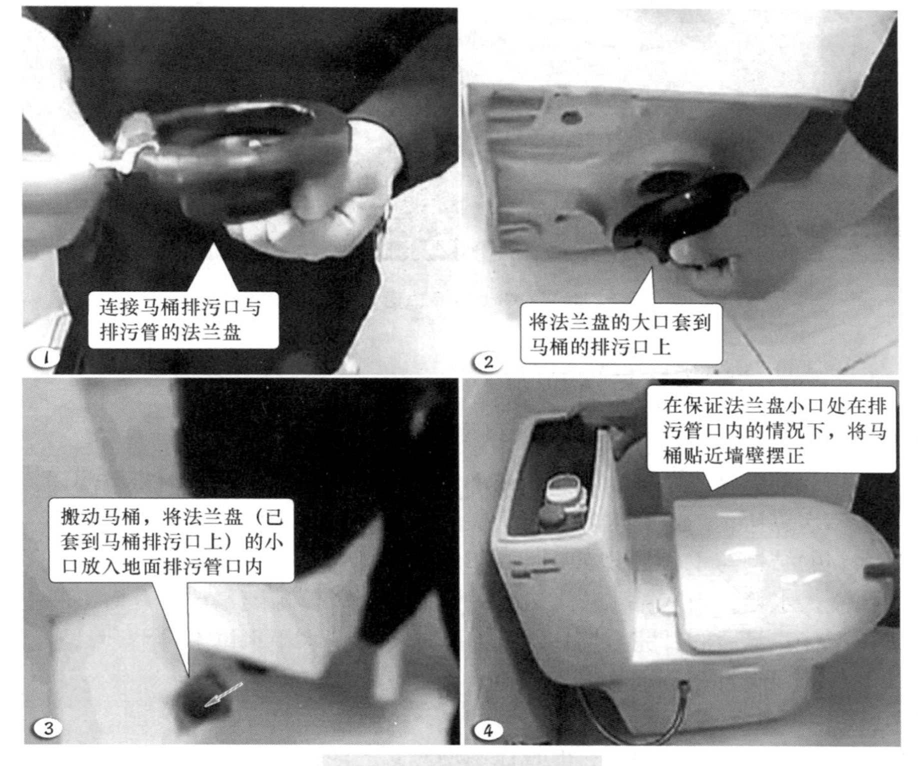

图 12-29　马桶的安装

『行』——学以致用，攻坚克难

5. 马桶接给水管并冲水测试

马桶排污口对好地面排污管后，需要将马桶与给水管道连接，再冲水测试，以检查排水是否正常、有无漏水等。马桶接给水管道并冲水测试如图 12-30 所示。

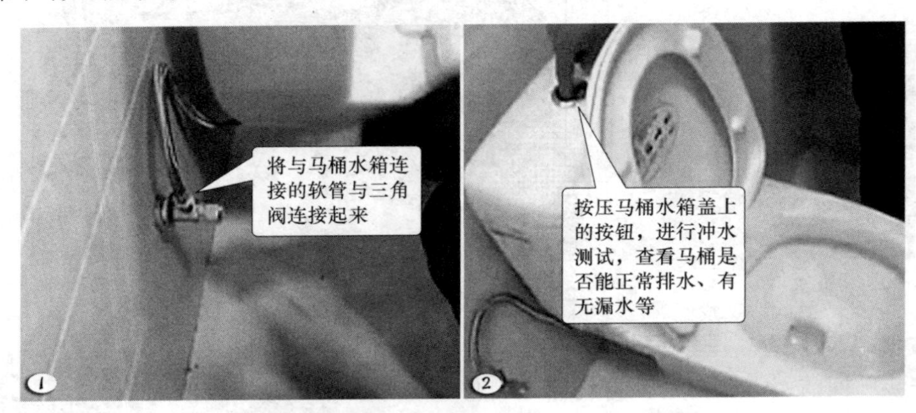

图 12-30　马桶接给水管道并冲水测试

6. 打胶

马桶安装并测试通过后，需要在马桶与地面接触的边沿打胶，如图 12-31 所示。

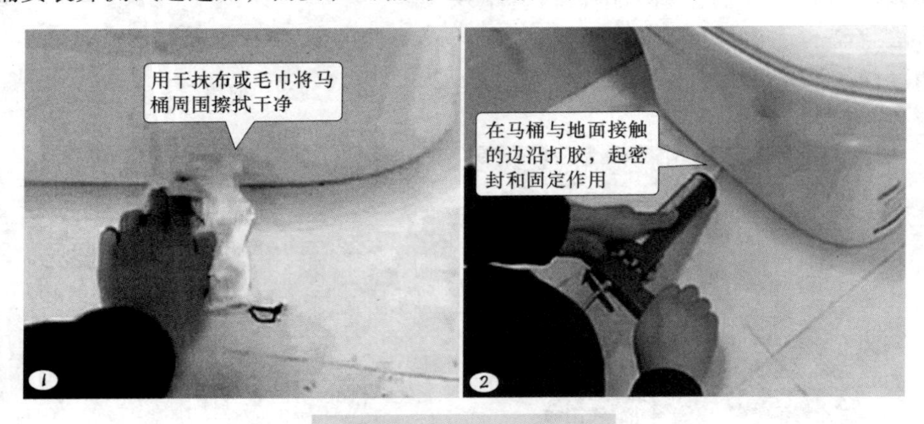

图 12-31　马桶边沿打胶

12.3.3　进水阀的结构原理与拆卸

1. 结构原理

马桶进水阀的功能是当马桶水箱无水或冲洗马桶后水箱水位下降时打开阀门，让水进入水箱，一旦水箱水位达到一定高度时，自动关闭阀门，水箱水位保持不变。

马桶进水阀的结构与工作原理如图 12-32 所示，当马桶水箱无水时浮球下落，针阀打开，水从阀孔流入水箱，当水箱水位上升到一定高度时，浮球随水位上升而不断上升，针阀的阀针则不断下移，最后阀针完全堵住阀孔，针阀关闭，水箱水位不再上升，一旦水箱水位下降，浮球下落，针阀打开，水又流入水箱。

2. 类型

马桶进水阀的基本工原理相同，但具体类型较多，图 12-33 是三种常见类型的马桶进水

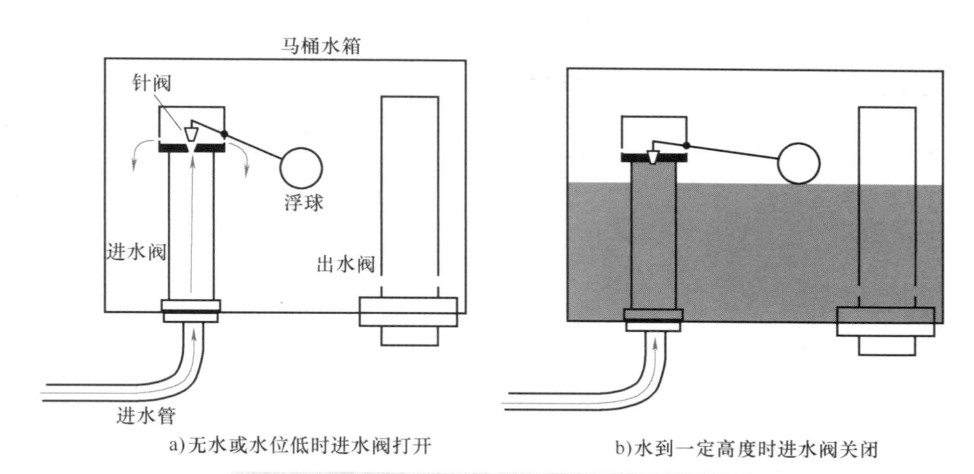

图 12-32　马桶进水阀结构与工作原理说明图

阀，左、中两图进水阀的阀芯设在顶部，右图进水阀的阀芯设在底部，当马桶水箱无水或水位低时，阀芯的阀门打开，水通过阀门从周围流出，当马桶水箱水位达到一定高度时，浮球或浮筒随之上升，带动杠杆关闭阀门。对于浮球或浮筒高度可以调节的进水阀，调低浮球或浮筒的高度可以使进水阀在水箱水位较低时就能关闭，以减少每次马桶冲水量，有节水作用。有的进水阀具有阀体高度调节功能，当安装在较低的水箱内时，可以将阀体调低些，反之将阀体调高些。在马桶冲水后出水阀关闭、进水阀打开时，补水管将进水阀的一部分水引入出水阀溢水孔为马桶存水弯补水，使存水弯有一定的水量，可以阻止排污管中的臭气进入室内，水箱水位达到一定高度时，进水阀关闭，补水管无水流出，补水结束。

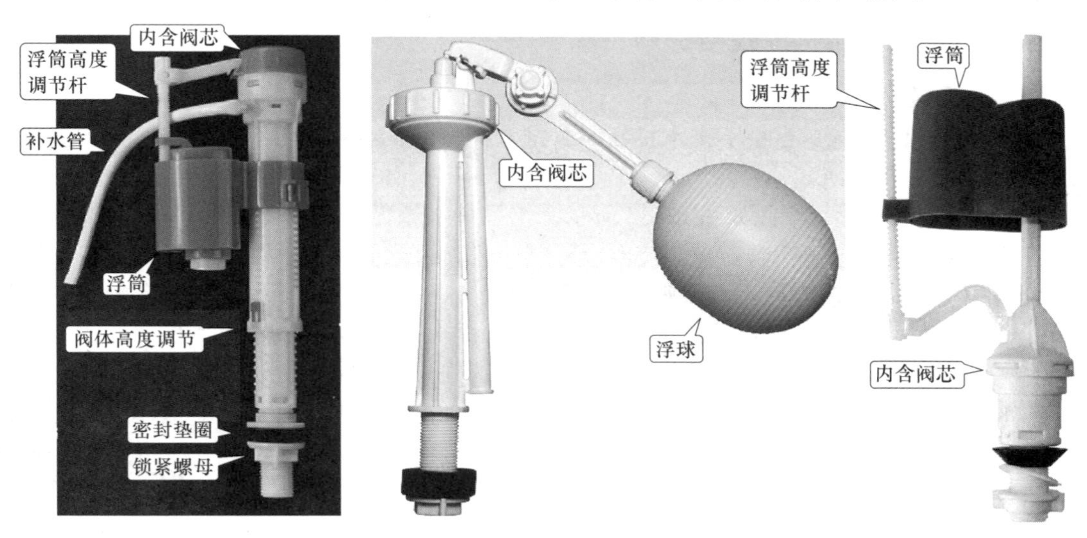

图 12-33　三种常见类型的马桶进水阀

3. 拆卸

如果进水阀有故障需要维修更换时，应从马桶水箱中将进水阀拆下。进水阀的拆卸如图 12-34 所示。

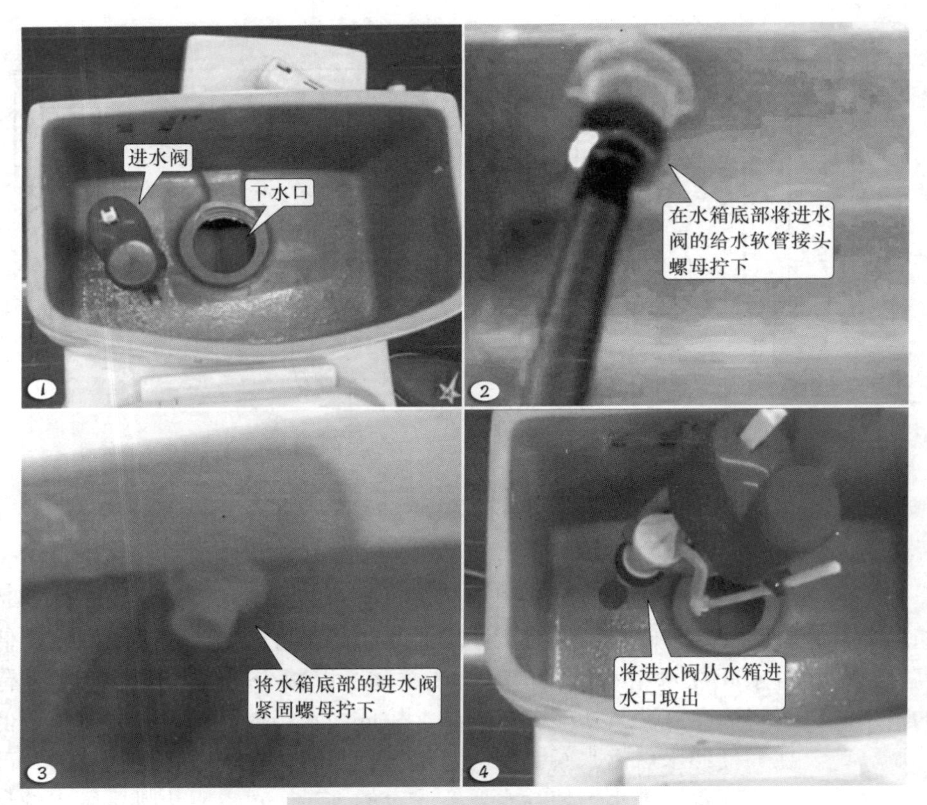

图 12-34 马桶进水阀的拆卸

12.3.4 排水阀的结构原理与拆卸

1. 结构原理

马桶排水阀的功能是当按下排水按钮时，排水阀打开，水箱内蓄存的水通过排水阀冲入便池，然后排水阀自动关闭。

马桶排水阀的结构示意图如图 12-35 所示。当马桶水箱无水或水位很低时，进水阀打开，水不断进入水箱，当水位达到一定高度时，浮球上升将进水阀关闭，如果按下冲便按钮，传动机构将排水阀的阀门上拉，排水阀打开，水箱内的水通过排水阀下部的通孔和阀门迅速从下水口流出，进入马桶的便池，松开冲便按钮后，排水阀的阀门依靠重力下落，排水阀关闭，水箱内的水无法继续流出，同时由于水箱水位下降，浮球下落，进水阀打开，往水箱注水。另外进水阀中的少量水通过补水管流入溢水器，进而流入下水口，对便池存水弯进行补水。有些马桶有冲大便和冲小便两个按钮，按冲大便按钮时，排水阀的阀门上升更高，阀门开度更大，水箱下水更多。

2. 拆卸

马桶排水阀安装在水箱的下水口上，其拆卸如图 12-36 所示。

12.3.5 进水阀和排水阀的选用更换

1. 进水阀的选用更换

在更换进水阀时，需要先测量马桶水箱内壁的高度，选用的进水阀高度应略低于水箱内

『行』——学以致用，攻坚克难

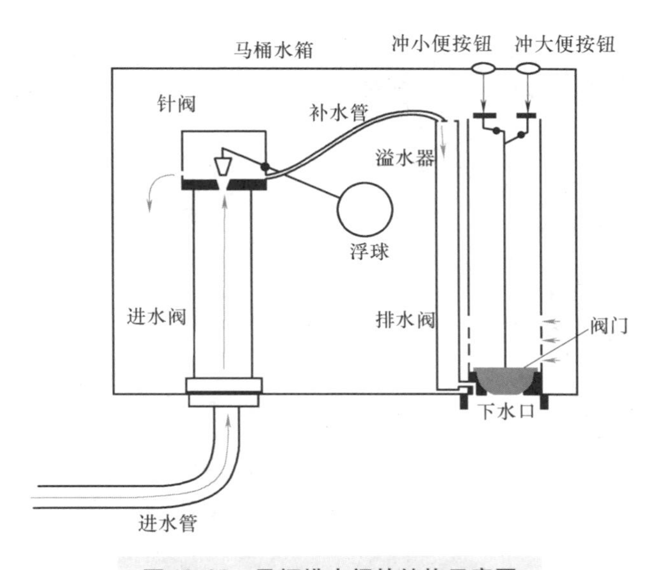

图 12-35　马桶排水阀的结构示意图

壁高度（**1cm 左右**），由于马桶进水口直径均为**4 分（20mm）**，所以选用进水阀时，只要考虑进水阀高度略低于水箱内壁高度即可。图 12-37 是两种高度可调节的进水阀，适用于大多数马桶。

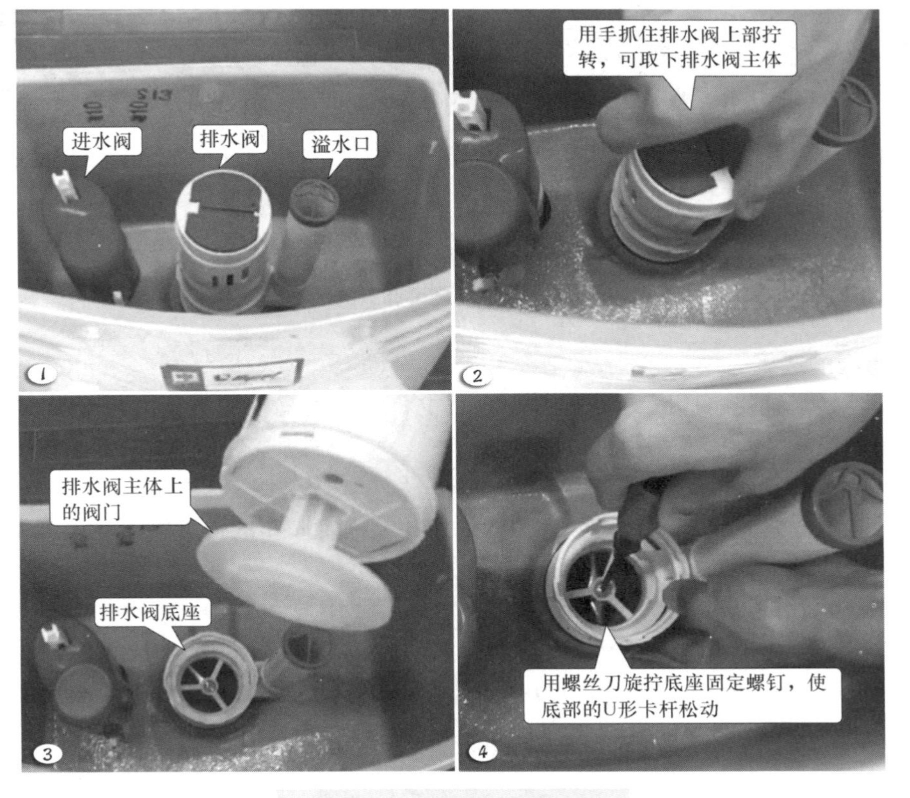

图 12-36　马桶排水阀的拆卸

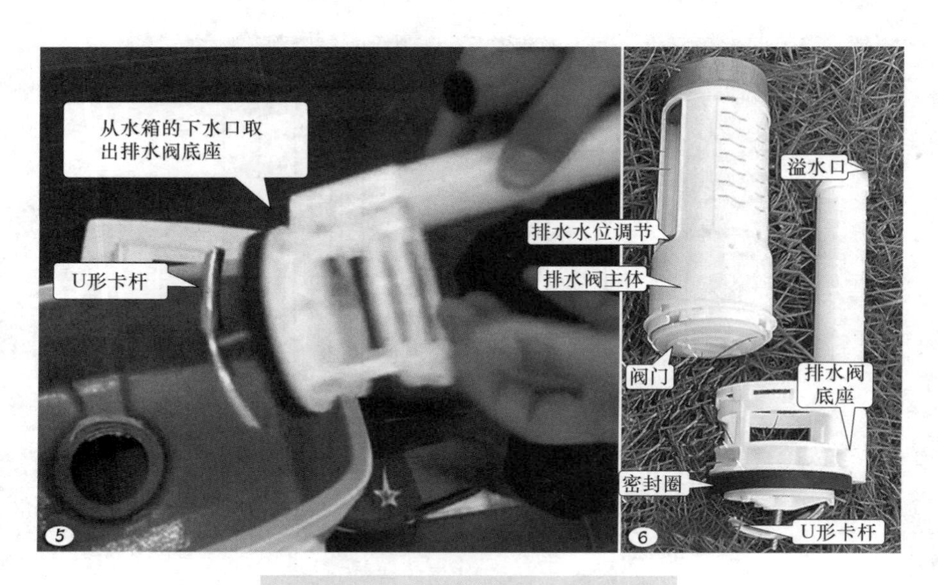

图 12-36　马桶排水阀的拆卸（续）

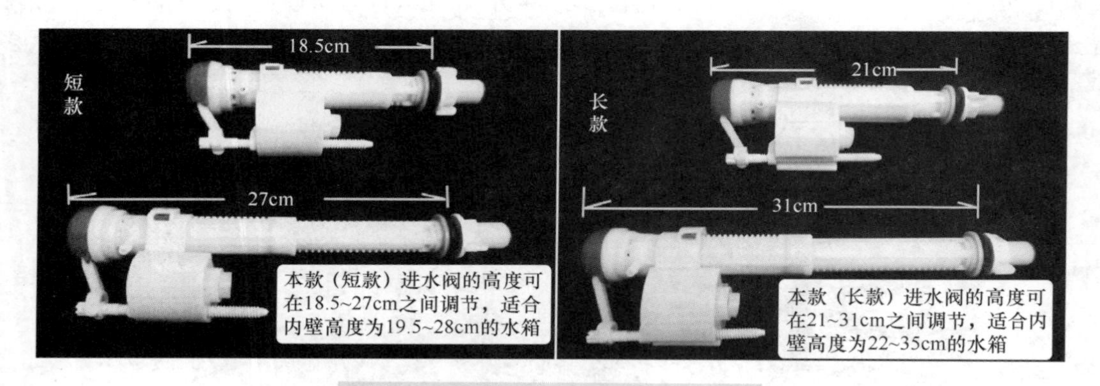

图 12-37　两种高度可调节的进水阀

2. 排水阀的选用更换

在选用更换马桶排水阀时，要考虑的因素主要有：**①马桶的类型（连体式或分体式）；②马桶内壁高度；③马桶下水口直径**。

（1）根据马桶类型选择进水阀

马桶类型有**分体式和连体式**，分体马桶采用螺纹固定底座的排水阀，连体马桶采用U 形卡杆固定底座的排水阀，如图 12-38 所示。

（2）根据水箱高度和排水口直径选择排水阀

马桶水箱高度和排水口（下水口）直径的测量如图 12-39 所示，选用的排水阀的底座排水管直径应**等于或略小水箱排水口直径**，排水阀的高度应**小于水箱的含盖高度**，具体如图 12-40所示。

『行』——学以致用，攻坚克难

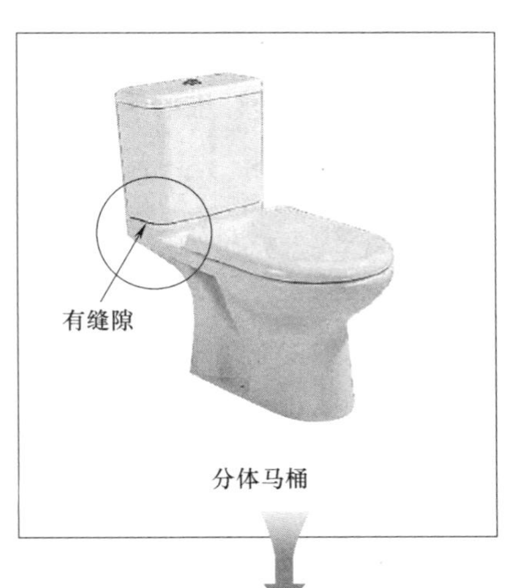

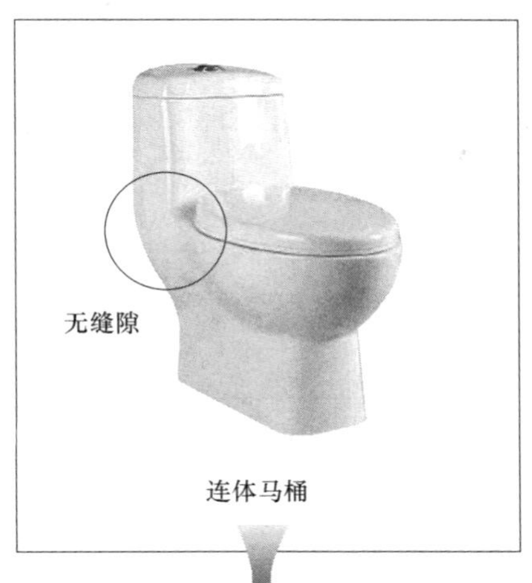

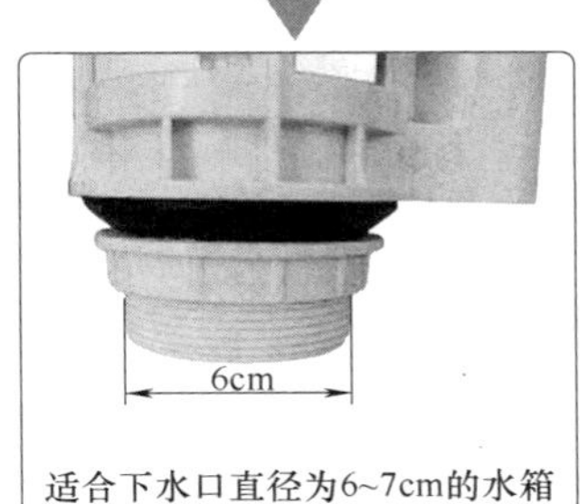

采用螺纹固定底座的排水阀

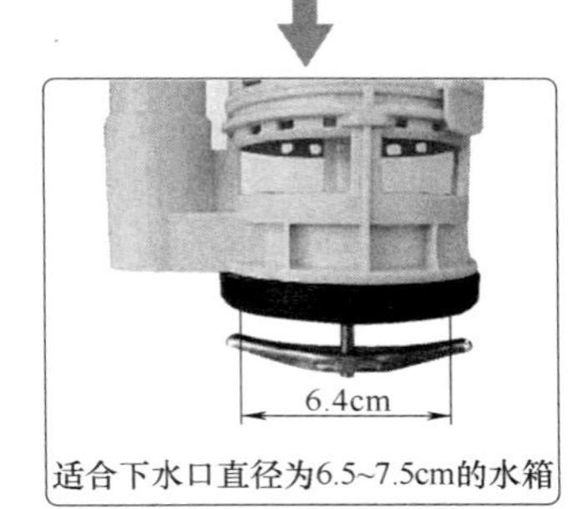

采用U形卡杆固定底座的排水阀

内置塑料水箱的连体马桶
请选择分体排水阀

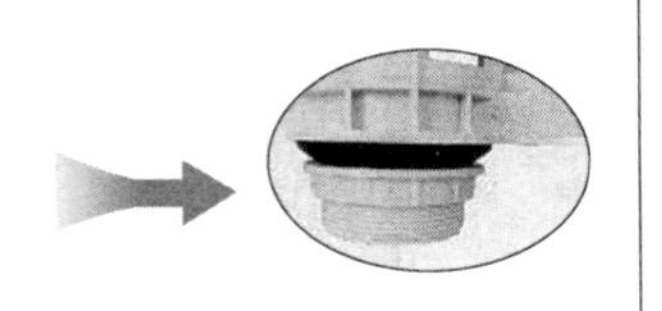

图 12-38　分体、连体马桶的区分与使用的排水阀

水箱含盖高度$=H_1+H_2$

①排水口直径R

②水箱不含盖高度H_1

③水箱盖高度H_2

图 12-39　马桶水箱高度和排水口直径的测量

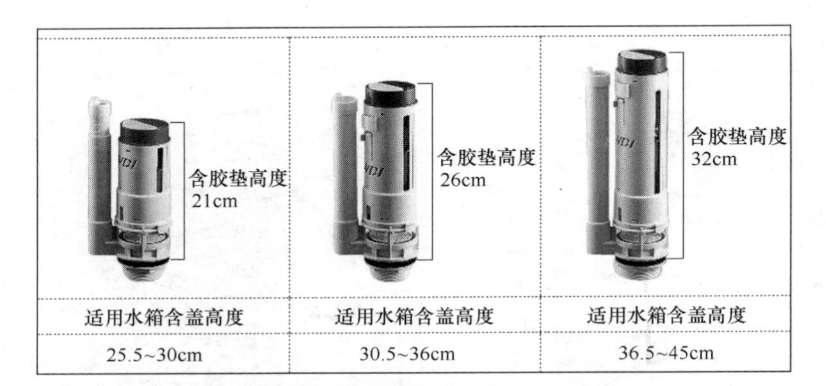

图 12-40　不同高度的排水阀适用的水箱含盖高度

Chapter 13

第 13 章 淋浴花洒、浴缸和热水器的安装

13.1 淋浴花洒的安装

13.1.1 淋浴花洒的组件

淋浴花洒的组件如图 13-1 所示。

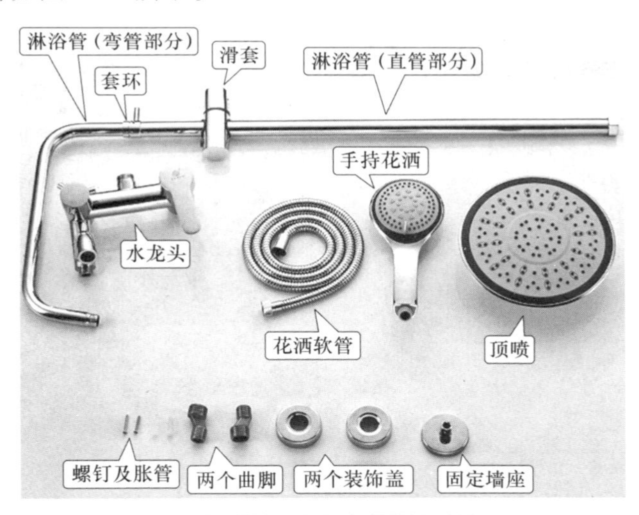

图 13-1 淋浴花洒的组件

13.1.2 淋浴花洒水龙头的安装（见图 13-2）

13.1.3 淋浴管和墙座的安装

淋浴管分为直管和弯管两部分，两者通过螺环连接到一起。淋浴管和墙座的安装如图 13-3所示。

13.1.4 顶喷的安装（见图 13-4）

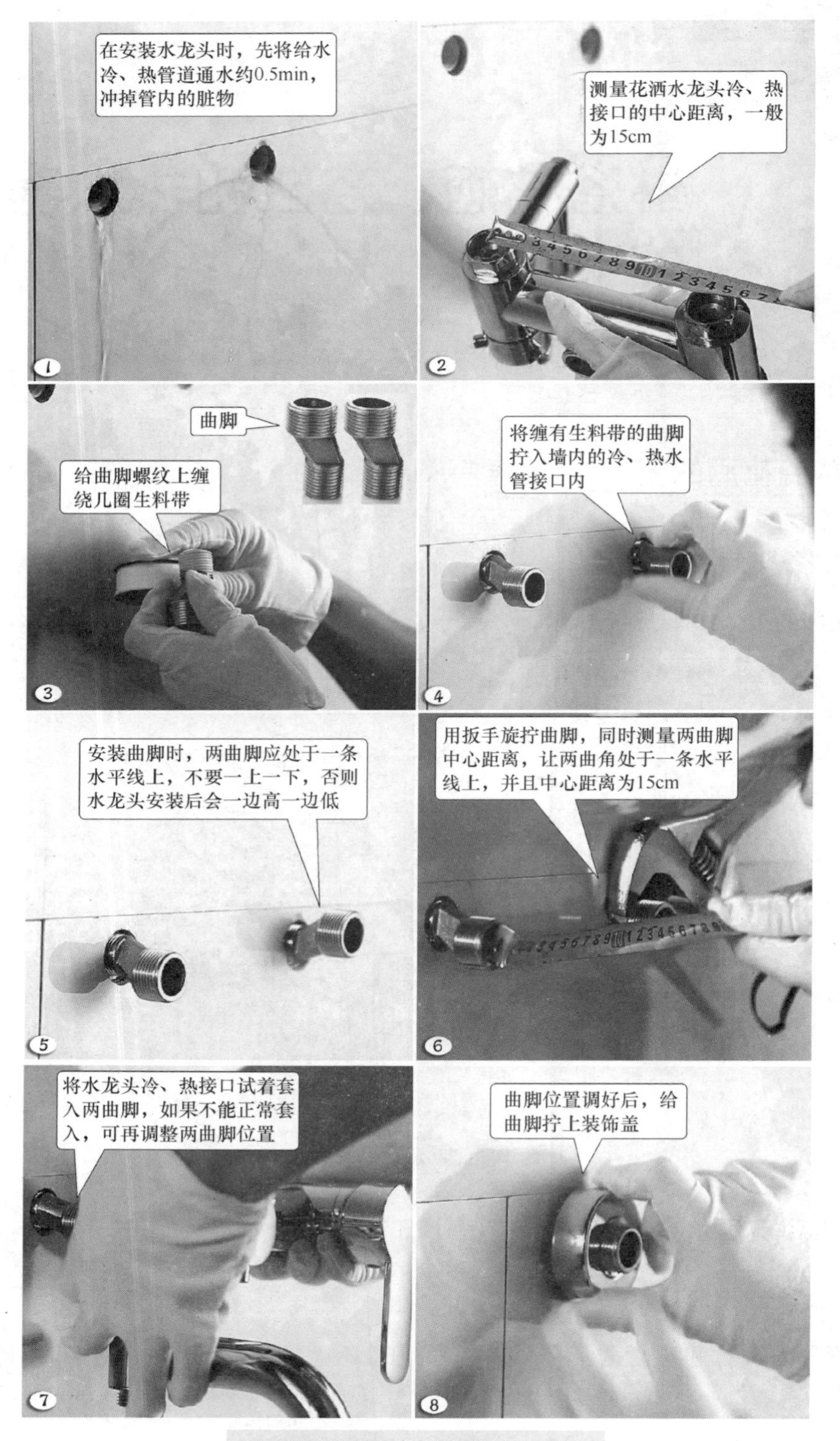

图 13-2　淋浴花洒水龙头的安装

『行』——学以致用，攻坚克难

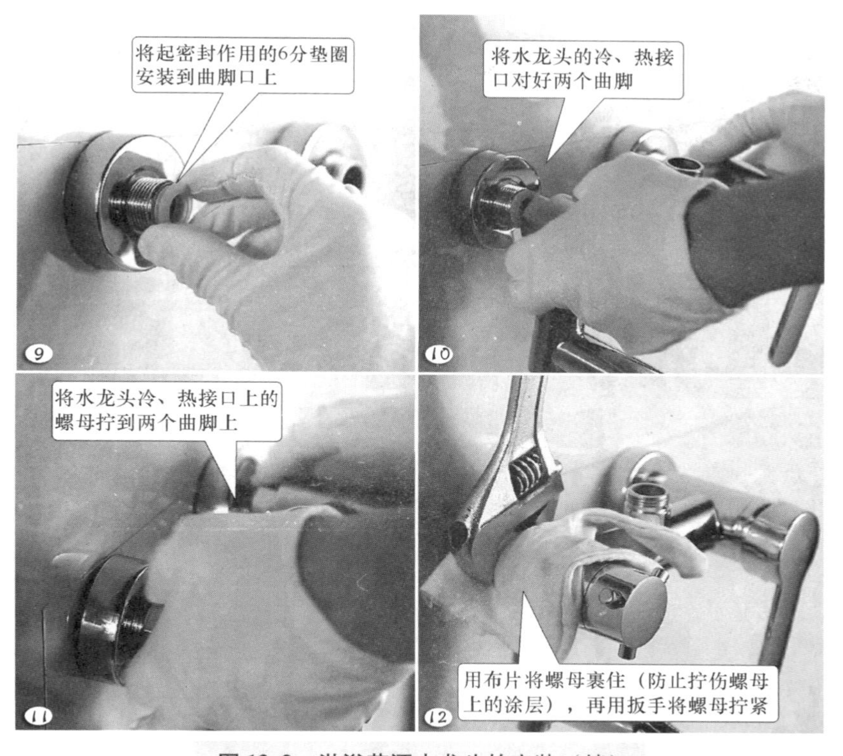

图 13-2　淋浴花洒水龙头的安装（续）

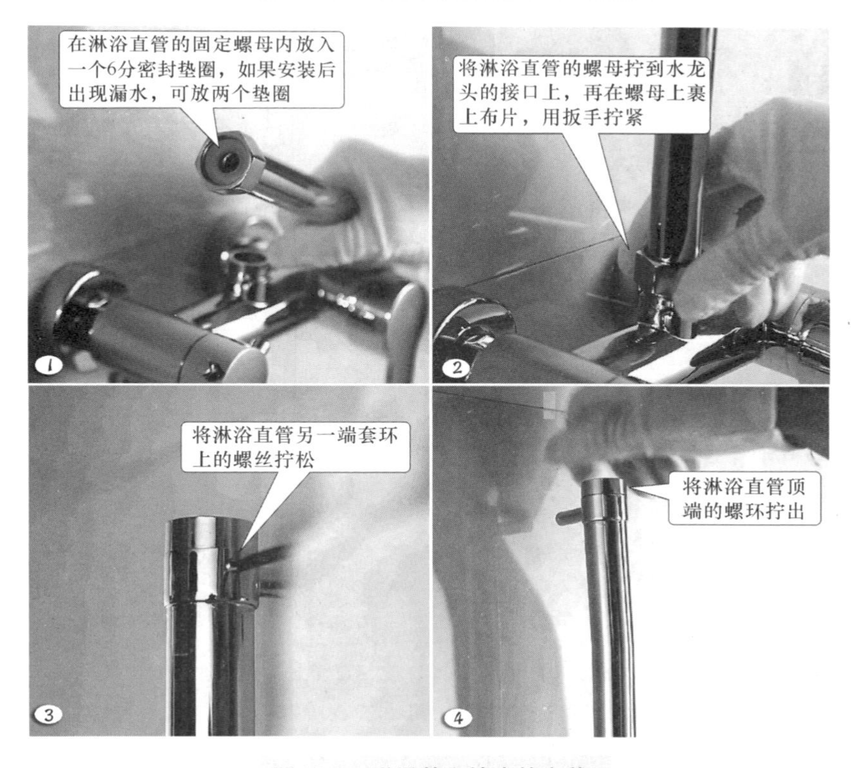

图 13-3　淋浴管和墙座的安装

『行』——学以致用，攻坚克难

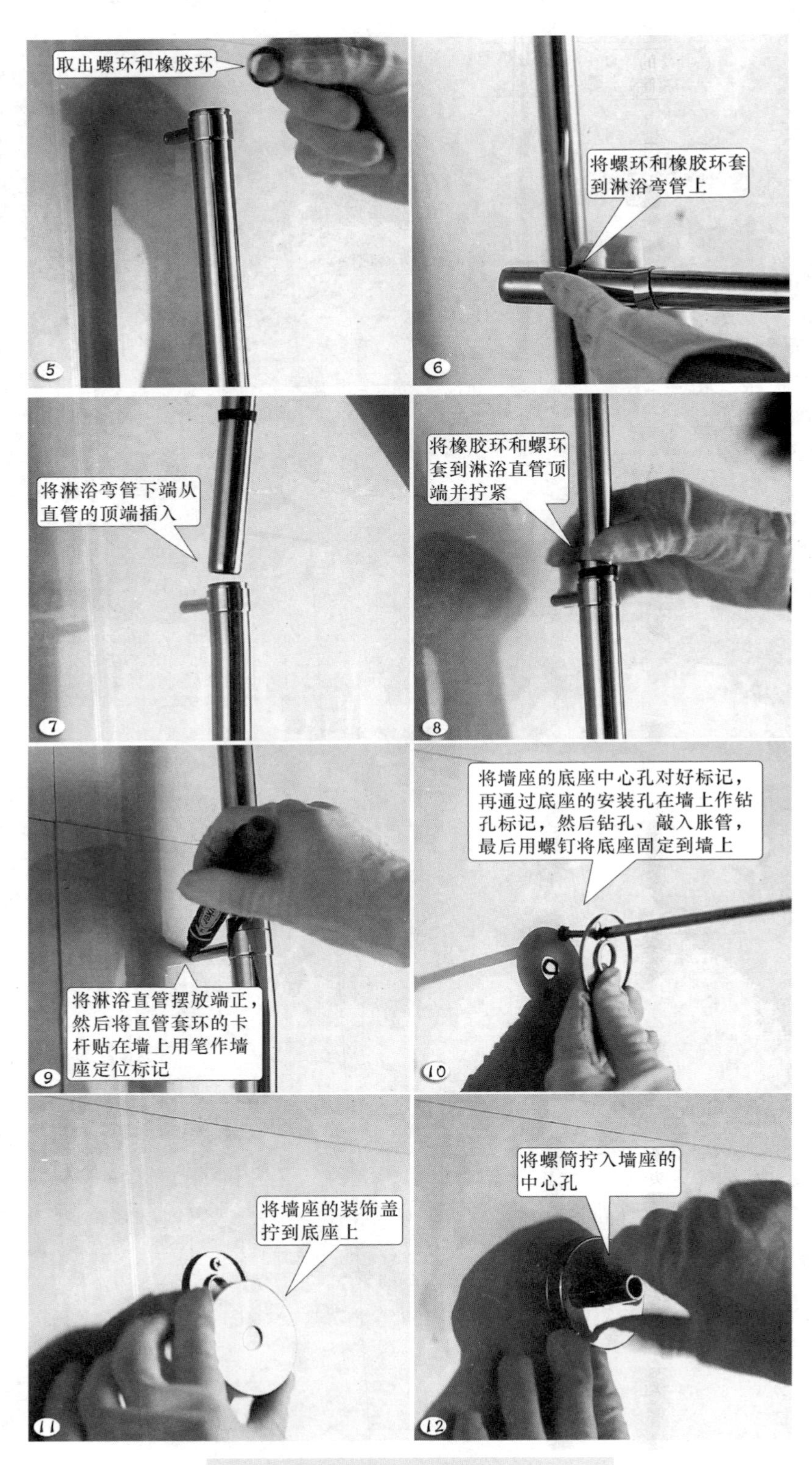

图 13-3　淋浴管和墙座的安装（续）

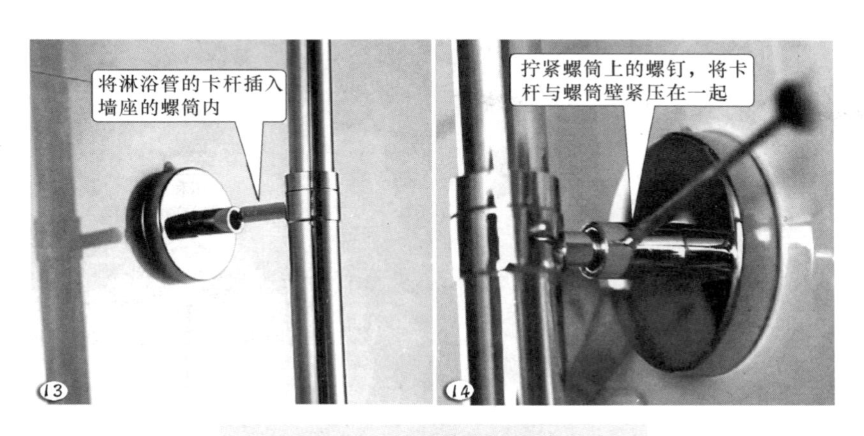

图 13-3　淋浴管和墙座的安装（续）

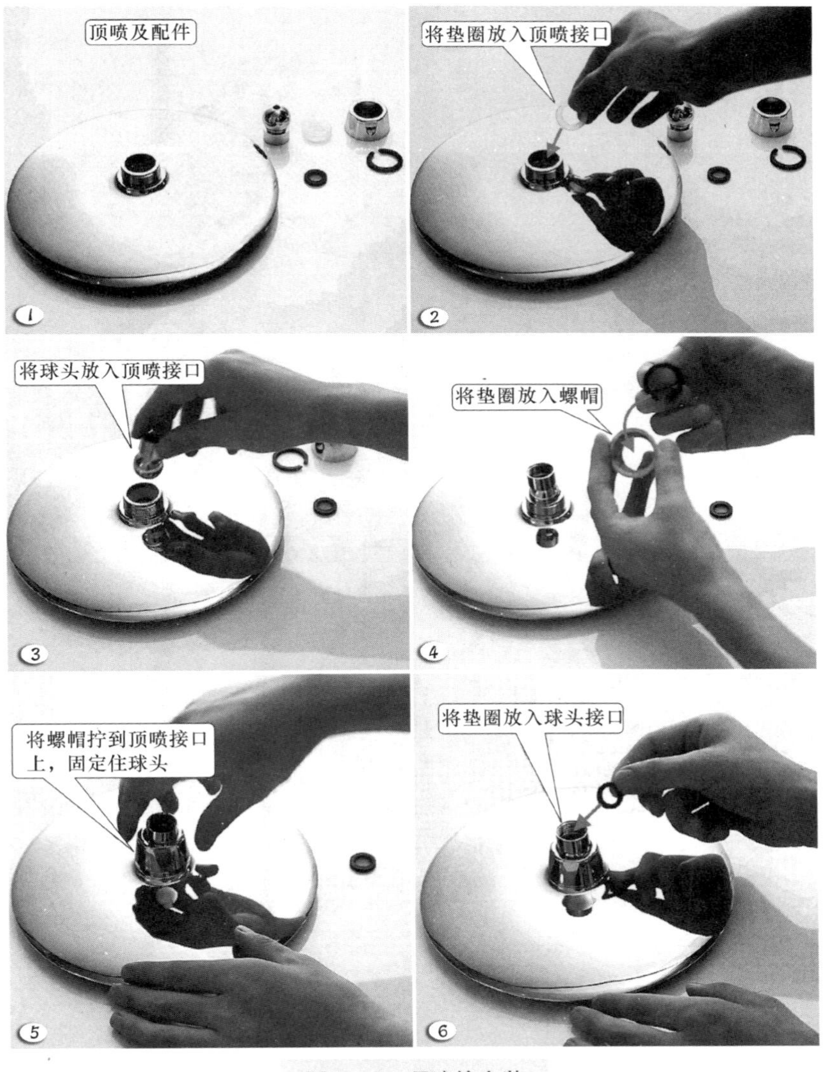

图 13-4　顶喷的安装

『行』——学以致用，攻坚克难

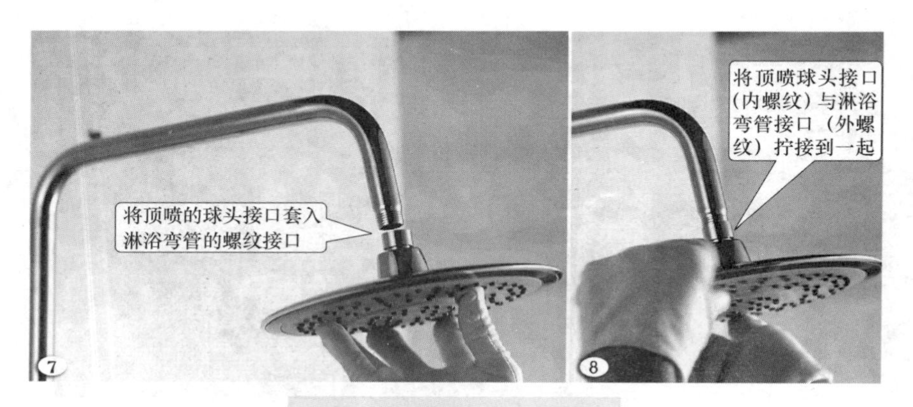

图 13-4　顶喷的安装（续）

13.1.5　手持花洒的安装（见图 13-5）

图 13-5　手持花洒的安装

13.2　浴缸的安装

13.2.1　浴缸及组件介绍

浴缸种类很多，图 13-6 是一种功能较全的具有冲浪按摩功能的浴缸，下面对照图 13-6

来说明其工作原理。

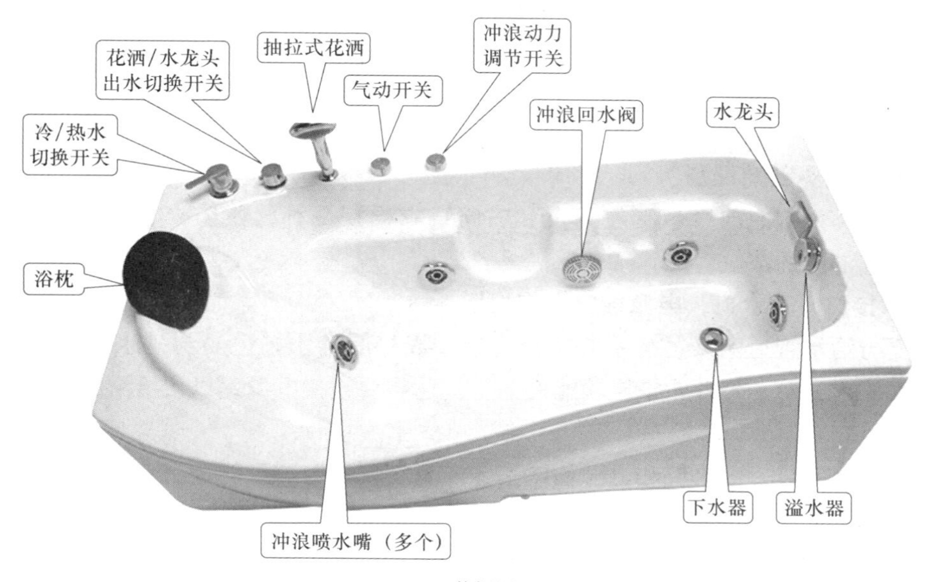

a)俯视图

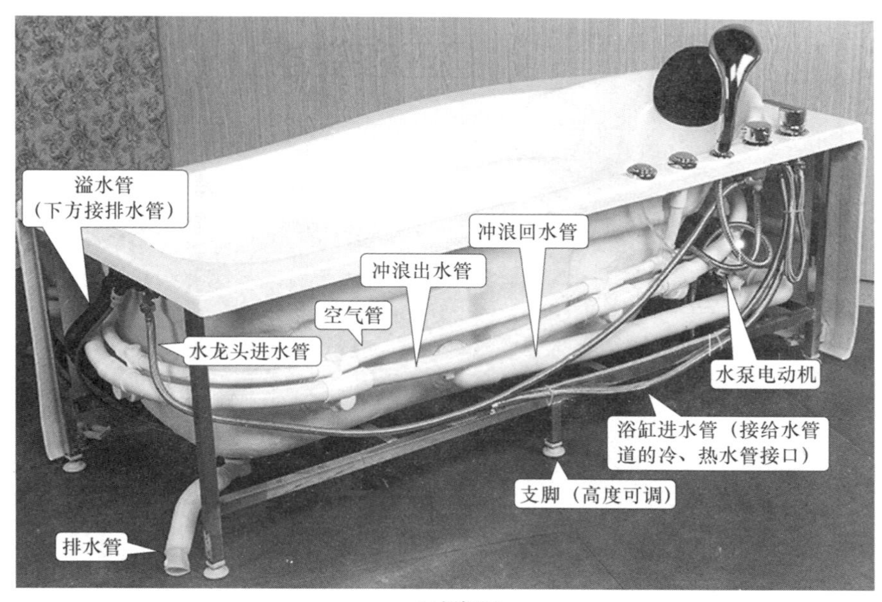

b)侧视图

图 13-6　一种具有冲浪按摩功能的浴缸

在安装时，将浴缸的冷、热进水管与给水管道的冷、热水管接口连接，冷、热水先到冷\热水切换开关，选择冷、热水后，通过管道到达花洒/水龙头出水切换开关，选择花洒出水时，冷水或热水从花洒中喷出，选择水龙头出水时，冷水或热水从水龙头中流出进入浴缸。打开浴缸的冲浪动力调节开关，浴缸下方的水泵电动机运转，浴缸内的水经冲浪回水阀、冲浪回水管被吸入水泵，加压后从水泵出水口流出，进入冲浪出水管，到达到浴缸各处的冲浪喷嘴，水从各处喷嘴中快速喷出，使得浴缸内的水流动起来，产生类似冲浪的按摩效果。如果打开气动开关，空气会进入空气管，再进入冲浪出水管，这样冲浪喷嘴会喷出含有气泡的水，对人体进行气泡水按摩。

13.2.2 浴缸方向类型及给水接口、排水管口、电源插座的安装规划

1. 浴缸方向类型的识别

浴缸方向类型有左向（也称左裙）和右向（右裙）两种，在选购浴缸时，要根据浴室情况选择相应方向的浴缸。

2. 给水接口、下水口、电源插座安装规划

浴缸要与给水管道的冷、热水管接口连接，以接受给水，也要与排水管道的下水口连接，将污水排出，对于带冲浪按摩功能的浴缸，还需要连接电源，以便给浴缸的水泵电动机供电。

浴缸的给水接口、下水口和电源插座不能随意安装，否则可能会出现浴缸的进水管、排水管和电源线长度不够，或者安装在浴缸外部不美观。图 13-7 是一种左、右向浴缸安装规划图，其中一些尺寸应根据不同的浴缸做相应的改变，冷、热水管接口距离地面约 350mm，两接口间相距 100mm，电源插座中心距地面约 350mm，距离热水管接口约 200mm，下水口安装在靠近墙角的位置。

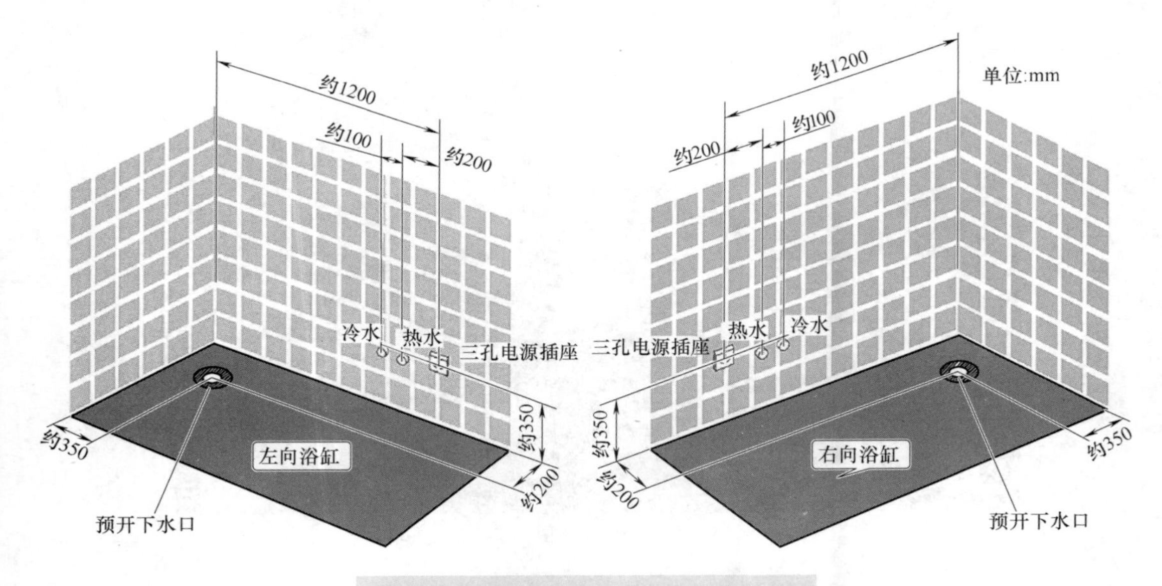

图 13-7 一种左、右向浴缸安装规划图

总之，在安装浴缸的给水接口、电源插座和排水管口时，给水接口和电源插座应尽量安装在靠近浴缸的进水管和电源插座的位置，下水口尽量安装在靠近浴缸排水管的位置，这样可避免出现浴缸进水管、排水管和电源线长度不够用的情况。

13.2.3 浴缸的安装（见图13-8）

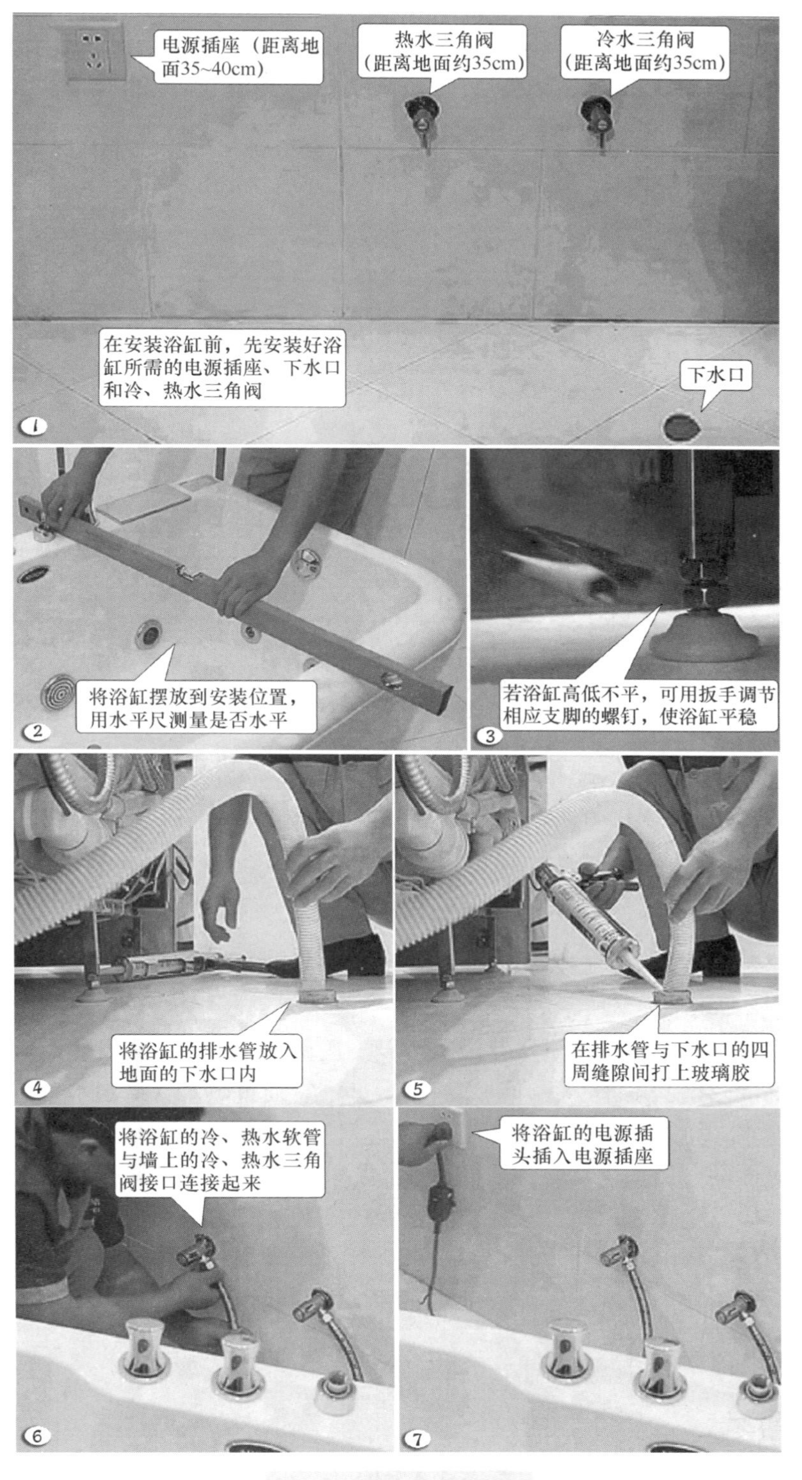

图13-8 浴缸的安装

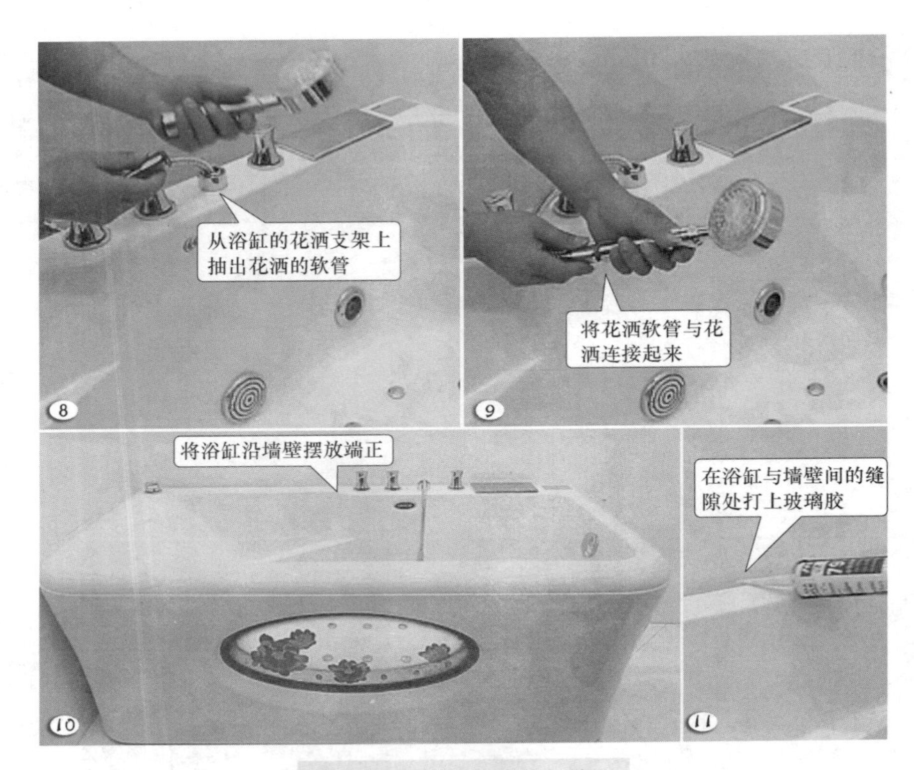

图 13-8　浴缸的安装（续）

13.3 热水器的安装

13.3.1 电热水器及组件介绍

电热水器是利用电热管通电发热对水箱内的水进行加热的原理来工作的。电热水器的外形结构及组件说明如图 13-9 所示。

电热水器在工作时，冷水由进水口进入水箱，内部加热管通电后发热，对水箱内的水进行加热，水温高的热水密度小，故升到水箱的上部，它通过热水管从出水口流出。由于水箱内的水不是纯净水，含有一定的杂质，当水温达到 40℃以上时，水中的某些杂质易与水箱内壁和加热管表面的金属发生反应，从而形成水垢。在水箱内放入镁棒后，这些杂质转而会与活性更好的镁棒发生化学反应，从而减少水箱内壁和加热管表面的水垢。不过镁棒也因此被不断腐蚀而消耗，故电热器使用几年后，可打开排污口查看镁棒消耗情况，如果消耗完则要更换新镁棒，未消耗完可刮去镁棒表面的腐蚀层继续使用。

13.3.2 电热水器的安装

1. 安装位置要求

在安装电热水器时，有关安装位置要求如图 13-10 所示。

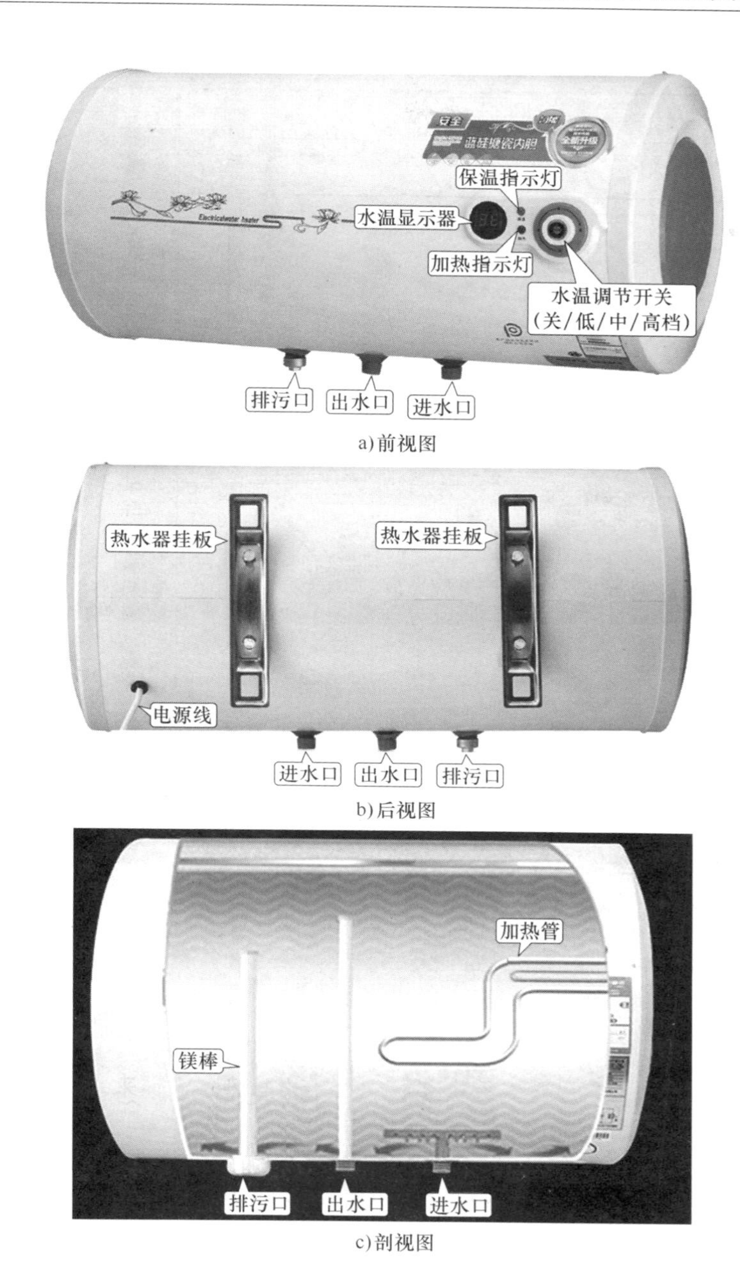

图 13-9　电热水器的外形结构及组件说明

2. 安装配件

电热器的常用配件如图 13-11 所示。

3. 安装操作

（1）将电热水器安装到墙上

将电热水器安装到墙上的有关操作如图 13-12 所示。

（2）安装防电墙、泄压阀、混水阀、进水管和花洒

防电墙又称隔电墙，它通过将水通道变细变长来增加水电阻，当一端口的水带电时，经

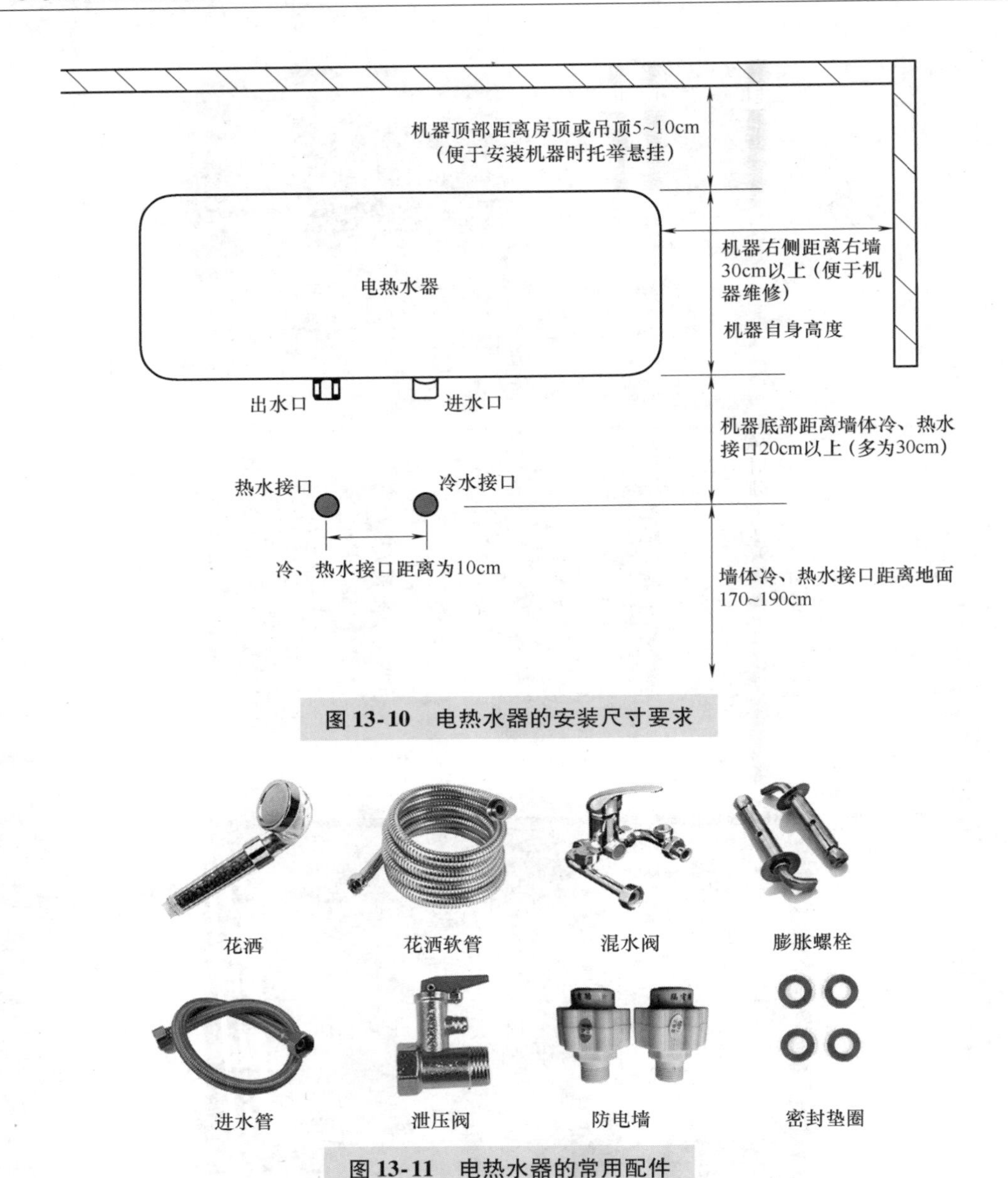

图 13-10　电热水器的安装尺寸要求

图 13-11　电热水器的常用配件

过内部较大的水电阻降压后，另一端口电压很低，使人体不易触电。防电墙外形与原理说明如图 13-13 所示。

泄压阀是一种保护器件，当容器或管道内的气体或液体压力达到一定值时自动打开阀门，泄放掉部分气体或液体，以减轻容器或管道的压力。很多泄压阀具有单向阀的止回功能，即气体或液体只能从一个方向通过，反方向无法通过。电热水器的泄压阀如图 13-14 所示，水从入口进入泄压阀后，再从出口流入电热水器的水箱，如果水箱中的水加热后压力高，泄压阀内的水压也很高，由于泄压阀止回功能，水从无法从入口流出来降压，高水压使泄压阀内的泄压阀门打开，水箱中的一部分水从泄压阀的泄压口排出，水箱内的水减少使水压降低，防止水箱承受高压而易损坏，也可以手动排放水箱内的水进来减压，手动减压时，应先拆下手柄锁定螺钉，再操作手柄人为地使泄压阀的泄压阀门打开，排放水箱内的水。

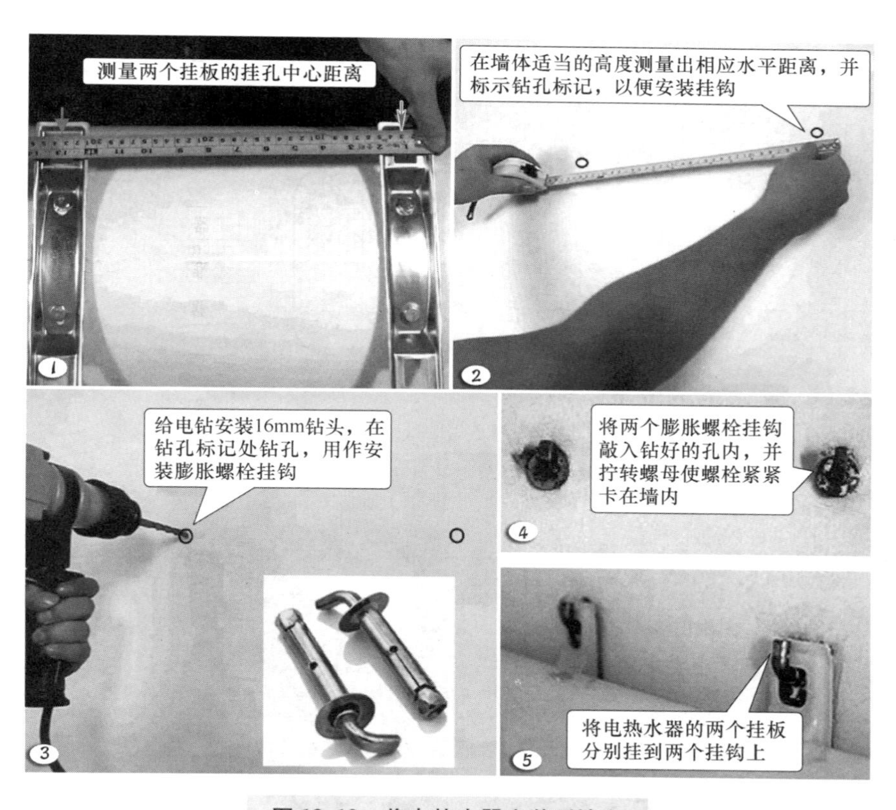

图 13-12　将电热水器安装到墙上

自来水具有一定的导电性，当水管为塑料粗管时，管内水的横截面积大，水管两端之间的水电阻较小

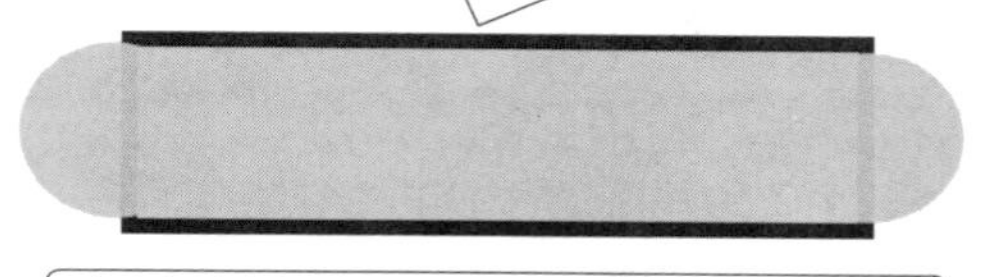

采用金属水管时，由于金属导电能力强，电流大部分从金属管通过，所以金属水管两端之间的电阻很小

防电墙内部的管道横截面积小，并且管道长（弯曲绝缘管道），故防电墙入口与出口之间的水电阻大，相当于在入口与出口之间串联了一只阻值较大的电阻，当一端口的水带电时，由于内部水电阻大，水对电压有较大的降压，另一端口的水电压低，在安全范围内，人体不易发生触电事故

a) 外形

b) 工作原理说明

图 13-13　防电墙外形与工作原理说明图

给电热水器安装防电墙、泄压阀、混水阀、进水管和花洒的操作如图 13-15 所示。

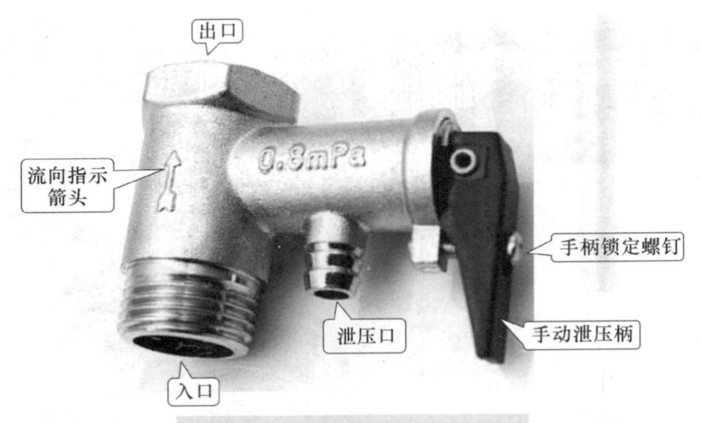

图 13-14　电热水器的泄压阀

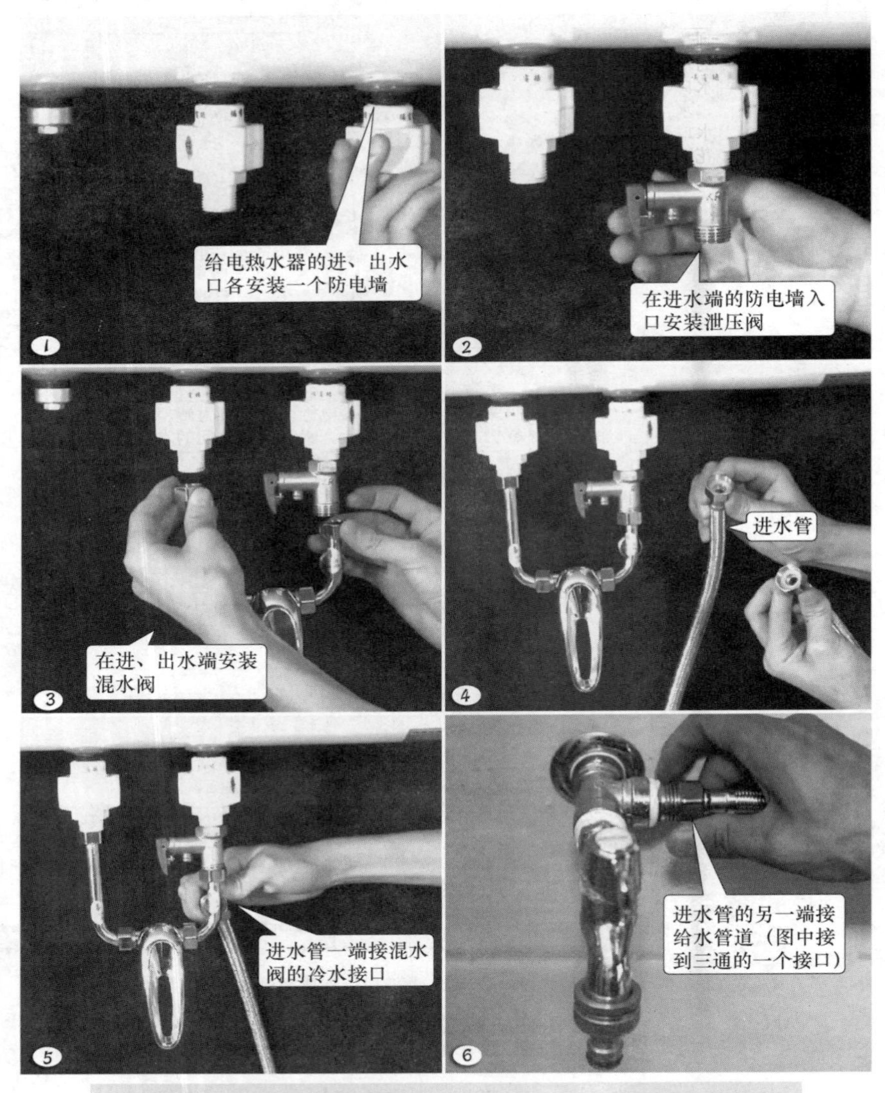

图 13-15　安装防电墙、泄压阀、混水阀、进水管和花洒的操作

『行』——学以致用，攻坚克难

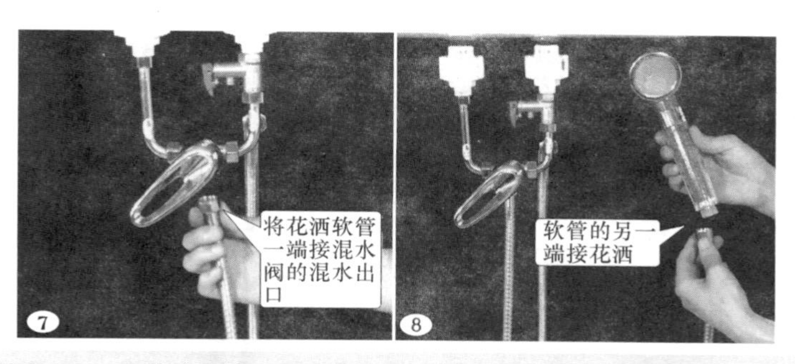

图 13-15　安装防电墙、泄压阀、混水阀、进水管和花洒的操作（续）

（3）注水排空与通电测试

电热水器安装完成后还不能马上使用，需要先往水箱内注水排空内部空气，再通电测试，测试正常后才可使用。电热水器的排空与通电测试操作如图 13-16 所示。

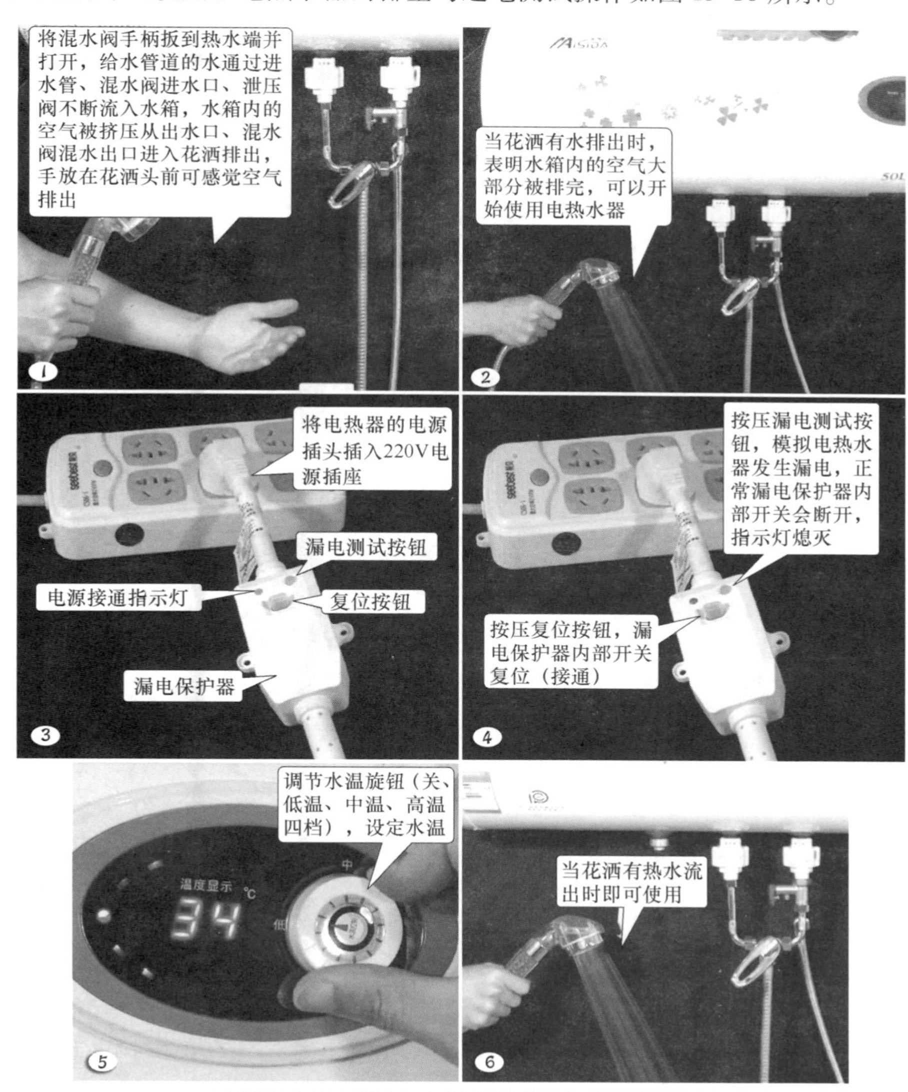

图 13-16　电热水器的排空与通电测试操作

（4）电热水器与给水管道的直接连接

如果希望电热水器的热水提供给整个给水管道，可以将电热水器的进水口、出水口分别与给水管道的冷水管接口及热水管接口连接。

电热水器与给水管道的直接连接如图 13-17 所示。图 13-17a 是使用 PPR 管及管件将电热水器与给水管道连接起来，由于 PPR 管不导电，故采用 PPR 管连接防电效果好，但需要切割熔接 PPR 管及管件，安装过程麻烦且需要割刀和热熔器。如果电热水器本身漏电保护功能好，也可以直接用不锈钢波纹管连接电热水器与给水管道，如图 13-17b 所示。

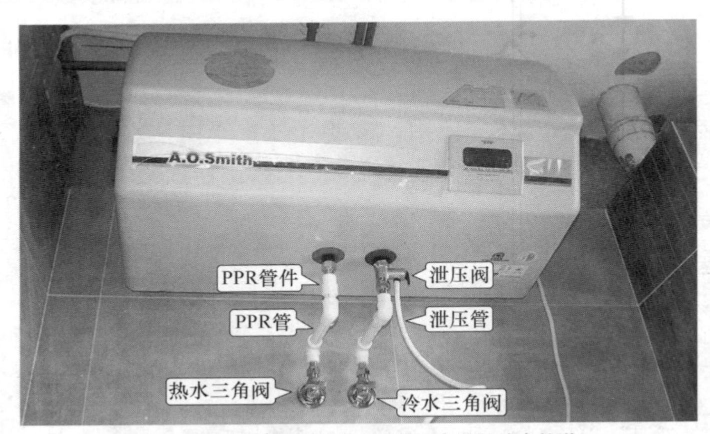

a) 用PPR管及管件连接电热水器与给水管道

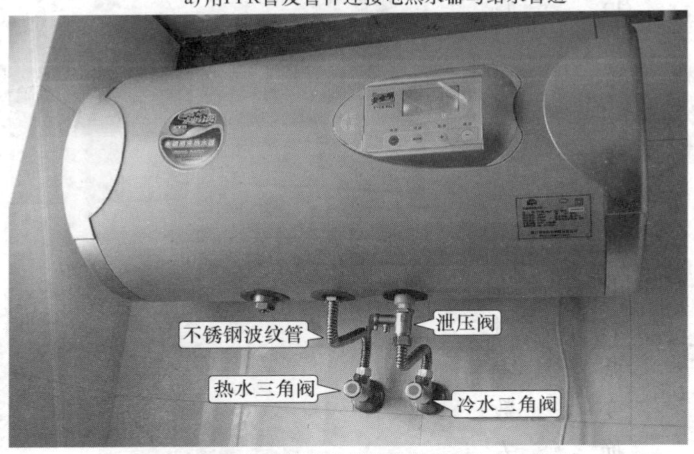

b) 用不锈钢波纹管连接电热水器与给水管道

图 13-17　电热水器与给水管道的直接连接

13.3.3　燃气热水器及组件介绍

1. 结构与工作原理

燃气热水器是利用燃气燃烧时产生的热量对冷水加热来得到热水的一种电器。根据操作方式不同，燃气热水器可分为**机械式和电子式**，其结构如图 13-18 所示。

图 13-18a 为机械式燃气热水器的结构示意图。在工作时，水从燃气热水器进水口流入，从出水口进出，流动的水使进水口端的水气联动阀动作：一方面**打开气阀开关，让进气口的**

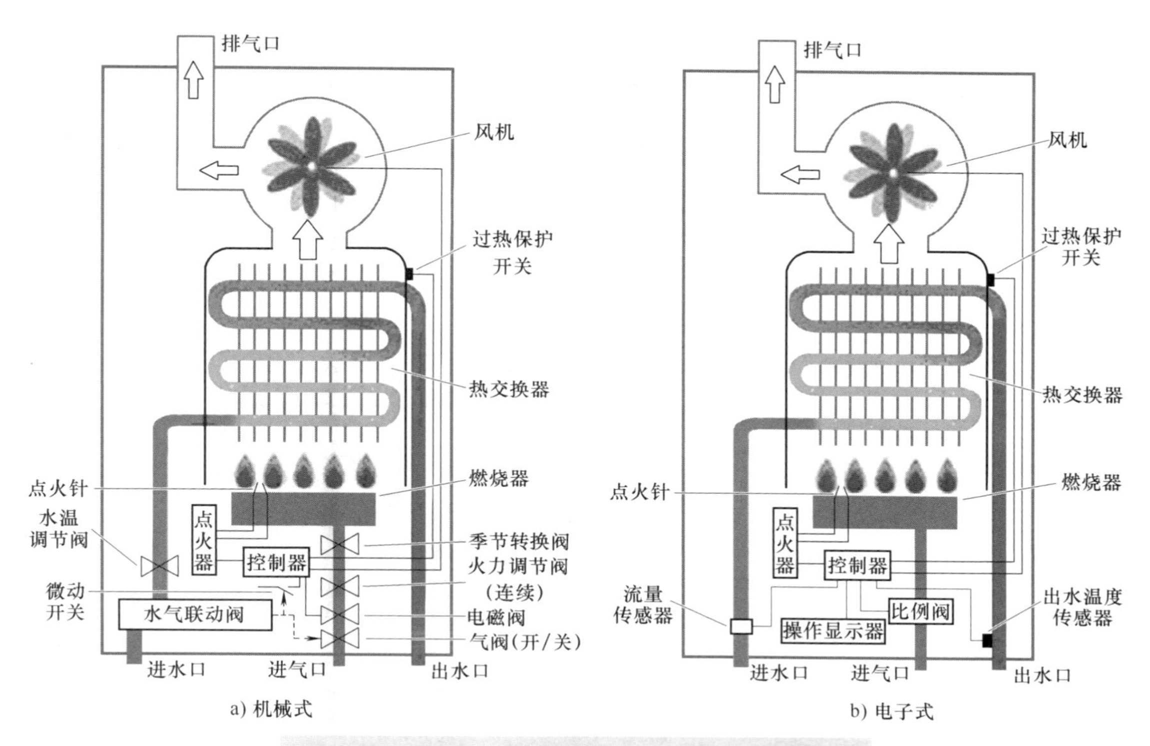

图 13-18 机械式和电子式燃气热水器的结构示意图

燃气进入燃烧器，另一方面使微动开关闭合，控制器电源接通开始工作。除了控制气路上的电磁阀打开外，还控制点水器使之产生很高的电压送往两根相距很近的点火针，两根点火针间产生电火花，点燃燃烧器中的燃气，气体燃烧产生的热量加热上方的热交换器，缠绕在热交换器上的管道及管道内的冷水被加热，加热的水从热水器的出水口流出。在热水器的热交换器上方有一个排气风扇，在风机的驱动下，将热交换器内燃烧后的废气通过排气口往外排放，与此同时还将热水器下方的空气吸入燃烧器，使燃烧更充分。在热水器内部进水管道中，有一个水温调节阀，当阀门开启度调大时，水流量更大，出水口流出的水温度更低，在热水器内部进气管道中，有一个火力调节阀和一个季节选择阀，火力调节阀可调节进气量来改变燃烧火力大小，季节转换阀可以改变火焰的数量，比如在冬天水温低时开启五排火焰，在夏天水温高时只开启三排火焰。在热交换器上方安装有过热保护开关，如果某原因使热交换器温度过高（如水流量小）时，保护开关动作，控制器检测到后马上控制气路上的电磁阀关闭，切断燃气。

图 13-18b 为电子式燃气热水器的结构示意图。电子式燃气热水器采用安装在进水口端的流量传感器来检测水有无流动和水的流量，一旦控制器通过流量传感器检测到水管的水流动时，马上输出控制电压，控制比例阀打开，开启气路，同时还控制点火器输出高压，让点火针产生电火花，对燃烧器内的燃气进行点火。如果希望出水口的水温升高，可以操作显示器上的温度增按键，控制器输出相应的控制电压，控制比例阀的阀门开启度增大，进入燃烧器的燃气增多，燃烧产生的热量大，缠绕在热交换器上的水管内的水温升高，热水器的出水温度升高。如果热水器出水口水温超过设定值，出水口的温度传感器将该信息传送给控制器，控制器控制比例阀，使其阀门开启度减小，进入燃烧器的燃气减小。

2. 外形与面板介绍

机械式和电子式燃气热水器的外形与面板如图 13-19 所示。机械式燃气热水器有火力调节、季节转换和水温调节三个旋钮。火力调节和季节转换旋钮都是调节热水器内部的气路阀门，改来燃气流量大小；水温调节旋钮是调节内部水路阀门，改变水流量大小。冷/热水开关的功能是接通和切通热水器内部电路的电源，选择“冷水”时，内部主要电路电源切断，气路的电磁阀关闭，点水器也不工作。泄压阀的功能是排放热水器水管内的水，防止天冷不工作时水管内的水结冰。有的燃气热水器采用 220V 交流电源供电，有的则使用干电池供电，强排式燃气热水器采用风机将废气排出，整机电功率大，故需要交流电源供电，烟道式燃气热水器采用自然排出废气的方式，无排气风扇，整机电功率小，故一般采用干电池供电。

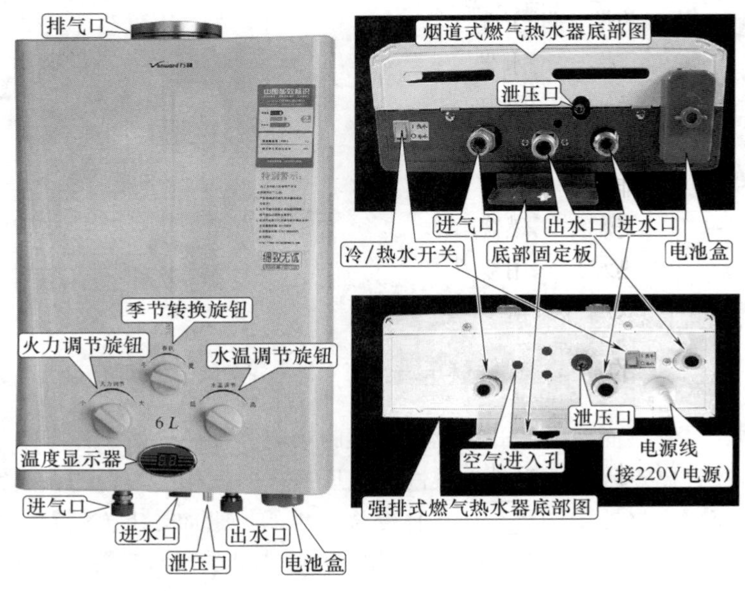

a) 机械式燃气热水器

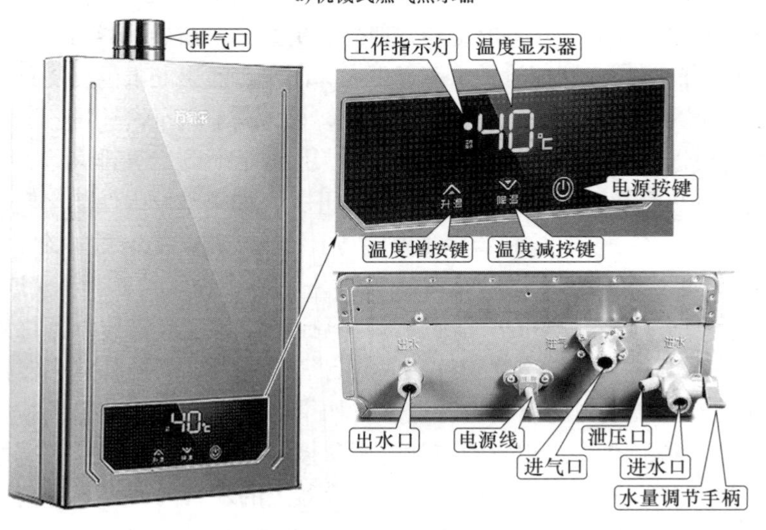

b) 电子式燃气热水器

图 13-19 机械式和电子式燃气热水器的外形与面板

『行』——学以致用，攻坚克难

电子式燃气热水器未采用机械式燃气热水器那样可以直接调节阀门的旋钮，它是通过操作面板上的按键来设置水温值，然后由内部控制器发出相应的控制电压来控制气路中比例阀的阀门开启度，设置温度高时控制比例阀的阀门开启度大，进入燃烧器的燃气多，燃烧产生的热量大，出水口流出的水温度高。有的燃气热水器在进水口安装一个水量调节阀门，可以手动调节进水量的大小。

3. 种类

根据气源的不同，燃气热水器主要可分为**天然气热水器和液化石油气热水器**，天然气热值和压力都较液化石油气低，故天然气热水器的燃气喷嘴孔径较液化石油气热水器**大**。若将天然气热水器接液化石油气，会出现火力更大情况，反之，若将液化石油气热水器接天然气，则会出现火力不足的情况。在选择燃气热水器时，其类型一定要与气源类型相同。

根据排烟方式不同，燃气热水器主要可分为**烟道式、强排排风式、强排鼓风式和平衡式**。烟道式燃气热水器未采用风扇电动机，利用高温气体的升力将废气从上方排气口自然排出；强排排风式燃气热水器在上方排气口安装一个排气风扇，排气风扇转动时产生抽吸力将废气从排气口排出；强排鼓风式燃气热水器在燃烧器下方安装一个鼓风电动机，它抽吸空气并吹入燃烧器：一方面使燃烧器燃烧充分；另一方面可以产生一定的推力将废气从上方的排气口排出；平衡式燃气热水器采用双层烟管，外层管道吸入空气进入燃烧器，内层管道将燃烧后的气体排出，由于双层烟管口安装在室外，吸气和排气均在室外，故安全系数高。

13.3.4 燃气热水器的安装

1. 安装位置要求

在安装燃气热水器时，有关安装位置要求如图 13-20 所示。

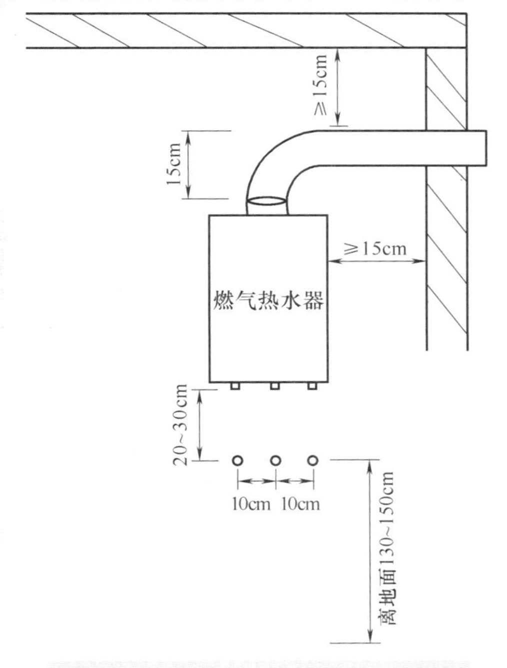

图 13-20 燃气热水器安装位置要求

2. 安装配件

燃气热水器的常用配件如图 13-21 所示。

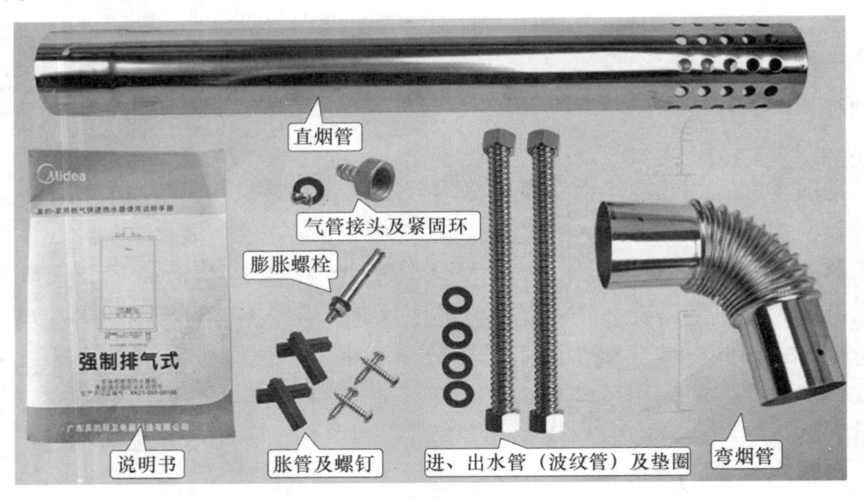

图 13-21　燃气热水器的常用配件

3. 安装操作

为了人身安全和燃烧更充分，燃气热水器尽量安装在室外（如阳台），平衡式可以安装在室内，但排烟管管口必须伸到室外。

在安装燃气热水器时，先确定其安装位置（可参考图 13-20），然后将热水器端正且背面紧贴在安装墙面上，用笔穿过上方的挂孔和上、下方的固定孔在墙上作钻孔标记并钻孔（见图 13-22），然后往上方挂孔对应的墙孔内敲入膨胀螺栓，固定孔对应的墙孔内敲入塑料胀管，接着将热水器上方的挂孔挂到膨胀螺栓上，再往各固定孔的胀管内拧入螺钉，这样就将热水器固定在墙上。

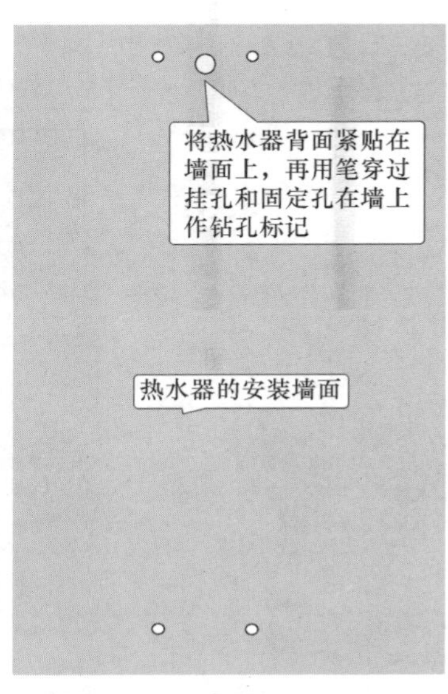

图 13-22　将热水器紧贴在墙面上作钻孔标记

『行』——学以致用，攻坚克难

燃气热水器固定在墙上后，接着安装进气管、进水管和出水管，再安装排烟（气）管，排气管安装方式如图 13-23 所示。图 13-24 列出了两个安装完成的燃气热水器。

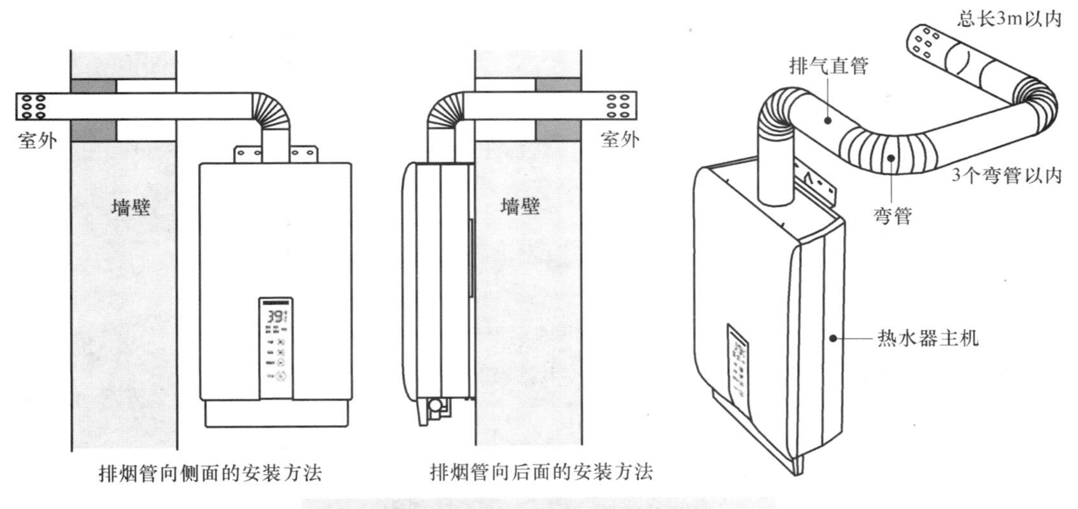

图 13-23　燃气热水器排烟管的安装方式

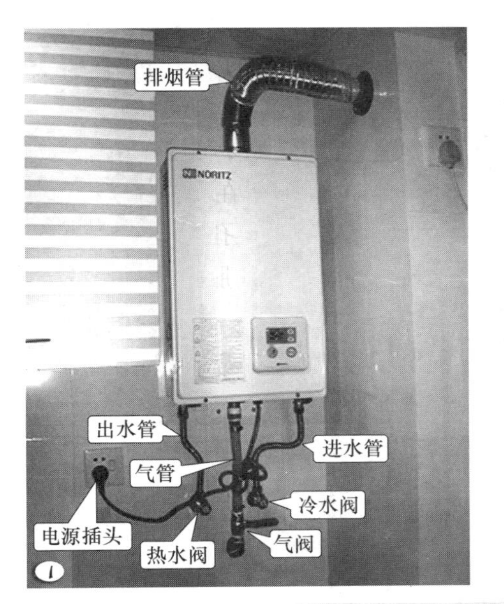

图 13-24　安装好的燃气热水器

『行』——学以致用，攻坚克难

地址：北京市百万庄大街22号
邮政编码：100037
电话服务
服务咨询热线：010-88361066
读者购书热线：010-68326294
010-88379203
网络服务
机工官网：www.cmpbook.com
机工官博：weibo.com/cmp1952
金书网：www.golden-book.com
教育服务网：www.cmpedu.com
封面无防伪标均为盗版